Holland/Holland · Mathematik im Betrieb

HEINRICH HOLLAND/
DORIS HOLLAND

Mathematik
im Betrieb

Praxisbezogene Einführung
mit Beispielen

4., überarbeitete Auflage

LEHRBUCH

Die Deutsche Bibliothek - CIP-Einheitsaufnahme

Holland, Heinrich:
Mathematik im Betrieb : praxisbezogene Einführung mit Beispielen /
Holland/Holland. - 4., überarb. Aufl. - Wiesbaden : Gabler, 1996
ISBN 978-3-409-42008-2   ISBN 978-3-663-14750-3 (eBook)
DOI 10.1007/978-3-663-14750-3
NE: Holland, Doris:

1. Auflage 1989
2. Auflage 1991
3. Auflage 1993
4. Auflage 1996

© Springer Fachmedien Wiesbaden 1996

Ursprünglich erschienen bei Betriebswirtschaftlicher Verlag Dr. Th. Gabler GmbH,

Wiesbaden 1996.

Lektorat: Jutta Hauser-Fahr

Vorwort

Das vorliegende Buch deckt den Stoff der Vorlesung Wirtschaftsmathematik im Grundstudium einschließlich der Finanzmathematik ab. Es legt damit die Grundlagen, die im weiteren Verlauf des Studiums benötigt werden.

Die mathematischen Verfahren werden mit ihren Anwendungsmöglichkeiten in der betrieblichen Praxis dargestellt. Dabei wird bewußt weitestmöglich auf eine mathematisch-wissenschaftliche Fachsprache verzichtet. Nicht die mathematische Eleganz steht im Vordergrund, sondern die praktische Umsetzung der Verfahren. Mathematische Beweise und Herleitungen sind an den Stellen enthalten, an denen sie zum Verständnis des Stoffes beitragen.

Das Buch hat das Ziel, dem Leser durch diese pragmatische Darstellungsweise die Anwendungsmöglichkeiten der Mathematik nahezubringen. Übersichtlich strukturierte Schemata geben dabei eine Hilfestellung.
Aus diesem Grund wird ein besonderer Wert darauf gelegt, in jedem Kapitel den Stoff anhand von Beispielaufgaben, die aus dem Bereich der Wirtschaft stammen, zu erläutern und zu vertiefen.
Weitere Aufgaben mit Musterlösungen machen es möglich, den Stoff selbst zu erarbeiten. Sie können zur Selbstkontrolle und zur Prüfungsvorbereitung genutzt werden.

Ergänzend haben wir eine Fallstudie in das Buch aufgenommen, die den behandelten Stoff anhand einer betriebswirtschaftlichen Unternehmenssituation wiederholt. Die Fallstudie zeigt die Verbindung zwischen der Wirtschaftsmathematik und der Betriebswirtschaftslehre auf und wird durch eine ausführliche Lösung im Anhang vervollständigt.

Für die jetzt vorliegende vierte Auflage wurde das Kapitel Matrizenrechnung gründlich überarbeitet und um einige ökonomische Anwendungsmöglichkeiten erweitert.

Doris und Heinrich Holland

Inhaltsverzeichnis

1 Mathematische Grundlagen

1.1 Zahlbegriffe

Die wichtigsten Zahlbegriffe, deren Kenntnis zum Verständnis der mathematischen Methoden notwendig ist, sind im folgenden in einem Überblick zusammengestellt:

ℕ Natürliche Zahlen

Die Natürlichen Zahlen sind die Zahlen, mit deren Hilfe beliebige Objekte gezählt werden:
1, 2, 3, 4, 5, ...
Sie lassen sich z.B. unterteilen in:

– gerade Zahlen, die ohne Rest durch 2 teilbar sind, 2, 4, ... oder allgemein 2n, wobei n eine beliebige Natürliche Zahl ist

– ungerade Zahlen, 1, 3, 5, ...oder entsprechend 2n + 1

ℤ Ganze Zahlen

Wenn die Natürlichen Zahlen um die Zahl 0 und die Ganzen negativen Zahlen erweitert werden, erhält man die Menge der Ganzen Zahlen:

... , –3, –2, –1, 0, 1, 2, 3, ...
Auch die Ganzen Zahlen lassen sich in gerade und ungerade Zahlen aufteilen, wobei allerdings die Einordnung der 0 Probleme bereitet.

ℚ Rationale Zahlen

Die Rationalen Zahlen umfassen die Ganzen Zahlen und zusätzlich solche Zahlen, die sich als Quotient zweier Ganzer Zahlen ausdrücken lassen: $\frac{p}{q}$ wobei q ungleich 0 sein muß, da die Division durch 0 nicht definiert ist.
Jede Rationale Zahl kann auch als Dezimalzahl geschrieben werden, die entweder endlich (z.B. $\frac{5}{16}$ = 0,3125) oder unendlich aber dann periodisch ist (z.B. $\frac{1}{3}$ = 0,3333333... = $0,\overline{3}$ oder

$\frac{2}{7}$ = 0,285714285714285714 ... = $0,\overline{285714}$).

Die Ganzen Zahlen sind in der Menge der Rationalen Zahlen enthalten, denn auch sie lassen sich als Bruch schreiben (z.B. $\frac{6}{3}$ = 2 oder $\frac{32}{8}$ = 4)

R Reelle Zahlen

Auch bei den Reellen Zahlen setzt sich der hierarchische Aufbau des Zahlensystems fort, denn auch sie beinhalten wieder als Teilmenge die zuvor genannten Rationalen Zahlen. Zusätzlich treten hier die Irrationalen Zahlen hinzu, die sich nicht als Quotient zweier Ganzer Zahlen darstellen lassen. Wenn man Irrationale Zahlen als Dezimalzahl ausdrückt, erhält man eine unendliche und nicht periodische Zahl z.B. $\sqrt{2} = 1{,}41421356\ldots$.
Weitere neben den Wurzeln häufig verwandte Irrationale Zahlen sind e und π.

Komplexe und Imaginäre Zahlen

In der Mathematik wurden die Komplexen und Imaginären Zahlen eingeführt, mit deren Hilfe beispielsweise die Wurzel aus negativen Zahlen gezogen werden kann.
Sie haben in den Wirtschaftswissenschaften keine Bedeutung.

1.2 Potenzen

Wie sich aus der Addition von gleichen Summanden die Multiplikation ergibt $(a + a + a + \ldots + a = n \cdot a)$, so läßt sich die Multiplikation gleicher Faktoren durch das Potenzieren verkürzt darstellen.

$$a \cdot a \cdot a \cdot a \cdot \ldots \cdot a = a^n$$

Das n-fache Produkt einer Zahl mit sich selbst entspricht der **n-ten Potenz** dieser Zahl (a^n).
Dabei wird a als **Basis** (oder Grundzahl) und n als **Exponent** (oder Hochzahl) bezeichnet.
Für das Studium der Wirtschaftswissenschaften sind einige Regeln für den Umgang mit Potenzen wichtig, auf die in den folgenden Kapiteln häufig zurückgegriffen wird:

Addition und Subtraktion von Potenzen

Weder bei Potenzen mit nur gleicher Basis $a^n \pm a^m$ noch bei solchen mit nur gleichem Exponenten $a^n \pm b^n$ lassen sich Addition oder Subtraktion durchführen.
Nur mit konkreten Zahlen lassen sich diese Potenzen zusammenfassen.
Beispiel:

$$2^4 + 2^3 = 16 + 8 = 24$$
$$3^2 + 5^2 = 9 + 25 = 34$$

Nur Potenzen, die sowohl gleiche Basen als auch gleiche Exponenten haben, lassen sich addieren und subtrahieren.

Beispiel:

$$2a^4 + 5a^4 - 3a^4 = 4a^4$$

Multiplikation von Potenzen

– Potenzen mit gleicher Basis

$$a^n \cdot a^m = a^{n+m}$$

Beispiele:

$$3^3 \cdot 3^4 = (3 \cdot 3 \cdot 3) \cdot (3 \cdot 3 \cdot 3 \cdot 3) = 3^{3+4} = 3^7$$

$$x^2 \cdot x^5 = x^7$$

– Potenzen mit gleichen Exponenten

$$a^n \cdot b^n = (a \cdot b)^n$$

Beispiel:

$$3^3 \cdot 7^3 = (3 \cdot 3 \cdot 3) \cdot (7 \cdot 7 \cdot 7) = (3 \cdot 7) \cdot (3 \cdot 7) \cdot (3 \cdot 7)$$
$$= (3 \cdot 7)^3 = 21^3$$

– Potenzieren von Potenzen

$$(a^n)^m = a^{n \cdot m}$$

Beispiel:

$$(4^2)^3 = (4^2) \cdot (4^2) \cdot (4^2) = (4 \cdot 4) \cdot (4 \cdot 4) \cdot (4 \cdot 4) = 4^{2 \cdot 3} = 4^6$$

Die Schreibweise ist zu beachten ,denn auf die Klammer kann nicht verzichtet werden, wie das folgende Beispiel zeigt.

Beispiel:

$$3^{2^3} = 3^{(2^3)} = 3^8 = 6.561 \quad \neq \quad (3^2)^3 = 3^6 = 729$$

Division von Potenzen

– Potenzen mit gleicher Basis

$$\frac{a^n}{a^m} = a^{n-m} \quad \text{mit } a \neq 0$$

Beispiele:

$$\frac{3^4}{3^2} = \frac{3 \cdot 3 \cdot 3 \cdot 3}{3 \cdot 3} = 3^{4-2} = 3^2$$

$$\frac{2^3}{2^5} = \frac{2 \cdot 2 \cdot 2}{2 \cdot 2 \cdot 2 \cdot 2 \cdot 2} = 2^{3-5} = 2^{-2} = \frac{1}{2^2} = \frac{1}{4}$$

– Potenzen mit gleichem Exponenten

$$\frac{a^n}{b^n} = \left(\frac{a}{b} \right)^n \quad \text{mit } b \neq 0$$

Beispiele:

$$\frac{3^4}{5^4} = \frac{3 \cdot 3 \cdot 3 \cdot 3}{5 \cdot 5 \cdot 5 \cdot 5} = \frac{3}{5} \cdot \frac{3}{5} \cdot \frac{3}{5} \cdot \frac{3}{5} = \left(\frac{3}{5} \right)^4$$

$$\frac{2,37^5}{1,58^5} = 1,5^5 = 7,59375$$

Sonstige Regeln

$$- \quad a^{-n} = \frac{1}{a^n} \quad \text{mit } a \neq 0$$

$$- \quad a^0 = 1 \quad \text{(Definition)}$$

$$- \quad a^{\frac{n}{m}} = \sqrt[m]{a^n}$$

1.3 Wurzeln

Die Wurzelrechnung ergibt sich als eine der beiden Umkehrungen der Potenzrechnung. Wenn die Funktion $x^n = y$ ($y \geq 0$ und n ist eine Natürliche Zahl) nach x aufgelöst wird, ergibt sich $x = \sqrt[n]{y}$.

Quadratische Gleichungen

Quadratische Gleichungen können mit Hilfe von Quadratwurzeln gelöst werden.

$$ax^2 = b$$
$$x^2 = \frac{b}{a}$$
$$x = \sqrt{\frac{b}{a}}$$

Beispiel:

$$3x^2 = 12 \quad x^2 = 4 \quad x = \sqrt{4} = \pm 2$$

Man erhält zwei Lösungen, da die Quadratwurzel aus 4 sowohl +2 als auch −2 als Lösungen hat.

Regeln

- $\sqrt{a} \cdot \sqrt{b} = \sqrt{a \cdot b}$ für $a \geq 0$ und $b \geq 0$

Diese Regel für das Rechnen mit Wurzeln ergibt sich - wie auch die folgenden - aus den Potenzregeln, da

$$\sqrt{a} \cdot \sqrt{b} = a^{\frac{1}{2}} \cdot b^{\frac{1}{2}} = (a \cdot b)^{\frac{1}{2}} = \sqrt{a \cdot b}$$

Beispiel:

$$\sqrt{4} \cdot \sqrt{9} = \sqrt{36} = \pm 6$$

- $\dfrac{\sqrt{a}}{\sqrt{b}} = \sqrt{\dfrac{a}{b}}$ für $a \geq 0$ und $b > 0$

denn:

$$\frac{a^{\frac{1}{2}}}{b^{\frac{1}{2}}} = \left[\frac{a}{b} \right]^{\frac{1}{2}} = \sqrt{\frac{a}{b}}$$

Beispiel:

$$\frac{\sqrt{72}}{\sqrt{2}} = \sqrt{36} = \pm 6$$

$$- \quad \sqrt{a} = \sqrt[2]{a} = a^{\frac{1}{2}}$$

Beispiel:

$$\sqrt{5} = 5^{\frac{1}{2}}$$

Mit Hilfe der **p-q-Formel** lassen sich quadratische Gleichungen leicht lösen.

Normalform einer quadratischen Gleichung: $x^2 + px + q = 0$
Es ergeben sich die Lösungen x_1 und x_2:

$$x_{1,2} = -\frac{p}{2} \pm \sqrt{\left[\frac{p}{2}\right]^2 - q}$$

Beispiel:

$$3x^2 + 9x + 6 = 0$$
$$x^2 + 3x + 2 = 0$$
$$x_{1,2} = -\frac{3}{2} \pm \sqrt{\frac{9}{4} - \frac{8}{4}}$$
$$= -\frac{3}{2} \pm \sqrt{\frac{1}{4}}$$
$$= -\frac{3}{2} \pm \frac{1}{2}$$
$$x_1 = -1 \quad x_2 = -2$$

Wurzeln höheren Grades

Aus der Auflösung der Gleichung $x^n = b$ nach der Variablen x ergibt sich

$$x = \sqrt[n]{b}$$

(lies: x ist die n-te Wurzel oder Wurzel n-ten Grades aus b).

Beispiele:

$$x^3 = 27 \quad x = \sqrt[3]{27} = 3$$

$$x^3 = -27 \quad x = \sqrt[3]{-27} = -3 \text{ , denn } (-3)\cdot(-3)\cdot(-3) = -27$$

Dieses Beispiel zeigt, daß für ungerade n auch die n-te Wurzel aus **negativen** Zahlen definiert sein kann.

$x^4 = -16$ ist dagegen nicht lösbar, da die 4. Potenz einer Zahl nie negativ sein kann.

Regeln

$$- \quad \sqrt[n]{a} \cdot \sqrt[m]{a} = \sqrt[nm]{a^{m+n}}$$

Beweis mit Hilfe der Potenzregeln:

$$\sqrt[n]{a} \cdot \sqrt[m]{a} = a^{\frac{1}{n}} \cdot a^{\frac{1}{m}} = a^{\frac{m+n}{nm}} = \sqrt[nm]{a^{m+n}}$$

$$- \quad \frac{\sqrt[n]{a}}{\sqrt[m]{a}} = \sqrt[nm]{a^{m-n}}$$

Beweis:

$$\frac{\sqrt[n]{a}}{\sqrt[m]{a}} = \frac{a^{\frac{1}{n}}}{a^{\frac{1}{m}}} = a^{\frac{1}{n} - \frac{1}{m}} = a^{\frac{m-n}{nm}} = \sqrt[nm]{a^{m-n}}$$

1.4 Logarithmen

Auch in dem Kapitel über die Logarithmen wird wieder von der Gleichung $x^n = y$ ausgegangen.
Während bei der Potenzrechnung aus gegebenem x (Basis) und n (Exponent) der Wert für y bestimmt wird, kann mit Hilfe der Wurzeln x berechnet werden, wenn n und y bekannt sind.

Wenn dagegen x und y bekannt sind, und der Exponent n berechnet werden soll, führt dies mit der zweiten Umkehrung der Potenzfunktion zum Logarithmieren.

$$n = \log_x y \quad \text{(lies: Logarithmus y zur Basis x)}$$

Der Logarithmus von y zur Basis x ist die Zahl, mit der x zu potenzieren ist, um y zu erhalten.

Für die Wirtschaftswissenschaften sind zwei Logarithmen wichtig:

- der dekadische Logarithmus (Basis 10): log x

- der Natürliche Logarithmus (Basis e): ln x
  e = 2,71828... ist die Eulersche Zahl

Regeln

- $\log_a 1 = 0 \qquad$ denn $a^0 = 1$

- $\log x + \log y = \log (x \cdot y)$

    Beispiel:
    $\log 4 + \log 7 = \log (4 \cdot 7) = \log (28)$

- $\log x - \log y = \log \left(\dfrac{x}{y} \right)$

    Beispiel:
    $\log 4 - \log 3 = \log \left(\dfrac{4}{3} \right)$

- $\log (x^n) = n \cdot \log x$

    Beispiel:
    $\log 1.000 = \log (10^3) = 3 \cdot \log 10$

- $\log \left(\sqrt[n]{x} \right) = \dfrac{1}{n} \cdot \log x \qquad$ denn $\sqrt[n]{x} = x^{\frac{1}{n}}$

1.5 Exponentialgleichungen

Bei einer Exponentialgleichung tritt die Unbekannte x im Exponenten auf.

$$a^x = b \qquad (a > 0, \, b > 0)$$

Durch Logarithmieren beider Gleichungsseiten kann eine Exponentialgleichung gelöst werden. Dabei kann zu jeder beliebigen Basis logarithmiert werden; aus praktischen Gründen verwendet man den dekadischen Logarithmus, da dieser in Formelsammlungen verzeichnet und auf Taschenrechnern implementiert ist.

$$
\begin{aligned}
\log a^x &= \log b \\
x \log a &= \log b \qquad \text{(laut Rechenregeln für Logarithmus)} \\
x &= \frac{\log b}{\log a}
\end{aligned}
$$

Beispiel:

$$3^x = 2.187$$
$$\log 3^x = \log 2.187$$
$$x \log 3 = \log 2.187$$

$$x = \frac{\log 2.187}{\log 3} = \frac{3,3398}{0,4771} = 7$$

Beispiel:

$$\left(\frac{4}{3}\right)^{3x+2} = \left(\frac{6}{5}\right)^{4x-1}$$

$$\log \left(\frac{4}{3}\right)^{3x+2} = \log \left(\frac{6}{5}\right)^{4x-1}$$

$$(3x+2) \log \frac{4}{3} = (4x-1) \log \frac{6}{5}$$

$$(3x+2)\,(0,1249) = (4x-1)\,(0,0792)$$

$$0,3478x + 0,2499 = 0,3167x - 0,0792$$

$$0,0581x = -0,3291$$

$$x = -5,6645$$

1.6 Summenzeichen

Das Summenzeichen dient der vereinfachenden und verkürzten Schreibweise von Summen. Dadurch lassen sich Summen mit beliebig vielen oder unendlich vielen Summanden, wie man sie z.B. in der Finanzmathematik benötigt, ohne große Schreibarbeit darstellen.

$$a_1 + a_2 + a_3 + \ldots + a_n = \sum_{i=1}^{n} a_i$$

dabei bedeuten:

Σ = Summenzeichen, Σ ist das große griechische S (Sigma)
a_i = allgemeines Summenglied
i = Summationsindex
$1,n$ = untere u. obere Summationsgrenze (Summationsanfang u. -ende)

a_i steht für beliebige zu summierende Werte, die auch gleich sein können (Konstante).

Beispiel:

$$a_1 = 4 \quad a_2 = 7 \quad a_3 = 12 \quad a_4 = 18$$

$$\sum_{i=1}^{4} a_i = a_1 + a_2 + a_3 + a_4 = 4 + 7 + 12 + 18 = 41$$

Eine größere Bedeutung hat das Summenzeichen jedoch dann, wenn es möglich ist, die zu summierende Größe a_i explizit als eine Funktion des Summationsindex i darzustellen.

$$a_i = f(i)$$

Beispiele:

$$a_1 = 2, \ a_2 = 4, \ a_3 = 6, \ a_4 = 8, \ a_5 = 10$$

Das Bildungsgesetz lautet also: $a_i = 2i$

$$\sum_{i=1}^{5} a_i = \sum_{i=1}^{5} 2i = 2 + 4 + 6 + 8 + 10 = 30$$

$$a_i = 4i + 2$$

$$\sum_{i=1}^{6} a_i = \sum_{i=1}^{6} (4i+2) = 6 + 10 + 14 + 18 + 22 + 26 = 96$$

$$\sum_{i=-2}^{3} (4i+2) = -6 - 2 + 2 + 6 + 10 + 14 = 24$$

Regeln für das Rechnen mit Summen

– Wenn die Summe aus n **gleichen Summanden** besteht, läßt sie sich dadurch berechnen, daß man n mit a multipliziert.

$$\sum_{i=1}^{n} a = n \cdot a$$

Beispiel:

$$\sum_{i=1}^{4} 5 = 5 + 5 + 5 + 5 = 4 \cdot 5 = 20$$

– Wenn jedes Glied einer Summe einen **konstanten Faktor** c enthält, kann dieser Faktor vor das Summenzeichen gezogen werden.

$$\sum_{i=1}^{n} ca_i = c \cdot \sum_{i=1}^{n} a_i$$

$$ca_1 + ca_2 + ... + ca_n = c\,(a_1 + a_2 + ... + a_n) = c \cdot \sum_{i=1}^{n} a_i$$

Beispiel:

Ein Unternehmen, das in den 12 Monaten des letzten Jahres von seinem Produkt die Mengen x_1, x_2, ..., x_{12} zum gleichen Preis verkauft hat, kann den Jahresumsatz auf zwei Arten berechnen:

- durch Addition der Monatsumsätze $\displaystyle\sum_{i=1}^{12} p \cdot x_i$

- durch Bestimmung der Jahresverkaufsmenge, die mit dem Preis multipliziert wird $\displaystyle p \cdot \sum_{i=1}^{12} x_i$

– Wenn jedes Glied einer Summe aus **mehreren Summanden** besteht, kann über jeden Summanden getrennt summiert werden.

$$\sum_{i=1}^{n} (a_i + b_i) = \sum_{i=1}^{n} a_i + \sum_{i=1}^{n} b_i$$

Beispiel:

Ein Handelsunternehmen hat fünf Filialen a, b, c, d, e und erzielte dort in einem Jahr die monatlichen Umsätze a_i, ... , e_i, wobei i der Monatsindex ist (i = 1, 2, ... 12).

Der gesamte Jahresumsatz kann berechnet werden durch:

- die Summation der Monatsumsätze

$$\sum_{i=1}^{12} (a_i + b_i + c_i + d_i + e_i)$$

- die Addition der Jahresumsätze der Filialen

$$\sum_{i=1}^{12} a_i + \sum_{i=1}^{12} b_i + \sum_{i=1}^{12} c_i + \sum_{i=1}^{12} d_i + \sum_{i=1}^{12} e_i$$

- **Abtrennung** von Summanden aus der Summe

$$\sum_{i=1}^{n} a_i = a_k + \sum_{\substack{i=1 \\ i \neq k}}^{n} a_i$$

- **Aufteilung** der Summe

$$\sum_{i=1}^{n} a_i = \sum_{i=1}^{m} a_i + \sum_{i=m+1}^{n} a_i$$

Beispiel:

Ein Unternehmen kann seinen jährlichen Gesamtumsatz bestimmen als:

- Addition der Monatsumsätze $\quad \sum_{i=1}^{12} a_i$

- Addition der Umsätze der beiden Halbjahre $\quad \sum_{i=1}^{6} a_i + \sum_{i=7}^{12} a_i$

Doppelsummen

Wenn nicht nur über einen sondern über zwei oder mehr Indizes summiert wird, läßt sich dies durch Doppel- bzw. Mehrfachsummen ausdrücken.
Im Laufe des Wirtschaftstudiums werden fast ausschließlich ein- oder zweidimensionale Tabellen besprochen, so daß sich die Ausführungen dieses Kapitels auf die Behandlung von einfachen bzw. Doppelsummen beschränken. Eine Übertragung der Aussagen über die Doppelsummen auf mehr als zwei Summationsindizes ist leicht möglich.

Beispiel:

Ein Unternehmen produziert drei verschiedene Varianten eines Farbfernsehgerätes. Die nachfolgende Tabelle gibt die Umsätze (in Mio. DM) pro Monat für jede Produktvariante in einem Jahr an.

Variante i	Monate j												Gesamtumsatz je Variante
	1	2	3	4	5	6	7	8	9	10	11	12	
1	2	5	4	6	2	3	3	4	3	5	7	7	51
2	4	6	8	3	4	5	6	2	5	8	8	6	65
3	3	2	5	5	3	2	1	0	1	0	2	2	26
monatl. Gesamtumsatz	9	13	17	14	9	10	10	6	9	13	17	15	142

Allgemeine Symbole für dieses Beispiel:

u_{ij} = Umsatz des Gutes i im Monat j

i bezeichnet die Zeile, in der dieser Wert steht, der zweite Index j bezeichnet die Spalte

$u_{27} = 6$

Zeilensumme:

$$\sum_{j=1}^{m} u_{1j} = u_{11} + u_{12} + u_{13} + \dots + u_{1m}$$

Gesamtumsatz der Produktvariante 1 summiert über alle zwölf Monate

$$\sum_{j=1}^{12} u_{1j} = 51$$

Spaltensumme:

$$\sum_{i=1}^{n} u_{i1} = u_{11} + u_{21} + u_{31} + \dots + u_{n1}$$

Gesamtumsatz des Monats 1 summiert über alle Produktvarianten

$$\sum_{i=1}^{3} u_{i1} = 9$$

Gesamtsumme:

Die Berechnung der Gesamtsumme entspricht einer Summation über zwei Indizes.
Zunächst wird der Gesamtumsatz über alle Produkte je Monat (Spaltensumme) bestimmt;
anschließend werden diese Umsatzzahlen über alle zwölf Monate summiert:

$$\sum_{j=1}^{m} \left[\sum_{i=1}^{n} u_{ij} \right]$$

Oder man berechnet zunächst die Gesamtumsätze für jedes Produkt (Zeilensumme) und
dann deren Summe.

$$\sum_{i=1}^{n} \left[\sum_{j=1}^{m} u_{ij} \right]$$

In beiden Fällen errechnet sich das gleiche Ergebnis.

Die Reihenfolge der Summation bei einer Doppelsumme spielt keine Rolle.

$$\sum_{i=1}^{n} \sum_{j=1}^{m} u_{ij} = \sum_{j=1}^{m} \sum_{i=1}^{n} u_{ij}$$

$\displaystyle\sum_{i=1}^{n} \sum_{j=1}^{m} u_{ij}$ heißt **Doppelsumme** (Summe von Summen)

(n und m sind Natürliche Zahlen)

$$
\begin{aligned}
= \quad & u_{11} + u_{12} + u_{13} + \dots + u_{1j} + \dots + u_{1m} + \\
& u_{21} + u_{22} + u_{23} + \dots + u_{2j} + \dots + u_{2m} + \\
& \qquad\qquad\qquad\qquad \dots + u_{ij} + \dots \\
& u_{n1} + u_{n2} + u_{n3} + \dots + u_{nj} + \dots + u_{nm}
\end{aligned}
$$

2 Funktionen mit einer unabhängigen Variablen

2.1 Funktionsbegriff

Eine Funktion dient der Beschreibung von Zusammenhängen zwischen mehreren verschiedenen Faktoren.
In den Wirtschaftswissenschaften beschäftigen sich viele Fragestellungen mit der Untersuchung von Zusammenhängen zwischen wirtschaftlichen Größen. So ist es beispielsweise möglich, mit Hilfe mathematischer Verfahren Aussagen über den Zusammenhang zwischen dem Preis eines Gutes und der Nachfrage (Preisabsatzfunktion) oder über den Zusammenhang zwischen Volkseinkommen und Konsumausgaben (Konsumfunktion) zu machen.

Die Lehre von den Funktionen - die Analysis - ist der wohl wichtigste Bereich der Mathematik, der für wirtschaftliche Fragestellungen benötigt wird.

Zunächst müssen einige **Begriffe** bestimmt werden, deren Kenntnis für die folgenden Kapitel unerläßlich ist.

Funktionen zeigen die gegenseitigen Abhängigkeiten von mehreren Größen. Diese Größen werden **Variable** (Veränderliche) genannt, wenn sie unterschiedliche Werte annehmen.Sie werden als **Konstante** bezeichnet, wenn sie nur einen festen Wert annehmen.

Beispiel:

> Ein Unternehmen, das nur ein Produkt herstellt (Einproduktunternehmen), ist in der Lage, der Produktionsmenge x in einer bestimmten Periode einen Wert K für die Kosten dieser Periode zuzuordnen.
> Es existiert ein Zusammenhang zwischen Produktionsmenge und Kosten.

Die meisten Beziehungen zwischen ökonomischen Faktoren sind so gestaltet, daß man jedem Wert einer Größe (x) den Wert einer anderen Größe (y) zuordnen kann. In dem obigen Beispiel ist es möglich, jeder Produktionsmenge die zugehörigen Gesamtkosten zuzuweisen.

Die Zuordnung von Elementen der einen Menge zu denen einer anderen wird **Relation** genannt.
Nur eine Relation mit einer eindeutigen Zuordnung ist eine **Funktion**.
Bei einer **eindeutigen Zuordnung** wird jedem Element der einen Menge genau ein Element der anderen zugewiesen; jedem x wird genau ein y zugeordnet und nicht mehrere.

Beispiel:

Jeder Ware in einem Supermarkt wird genau ein Preis zugeordnet. Es handelt sich um eine Relation mit eindeutiger Zuordnung, also um eine Funktion.
Diese Aussage läßt sich jedoch nicht umkehren. Es ist nicht möglich, jedem Preis genau eine Ware zuzuordnen, da durchaus mehrere Waren zum gleichen Preis angeboten werden. Diese Art der Relation ist keine Funktion.

Eine **eineindeutige Funktion** liegt dann vor, wenn jedem Element der Menge X genau ein Element der Menge Y zugeordnet werden kann (eindeutig) und umgekehrt. Zu jedem x gehört genau ein y, und zu jedem y gehört genau ein x.

Definition:

Eine **Funktion** ist eine Beziehung zwischen zwei Mengen, die jedem Element x der einen Menge eindeutig ein Element y einer anderen Menge zuordnet.

Eine Funktion schreibt man:
$$y = f(x)$$

(y ist eine Funktion von x; y gleich f von x)

Dabei wird y als die **abhängige Variable** und x als die **unabhängige Variable** bezeichnet.
Der **Definitionsbereich** ist der Gesamtbereich der Werte, die für die unabhängige Variable zugelassen sind.
Der **Wertebereich** ist die Menge der Funktionswerte, die die abhängige Variable y annimmt.

Beispiel:

In einer Fabrik, die Farbfernseher produziert, fallen monatliche fixe Kosten in Höhe von 1 Mio. DM an.
Die variablen Kosten betragen für jeden produzierten Fernseher 400 DM. Maximal können 5.000 Fernsehgeräte im Monat produziert werden.

- Gibt es einen Zusammenhang zwischen Produktionsmenge und Kosten?
  Ja, bedingt durch die variablen Kosten.

- Handelt es sich um eine Funktion?
  Ja, es besteht ein eindeutiger Zusammenhang.

- Was ist die unabhängige Variable x?
  Die Produktionsmenge

- Was ist die abhängige Variable y?
  Die Gesamtkosten

- Wie lautet die Funktion K = f(x)?
  K = 1.000.000 + 400 x (Summe der fixen und variablen Kosten)

– Welchen Definitions- und Wertebereich hat die Funktion?
   Definitionsbereich von 0 bis 5.000, da die Produktionsmenge einen Wert
   zwischen 0 und der Kapazitätsgrenze 5.000 annehmen kann.
   Wertebereich von 1 Mio. bis 3 Mio. DM, da bei einer Produktion von Null die
   Fixkosten in Höhe von 1 Mio. DM anfallen, und bei einer Produktion von 5.000
   die variablen Kosten in Höhe von $5.000 \cdot 400$ hinzukommen.

2.2 Darstellungsformen

Es gibt drei Möglichkeiten, Funktionen darzustellen:

– tabellarische Darstellung (Wertetabelle)

– analytische Darstellung (Funktionsgleichung)

– graphische Darstellung

Bei der Untersuchung konkreter Fragestellungen ist es nicht immer möglich, unter allen drei Darstellungsformen zu wählen, die alle verschiedenen Zwecken dienen und mit unterschiedlichen Vor- und Nachteilen verbunden sind.

Tabellarische Darstellung

Die tabellarische Darstellung ist die einfachste Form, die Abhängigkeit zwischen zwei Variablen anzugeben.

Beispiel:

Für das Beispiel der Kostenfunktion $K = 1.000.000 + 400x$ aus dem letzten Kapitel ergibt sich folgende Wertetabelle:

Produktionsmenge	0	1.000	2.000	3.000	4.000	5.000
Gesamtkosten (Mio.DM)	1	1,4	1,8	2,2	2,6	3

Zwar läßt sich die Tabelle um beliebig viele Werte erweitern, aber es bleibt der Nachteil, daß keine Aussagen über Zwischenwerte gemacht werden können.
Tabellarische Darstellungen werden eingesetzt, wenn die Funktionsgleichung nicht bekannt ist, sondern nur eine empirisch ermittelte Anzahl von Wertepaaren.

Beispiel:

Bruttosozialprodukt (in Mrd.DM) der Bundesrepublik
Deutschland in den Jahren 1983 - 1990

Jahr	1983	1984	1985	1986	1987	1988	1989	1990
BSP	1680	1770	1835	1949	2003	2108	2245	2426

Diese Darstellungsform ist auch bei mathematisch komplizierten Funktionen vorteilhaft, um die Anwendung zu vereinfachen (z.B. Einkommensteuertabelle).

Häufig verwendete mathematische Funktionen werden tabellarisch dargestellt (z.B. Logarithmentafeln, Tafeln für $\sqrt{x}$, x^2, x^3, sin x, ...).

Der Nutzen mathematischer Tabellenwerke hat allerdings in den letzten Jahren durch die Verbreitung preisgünstiger, leistungsfähiger Taschenrechner stark abgenommen.

Analytische Darstellung

Die analytische Darstellung als Funktionsgleichung y = f(x) erlaubt es, aus beliebigen Werten der unabhängigen Variablen x den zugehörigen Wert der abhängigen Variablen y exakt zu berechnen.

Beispiele für Funktionsgleichungen:

$$K = 1.000.000 + 400x \quad (\text{für } 0 \leq x \leq 5.000)$$

$$y = 3x^2 + 2x + e^x - 17$$

$$y = \ln (3x + 7) - \sqrt{x}$$

Bei vielen ökonomischen Fragestellungen ist der Definitionsbereich beschränkt; dies muß mit der Funktionsgleichung angegeben werden.

Die mathematisch-analytische Funktionsgleichung ist bei ökonomischen Beziehungen häufig unbekannt, oder sie kann nur in einer groben Annäherung angegeben werden. So läßt sich zum Beispiel die zeitliche Entwicklung des Bruttosozialproduktes in einem Land nicht exakt durch eine Funktionsgleichung beschreiben.

Graphische Darstellung

Das Einzeichnen von Wertepaaren (x; y) der Funktion y = f(x) in ein (rechtwinkliges kartesisches) Koordinatensystem bedeutet eine Reduktion auf die wesentlichen Merkmale. Aus dem Schaubild lassen sich zwar die Werte nicht exakt ablesen, aber diese Darstellungsform ist visuell gut aufzunehmen, da sie es erlaubt, die relevanten Informationen sehr schnell zu erfassen.

Eine graphische Darstellung eignet sich gut für Funktionen mit einer unabhängigen Variablen; bei zwei Unabhängigen ist sie schon problematisch, da hierfür ein dreidimensionaler

Raum modellhaft in der Ebene abgebildet werden muß (s. Kap. 3.4). Funktionen mit drei und mehr Unabhängigen sind praktisch nicht mehr graphisch darstellbar.

Das Koordinatensystem besteht für Funktionen mit einer abhängigen und einer unabhängigen Variablen aus zwei senkrecht aufeinanderstehenden Achsen.
An der horizontalen Achse - der Abszisse - wird im allgemeinen die unabhängige Variable x abgetragen (x-Achse) und an der Ordinate die abhängige Variable y (y-Achse).

Beispiel:

Die Kostenfunktion $K = 1.000.000 + 400x$ für $0 \leq x \leq 5.000$ hat folgende graphische Abbildung:

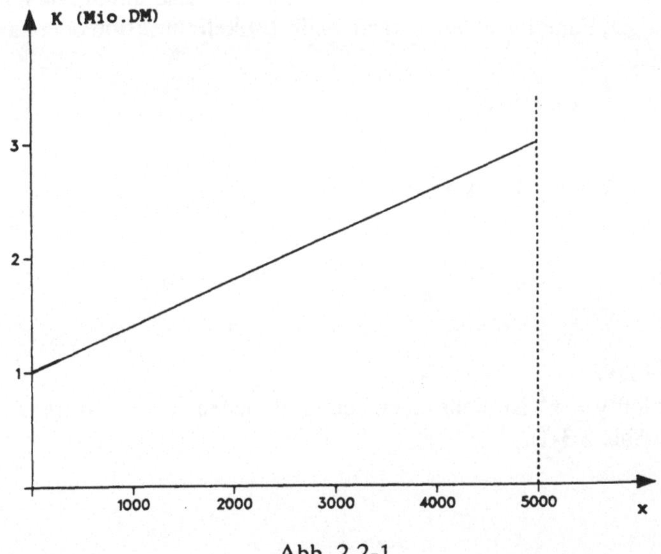

Abb. 2.2-1

Aufgaben:

2.2. Stellen Sie die folgenden Funktionen graphisch dar:
1. $f(x) = y = 50 + 10x$

2. $f(x) = y = 20 - x$

3. $f(x) = y = x^2 + 3$

2.3 Umkehrfunktionen

Da bei einer **eineindeutigen Funktion** jedem x genau ein y und jedem y genau ein x
zugeordnet wird, ist eine Umkehrung der Zuordnungsvorschrift möglich.

Wenn man die Funktionsgleichung $y = 4x$ nach der unabhängigen Variablen auflöst, erhält
man die Umkehrfunktion $x = \frac{1}{4} y$

Definition:

> Die Funktion, die man durch Umkehrung der Zuordnungsvorschrift aus einer
> eineindeutigen Funktion ableiten kann, heißt **Umkehrfunktion** oder **Inverse**.
> Man schreibt
>
> $$x = f^{-1}(y)$$

Beispiele:

$$y = 2x + 4 \quad 2x = y - 4 \quad x = \frac{1}{2} \cdot y - 2$$

$$y = ax + b \qquad\qquad x = \frac{1}{a} \cdot y - \frac{b}{a} \qquad (\text{für } a \neq 0)$$

$$y = x^2 \quad (x \geq 0) \qquad\qquad x = \sqrt{y}$$

Die Funktion $y = x^2$ ist nicht eineindeutig, da jedem y zwei Werte für x zugeordnet
sind (vgl. Abb. 2.3-1).

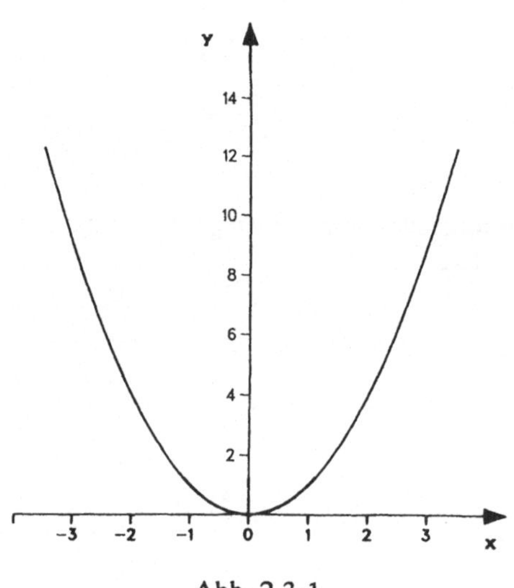

Abb. 2.3-1

Zu y = 4 gehören die Werte 2 und –2 für x, da y = x^2 eine Parabel darstellt, bei der x-Werten, die sich nur durch ihr Vorzeichen unterscheiden, der gleiche y-Wert zugeordnet wird.

Somit ist die Umkehrung der Funktion keine Funktion mehr (x = $\sqrt{y}$), da sie keine eindeutige Zuordnungsvorschrift enthält. Jedem Wert der unabhängigen Variablen (jetzt y) werden zwei Werte der abhängigen (x) zugeordnet (s. Kap. 1.3).

Durch die Einschränkung des Definitionsbereiches (x $\geq$ 0) der ursprünglichen Funktion y = x^2 entsteht eine eineindeutige Funktion, die sich auch umkehren läßt.

Aus dem Definitionsbereich der Ursprungsfunktion wird der Wertebereich der Umkehrfunktion, und aus dem Wertebereich wird der neue Definitionsbereich.

Zur Bestimmung der Umkehrfunktion muß die Funktionsgleichung nach der unabhängigen Variablen aufgelöst werden.

In vielen Büchern findet man die Anweisung, daß neben der Auflösung der Funktion nach der Unabhängigen auch die Variablen vertauscht werden müssen.

Zu y = 4x würde die Umkehrfunktion dann y = $\frac{1}{4}$ x sein.

Im Bereich der Wirtschaftswissenschaften darf diese Vertauschung der Variablen **nicht** erfolgen, da die Variablen hier ökonomische Größen repräsentieren.

Eine Vertauschung würde zu Fehlinterpretationen führen.

Graphische Bestimmung der Umkehrfunktion

Graphisch läßt sich eine Umkehrfunktion durch die Spiegelung der Funktion und des Koordinatensystems an der 45°- Linie bestimmen.

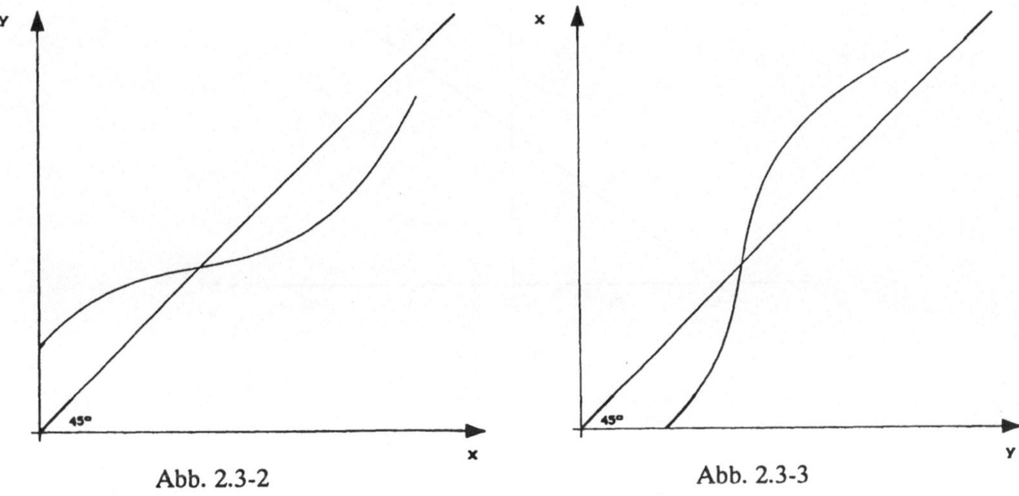

Abb. 2.3-2   Abb. 2.3-3

2.4 Lineare Funktionen

Zur Vereinfachung der Berechnung werden sehr viele ökonomische Zusammenhänge durch lineare Funktionen beschrieben.

Die graphische Darstellung einer linearen Funktion ergibt eine Gerade. Die allgemeine Funktionsgleichung einer linearen Funktion lautet:

$$y = mx + b$$

Dabei bedeuten:

x – unabhängige Variable

y – abhängige Variable

m – Steigung

b – Schnittpunkt mit der Ordinate, Ordinatenabschnitt

Beispiel:

$$y = \frac{1}{2} x + 5$$

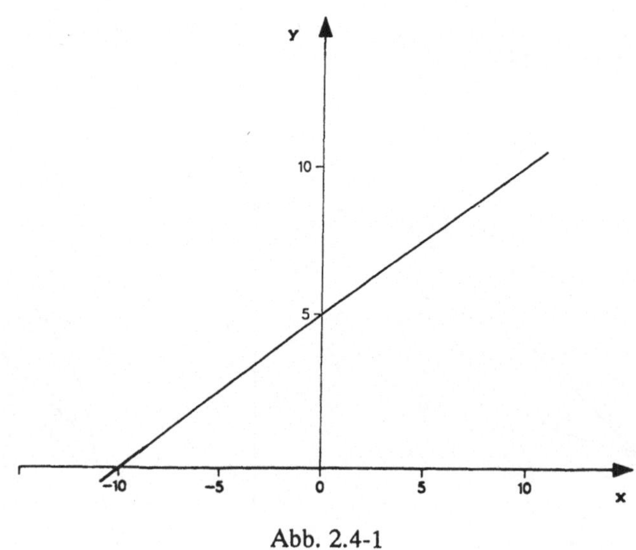

Abb. 2.4-1

Ordinatenabschnitt:

Dadurch, daß man x = 0 setzt, erhält man den Schnittpunkt einer Funktion mit der Ordinate.

Bei linearen Funktionen kann der Ordinatenabschnitt b direkt aus der Funktionsgleichung abgelesen werden.

Für das obige Beispiel ergibt sich:

$$x = 0 \qquad y = \frac{1}{2} \cdot 0 + 5 \qquad y = 5 = b$$

Steigung:

Die Steigung m beträgt in der Beispielsfunktion $\frac{1}{2}$.

Wenn x um eine Einheit steigt, steigt y um eine halbe Einheit $(m = \frac{1}{2})$.

Die Steigung gibt das Verhältnis der Änderung der abhängigen Variablen zu der der unabhängigen an.

$$m = \frac{\Delta y}{\Delta x} = \frac{\text{Änderung der abhängigen Variablen}}{\text{Änderung der unabhängigen Variablen}}$$

Die Steigung einer Geraden ist während ihres gesamten Verlaufes konstant.

m > 0 bedeutet eine steigende Gerade
m < 0 bedeutet eine fallende Gerade
m = 0 Parallele zur Abszisse
Je größer |m|, desto steiler ist die Gerade.

Durch zwei Punkte ist eine Gerade hinreichend beschrieben, da es nur eine Gerade gibt, die durch zwei Punkte gezeichnet werden kann.

Um eine lineare Funktion zu zeichnen, genügt es also zwei Punkte zu bestimmen. Der erste Punkt könnte zweckmäßigerweise der Ordinatenabschnitt sein, der sich direkt ablesen läßt. Durch Einsetzen eines weiteren x-Wertes in die Funktionsgleichung werden die Koordinaten eines zweiten Punktes ermittelt, der wegen der Zeichengenauigkeit nicht zu nahe am ersten liegen sollte. Mit der Verbindung beider Punkte durch eine Gerade ist die lineare Funktionsgleichung dargestellt.

Aufgaben:

2.4.   Bestimmen Sie Steigung und Ordinatenabschnitt der folgenden Funktionen und zeichnen Sie sie.

1. $y = x + 4$

2. $y = 2x - 1$

3. $y = x$

4. $y = 4$

Aufstellung von Funktionsgleichungen

Lineare Funktionen sind eindeutig durch zwei Punkte oder durch einen Punkt und die Steigung bestimmt, so daß eine Ermittlung der Funktionsgleichung aus sehr wenigen Informationen möglich ist.

Wenn eine lineare Funktion zu bestimmen ist, von der nur die Steigung und die Koordinaten eines Punktes $(x_1; y_1)$ bekannt sind, so läßt sich die Funktionsgleichung über die Formel für die Steigung nach der Punktsteigungsform berechnen.

Punktsteigungsform:

$$m = \frac{y_1 - y}{x_1 - x}$$

Beispiel:

Von einer linearen Kostenfunktion ist die Steigung m = 50 und der Punkt (100;10.000) bekannt.
Wie lautet die Kostenfunktion?

Die abhängige Variable ist hier nicht y, sondern K als Symbol für die Kosten.
$$K = mx + b$$
$$m = 50$$
Koordinaten eines Punktes: $x_1 = 100$, $K_1 = 10.000$

$$\text{Punktsteigungsform} \qquad m = \frac{y_1 - y}{x_1 - x}$$

$$50 = \frac{10.000 - K}{100 - x}$$

$$5.000 - 50x = 10.000 - K$$

Die Kostenfunktion lautet: $K = 5.000 + 50x$

Die fixen Kosten betragen 5.000 DM und die variablen 50 DM pro Stück.

Durch die 2-Punkteform, die auf der Tatsache aufbaut, daß die Steigung einer Geraden überall gleich ist, läßt sich die Funktionsgleichung bestimmen, wenn zwei Punkte bekannt sind.

2-Punkteform:

$$\frac{y_2 - y_1}{x_2 - x_1} = \frac{y_1 - y}{x_1 - x}$$

Beispiel:

Bei der Produktion von 1.000 Einheiten eines Produktes sind Kosten in Höhe von 15.000 DM angefallen. Eine Verminderung der Produktion um 100 Stück verursachte eine Kostenreduktion auf 13.800 DM.
Wie lautet die Kostenfunktion, die als linear angesehen wird?

2 Punkte sind bekannt:
$$x_1 = 1.000 \qquad K_1 = 15.000$$
$$x_2 = 900 \qquad K_2 = 13.800$$

2-Punkteform

$$\frac{13.800 - 15.000}{900 - 1.000} = \frac{15.000 - K}{1.000 - x}$$

$$\frac{-1.200}{-100} = \frac{15.000 - K}{1.000 - x}$$

$$12 \cdot (1.000 - x) = 15.000 - K$$

Die Kostenfunktion lautet: $\qquad K = 12x + 3.000$

Welcher der beiden Punkte als Punkt 1 und Punkt 2 definiert wird, spielt für die Berechnung keine Rolle.

Nullstelle

Die Nullstelle x_0 einer Funktion erhält man durch Nullsetzen der Funktion ($y = 0$) und Auflösen nach x.

Für das Beispiel $y = \frac{1}{2} x + 5$ bedeutet das:

$$y = 0 \qquad 0 = \frac{1}{2} x + 5 \qquad x_0 = -10$$

Schnittpunktbestimmung

Der Schnittpunkt von zwei Funktionen läßt sich durch Gleichsetzen der Funktionsgleichungen berechnen, da die x- und y-Werte beider Funktionen in diesem Punkt identisch sein müssen.

Den Wert für die unabhängige Variable erhält man durch Auflösen nach x. Der zugehörige y-Wert ergibt sich durch Einsetzen des gefundenen x-Wertes in eine der beiden Funktionsgleichungen.

Beispiel:

Welche Koordinaten hat der Schnittpunkt von den Funktionen $y = 20 + 2x$ und $y = 5 + 5x$

$$20 + 2x = 5 + 5x$$
$$3x = 15$$
$$x = 5$$
$$y = 20 + 2 \cdot 5$$
$$y = 30$$

Die Geraden schneiden sich im Punkt (5; 30).

2.5 Ökonomische lineare Funktionen

Zusammenhänge zwischen wirtschaftlichen Größen lassen sich im allgemeinen durch Funktionen beschreiben. In der Praxis tritt häufig das Problem auf, daß diese Funktionen nicht bekannt sind und sich zudem nur sehr schwer abschätzen lassen.
Beispielsweise weiß ein Unternehmen, daß die Nachfrage steigt, wenn der Preis gesenkt wird, doch der genaue Verlauf der Nachfragefunktion ist nicht bekannt. Er kann auch nicht exakt ermittelt werden, da dazu Experimente mit verschiedenen Preisen notwendig wären, die in der Realität nicht durchzuführen sind.
Häufig kennt man aber einige Eigenschaften der Funktion, aus denen sich Folgerungen für wirtschaftliche Entscheidungen ableiten lassen.

Zusammenhänge zwischen ökonomischen Variablen sind in der Realität sehr komplex und werden von vielen Einflußgrößen mitbestimmt. Zur Beschreibung dieser Zusammenhänge sind **Funktionen mit mehreren Unabhängigen** heranzuziehen.
So ist zum Beispiel die Nachfrage nach einem Produkt nicht nur von dessen Preis abhängig, sondern auch von den Preisen der konkurrierenden Güter und aller anderen Güter, die ein Wirtschaftssubjekt konsumiert. Außerdem spielen das Einkommen und viele weitere Faktoren eine Rolle.

Zur Lösung wirtschaftlicher Fragestellungen durch mathematische Methoden ist es nicht möglich, die Realität in ihrer umfassenden Komplexität zu berücksichtigen. Deshalb wird ein **Modell** (ein vereinfachtes Abbild der Wirklichkeit) erstellt, das die realen Zusammenhänge auf das Wesentliche reduziert.

Häufig unterstellt man für die Bestimmung der Nachfragefunktion, daß alle Faktoren bis auf den Preis des Produktes konstant bleiben (**ceteris paribus Bedingung**), so daß nur noch **eine unabhängige Variable** in die Berechnung eingeht.

Eine weitere Vereinfachung erfolgt dadurch, daß häufig **lineare Funktionen** verwendet werden, auch wenn die Beziehungen zwischen zwei wirtschaftlichen Größen nur annähernd linear verlaufen oder nur in einem bestimmten Intervall eine konstante Steigung haben.

In diesem Kapitel werden ökonomische Funktionen untersucht, bei denen zwei Vereinfachungen zugrunde liegen:

– Reduktion auf eine unabhängige Variable

– Unterstellung eines linearen Kurvenverlaufes.

Insbesondere bei wirtschaftlichen Funktionen ist es wichtig, **Definitions- und Wertebereich** zu beachten, da diese in vielen Fällen eingeschränkt sind.
Beispielsweise haben alle Kostenfunktionen K(x) einen beschränkten Definitionsbereich, da die Produktionsmenge durch Kapazitätsbegrenzungen eingeschränkt ist, und K nur die Werte annehmen kann, die sich durch Einsetzen der x-Werte in die Funktion ergeben. Kosten und Produktionsmengen können zudem nicht negativ werden.

Nachfrage- und Angebotsfunktion

Die **Nachfragefunktion** gibt die Abhängigkeit zwischen der nachgefragten Menge eines bestimmten Gutes und allen Faktoren an, die sie beeinflussen.
Wie oben beschrieben, wird diese Beziehung häufig vereinfacht. Die nachgefragte Menge x eines Haushaltes wird nur noch als abhängig von dem Preis p des entsprechenden Gutes angesehen.

$$x = f(p)$$

Wenn man die Abhängigkeit zwischen Preis und nachgefragter Menge eines Gutes aus der Sicht des anbietenden **Unternehmens** betrachtet, bezeichnet man die Nachfragefunktion als **Preisabsatzfunktion.**
Dabei ändern sich die Zusammenhänge und die Funktionsgleichung nicht, lediglich die Fragestellung ist eine andere.
Bei der Preisabsatzfunktion fragt sich der Unternehmer, welche Mengen er bei welchen Preisen absetzen kann.

Wenn man von einigen Besonderheiten absieht (Preis-Qualitäts-Effekt bei Luxusgütern mit prestigevermittelndem Preis), bei denen die Preisabsatzfunktion von ihrem typischen Verlauf abweicht, ist es plausibel, daß die nachgefragte Menge steigt, wenn der Preis sinkt, und umgekehrt. Die Preisabsatzfunktion hat demnach eine negative Steigung.
Vereinfachend wird in der Praxis häufig ein linearer Verlauf unterstellt, obwohl die Funktion in der Realität vor allem in der Nähe der Achsen ihre Steigung ändern und sich an die Achsen anschmiegen wird (vgl. Abb. 2.5-1).

In den Wirtschaftswissenschaften ist es üblich, den Preis an der Ordinate und die Menge an der Abszisse abzutragen. Die **Nachfragefunktion** wird demgemäß so dargestellt, daß der Preis der abhängigen und die Menge der unabhängigen Variablen entspricht. Man betrachtet also die Umkehrfunktion, die die Abhängigkeit des Preises von der Nachfragemenge angibt
$$p = f(x).$$

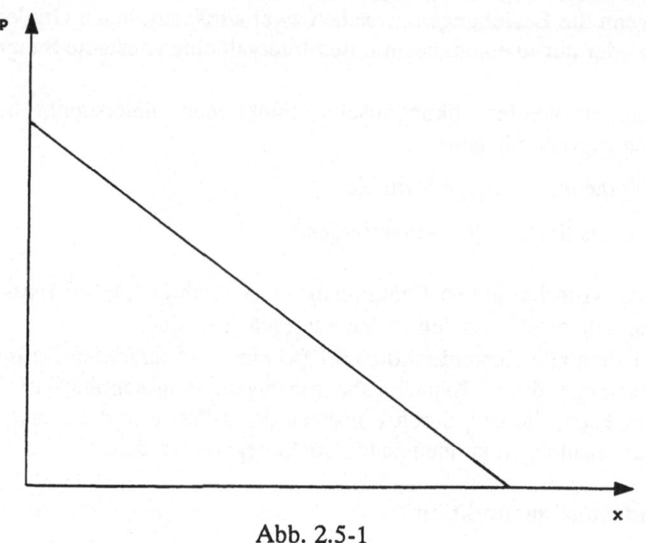

Abb. 2.5-1

Allgemeine Funktionsgleichung einer linearen Nachfragefunktion:

$$p = mx + b$$

Dabei bedeuten:

p = Preis
m = Steigung (negativ)
x = nachgefragte bzw. abgesetzte Menge
b = Ordinatenabschnitt

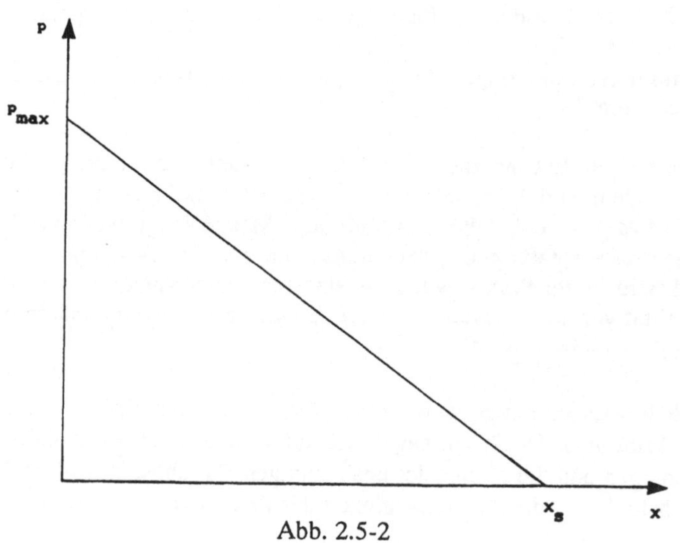

Abb. 2.5-2

Der Ordinatenabschnitt b - der Schnittpunkt mit der Ordinate - gibt den maximalen Preis p_{max} für das Gut an, bei dem die Nachfrage Null wird.

Die Nullstelle x_s zeigt die Sättigungsgrenze an. Selbst wenn der Preis des Produktes auf Null gesenkt wird, überschreitet die nachgefragte Menge nicht den Wert x_s.

Die **Angebotsfunktion** gibt die Abhängigkeit der angebotenen Menge eines Gutes von dem dafür verlangten Preis an.

Je höher der Verkaufspreis, desto mehr sind die Hersteller bereit zu produzieren. Mit steigenden Preisen wird also auch die angebotene Menge zunehmen. Die Angebotsfunktion hat eine positive Steigung.

Allgemeine Funktionsgleichung einer linearen Angebotsfunktion:

$$p = mx + b$$

Dabei bedeuten:

p = Preis
m = Steigung (positiv)
x = Angebotsmenge
b = Ordinatenabschnitt

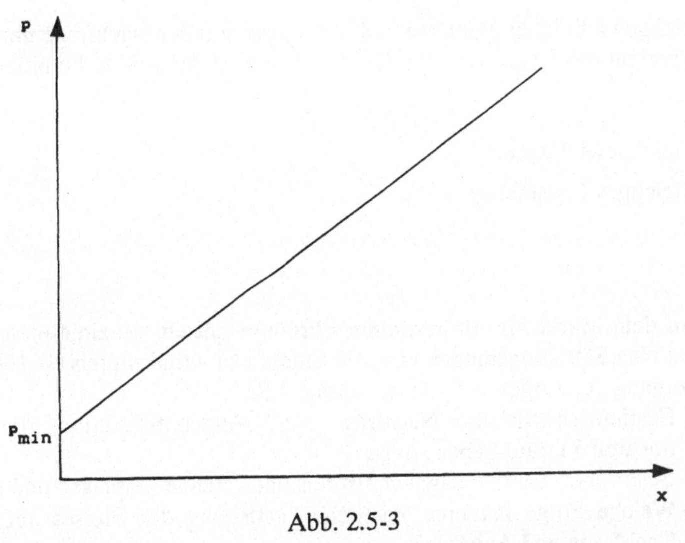

Abb. 2.5-3

Der Ordinatenabschnitt b gibt hier den minimalen Preis p_{min} an. Bei diesem Preis ist das Angebot gleich Null. Erst bei steigenden Preisen sind die Produzenten bereit, mehr und mehr Produkte anzubieten.

Das **Marktgleichgewicht**, bei dem sich Angebot und Nachfrage ausgleichen, läßt sich graphisch ermitteln, wenn Nachfrage- und Angebotsfunktion in ein Koordinatensystem gezeichnet werden.

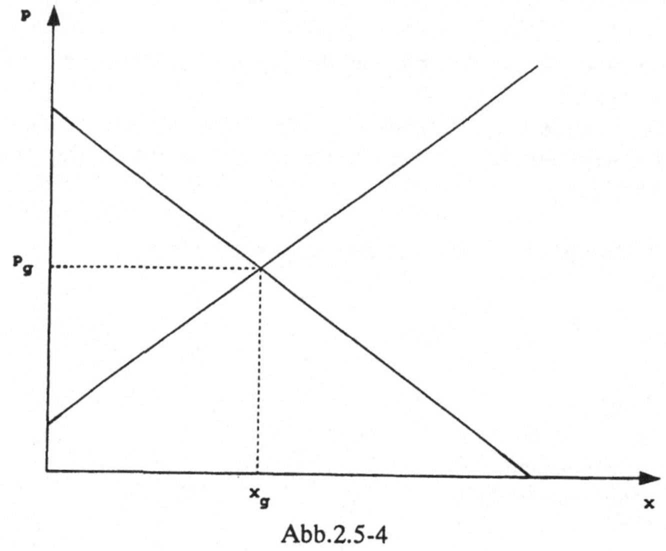

Abb.2.5-4

Das Marktgleichgewicht ist erreicht, wenn das Angebot mit der Nachfrage übereinstimmt. Graphisch entspricht das Gleichgewicht dem Schnittpunkt der beiden Funktionen (vgl. Abb. 2.5-4).

p_g = Gleichgewichtspreis

x_g = Gleichgewichtsmenge

Aufgabe:

2.5.1 Auf dem Markt für ein bestimmtes Produkt gilt ein Maximalpreis von 500 DM und eine Sättigungsmenge von 200 Stück. Der Mindestpreis ist 100 DM und die Steigung der Angebotsfunktion beträgt 1,5.
   a) Bestimmen Sie die Nachfrage- und Angebotsfunktion, die beide einen linearen Verlauf haben sollen.
   b) Bestimmen Sie Gleichgewichtspreis und -menge graphisch und analytisch.
   c) Welche Folge hat eine staatliche Festlegung des Preises auf 200 DM für Nachfrage und Angebot?

Kostenfunktion

Die Kostenfunktion eines Unternehmens zeigt den Zusammenhang zwischen den gesamten Kosten K in einer Periode und der in dieser Zeit produzierten Menge x eines Produktes auf. Die Produktionsmenge ist die unabhängige Variable, deren Einfluß auf die abhängige mit Hilfe der Kostenfunktion analysiert wird.

Im allgemeinen kann man davon ausgehen, daß Kostenfunktionen eine steigende Tendenz haben. Mit zunehmender Produktionsmenge werden auch die Kosten zunehmen. Der Funktionsverlauf hängt von dem zugrunde liegenden Produktionsverfahren ab, so daß sich im konkreten Fall verschiedene Kurvenformen ergeben.

Im einfachsten Fall wird eine **lineare** Kostenfunktion auftreten. Bei linearen Funktionen ist die Steigung konstant, das heißt die Zusatzkosten für die Produktion einer zusätzlichen Einheit sind immer gleich (vgl. Abb. 2.2-1).

Bei einem **progressiven** Verlauf der Kostenfunktion wächst die Steigung mit zunehmendem x. Die Kosten für die Produktion einer zusätzlichen Einheit werden immer größer (vgl. Abb.2.5-5).

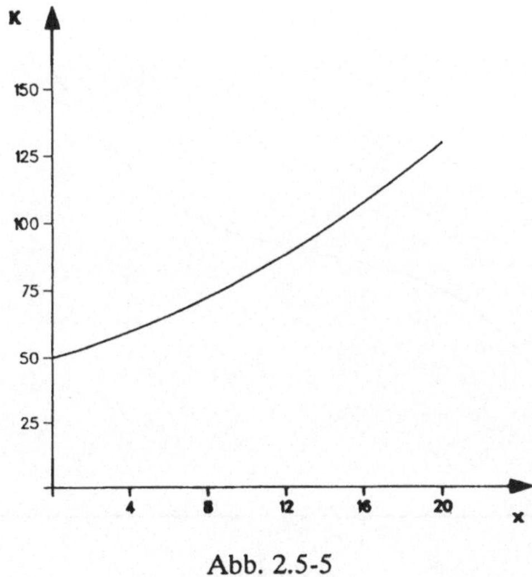

Abb. 2.5-5

Eine Kostenfunktion mit **degressivem** Verlauf liegt vor, wenn durch Massenproduktion die Stückkosten gesenkt werden können. Die Steigung nimmt ab, und die Zusatzkosten für weitere Einheiten werden mit größer werdender Stückzahl geringer (vgl. Abb. 2.5-6).

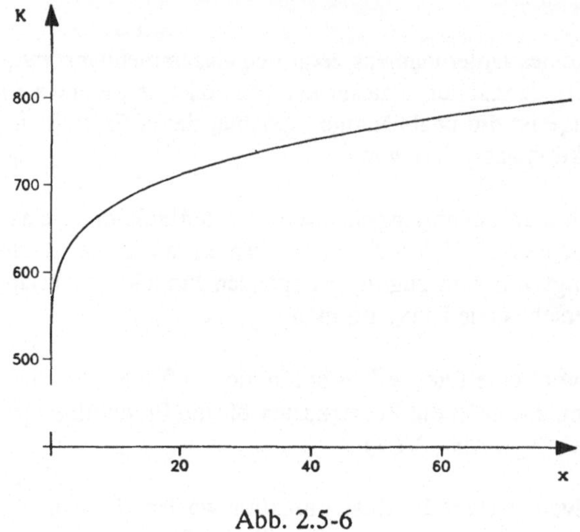

Abb. 2.5-6

Besonders häufig wird in den Wirtschaftswissenschaften die **S-förmige** Kostenfunktion diskutiert (vgl. Abb. 2.5-7).

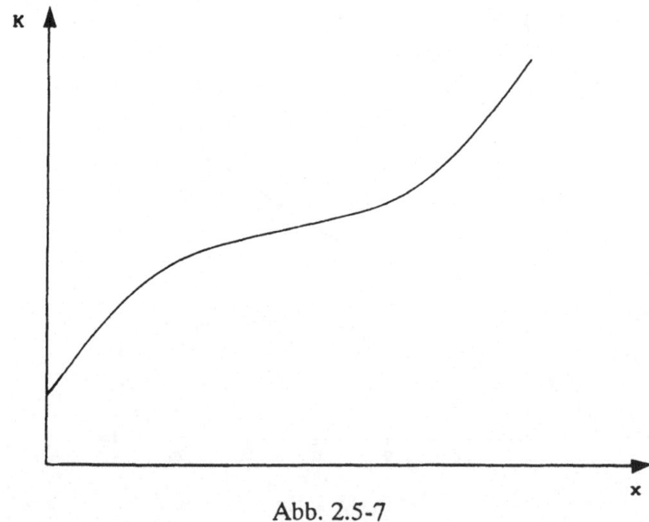

Abb. 2.5-7

Diese S-förmige Kostenfunktion hat zunächst einen degressiven, später aber einen progressiven Verlauf.
Wird beispielsweise ein landwirtschaftliches Gut (z.B. Weizen oder Kartoffeln) auf einer bestimmten Fläche produziert, so ist der Ertrag pro Hektar die Produktionsmenge. Die zusätzlichen Kosten für Saatgut, Dünger etc. werden von einem bestimmten Hektarertrag an immer größer, wenn der Hektarertrag noch weiter gesteigert werden soll.
Da die Funktionsgleichung einer Kostenfunktion in der Praxis im allgemeinen nicht bekannt ist, wird vereinfachend ein linearer Verlauf unterstellt. Aus einigen Eigenschaften der

Kostenfunktion, die aus der Erfahrung abgeleitet werden, läßt sich dann eine lineare Funktion aufstellen, die den tatsächlichen Verlauf annähernd wiedergibt.

Die Gesamtkosten K(x) setzen sich zusammen aus den Fixkosten K_f und den variablen Kosten K_v, die sich durch Multiplikation der variablen Stückkosten k_v mit der Produktionsmenge x errechnen (vgl. Abb. 2.5-8).

Die Funktionsgleichung in ihrer allgemeinen Form lautet für die lineare Kostenfunktion:

$$K(x) = K_f + K_v = K_f + k_v \cdot x$$

Dabei bedeuten:

$K(x)$ = Gesamtkosten, abhängig von der Produktionsmenge x

K_f = Fixkosten, unabhängig von der Produktionsmenge x

K_v = variable Kosten, abhängig von x

k_v = variable Stückkosten, Steigung der Geraden

x = Produktionsmenge, unabhängige Variable

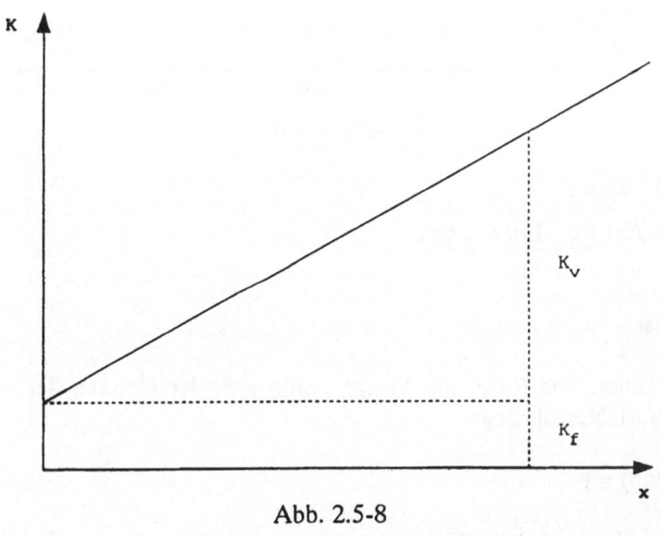

Abb. 2.5-8

Da die Steigung konstant ist, sind auch die zusätzlichen Kosten für die Produktion einer weiteren Einheit - die Grenzkosten - konstant. Sie betragen k_v.

Beispiel:

In einem Unternehmen gilt die Kostenfunktion
$$K(x) = 700 + 3x$$
Zeichnen Sie die Funktion.
Wie hoch sind die Fixkosten und die variablen Kosten pro Stück?
Welche Kosten entstehen bei der Produktion von 150 Mengeneinheiten?

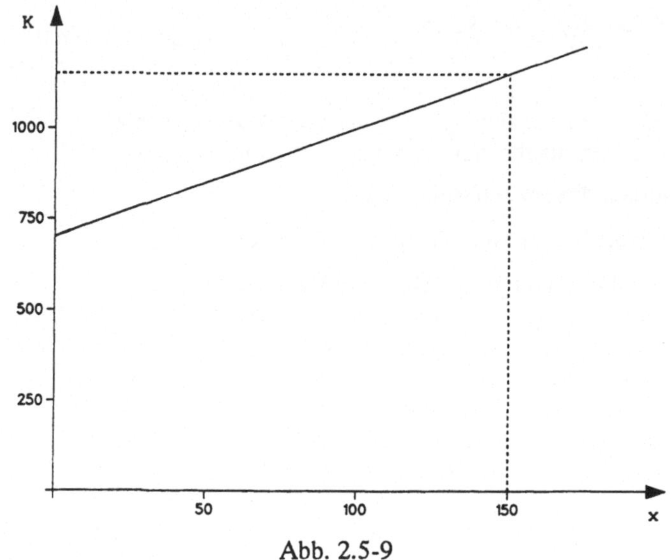

Abb. 2.5-9

$K_f = 700 \quad k_v = 3$
$K(150) = 700 + 3 \cdot 150 = 1.150$

Umsatzfunktion

Durch Multiplikation von Preis und Menge ergibt sich der Umsatz, der somit von zwei unabhängigen Variablen abhängt.

$$U(x,p) = p \cdot x$$

Für viele Unternehmen ist der Preis jedoch eine konstante Größe. Sie haben einen zu geringen Marktanteil, um den Preis beeinflussen zu können. Diese Unternehmen werden **Mengenanpasser** genannt, da sie ihren Umsatz nicht durch den Preis sondern nur durch die abgesetzte Menge verändern können. Der Umsatz ist für sie nur von der Menge x abhängig.

$$U(x) = p \cdot x \qquad p = const$$

Der Preis entspricht der Steigung einer Geraden, die durch den Koordinatenursprung verläuft (vgl. Abb. 2.5-10).

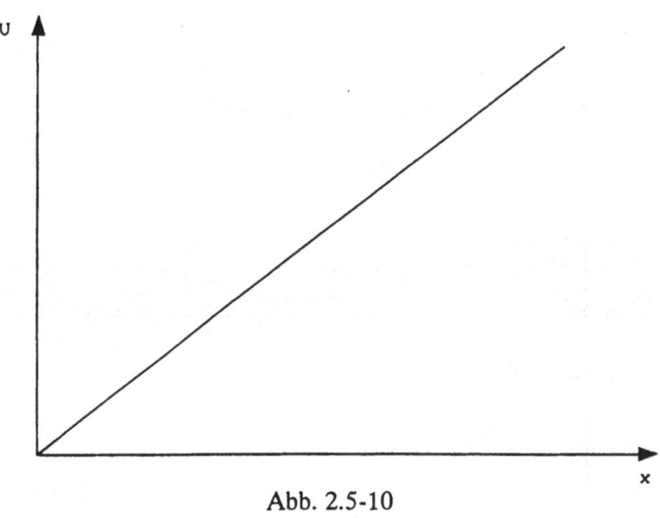

Abb. 2.5-10

Gewinnfunktion

Die Differenz von Umsatz und Kosten stellt den Gewinn eines Unternehmens dar.

$$G = U - K$$

Bei einem Mengenanpasser ist der Gewinn nur von der Menge abhängig.

$$G(x) = U(x) - K(x)$$

Durch Einsetzen der Umsatz- und Kostenfunktion ergibt sich

$$G(x) = p \cdot x - K_f - k_v \cdot x$$

$$= - K_f + (p - k_v) \cdot x$$

Der Gewinn errechnet sich durch Multiplikation des Überschusses des Preises über die variablen Stückkosten ($p-k_v$, Stückdeckungsbeitrag) mit der Menge x, wovon noch die Fixkosten subtrahiert werden müssen.

Graphisch läßt sich die Gewinnfunktion ebenfalls durch die Differenz der Umsatz- und Kostenfunktion darstellen (vgl. Abb. 2.5-11).

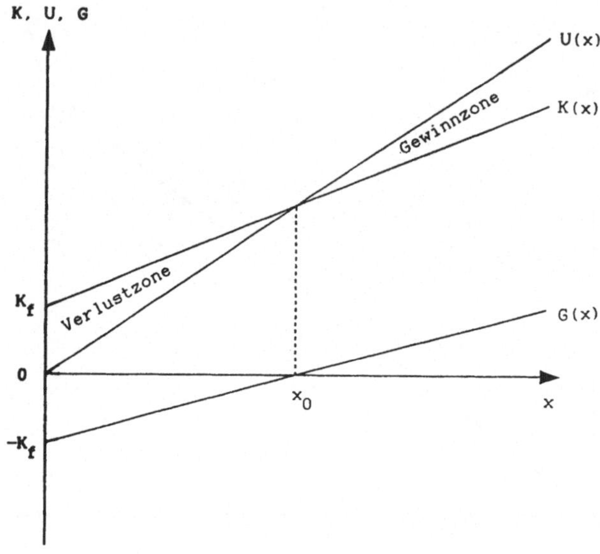

Abb. 2.5-11

Wenn die Kosten größer als der Umsatz sind, ist der Gewinn negativ. Das Unternehmen befindet sich in der Verlustzone.

In dem Punkt, in dem sich Umsatz- und Kostenfunktion schneiden, ist der Gewinn Null. Das Unternehmen hat die **Gewinnschwelle** erreicht.

Bei höheren Stückzahlen wird ein positiver Gewinn erzielt (Gewinnzone).

Die Gewinnfunktion kann durch die Subtraktion der Kosten- von der Umsatzfunktion graphisch dargestellt werden. Bei der Produktion von Null Einheiten entsteht ein Verlust in Höhe der Fixkosten; die Gewinnfunktion schneidet die Ordinate bei $-K_f$. An der Gewinnschwelle x_0 schneidet die Gewinnfunktion die Abszisse und erreicht den positiven Bereich.

Aufgabe:

2.5.2. Ein Unternehmen hat Fixkosten in Höhe von 1.000 DM und variable Stückkosten in Höhe von 1,50 DM. Maximal können 1.500 Einheiten produziert werden. Der Marktpreis beträgt 2,50 DM.
a) Ermitteln Sie graphisch und analytisch die Gewinnschwelle.
b) Welche Folgen hat eine Senkung des erzielten Preises auf die Hälfte?

2.6 Nichtlineare Funktionen und ihre ökonomische Anwendung

2.6.1 Problemstellung

In diesem Kapitel sollen die wichtigsten elementaren Funktionstypen besprochen werden, die in den Wirtschaftswissenschaften von Bedeutung sind.
Ihr charakteristischer Funktionsverlauf wird umrissen, und ihre ökonomische Relevanz wird anhand von Beispielen aufgezeigt.

2.6.2 Parabeln

In einer **Parabel 2. Grades** ist die unabhängige Variable in der 2. Potenz enthalten.

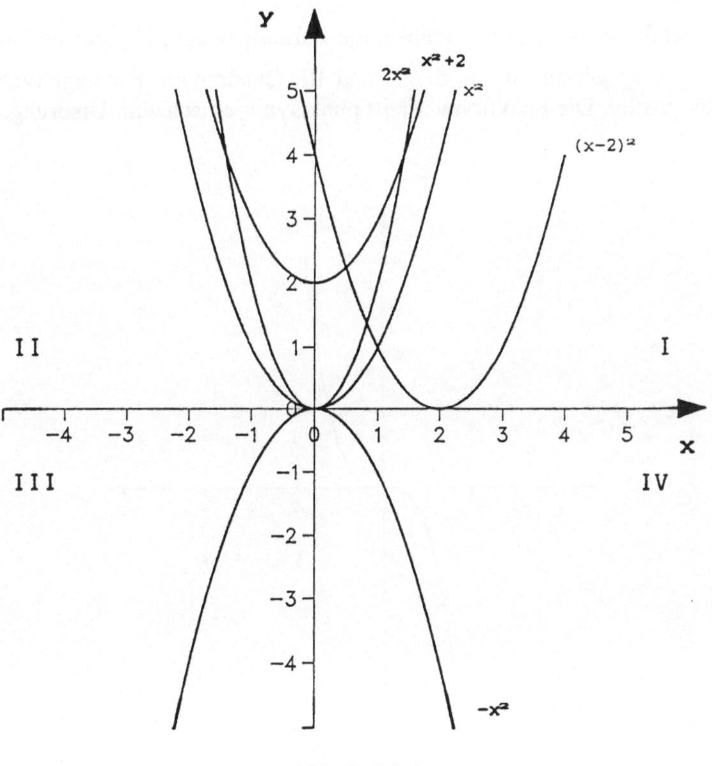

Abb. 2.6.2-1

Beispiele:

$y = x^2$ ist die Normalparabel. Sie verläuft im I. und II. Quadranten und ist achsensymmetrisch zur Ordinate.

$y = -x^2$ ist eine nach unten geöffnete Parabel. Sie entspricht der an der Abszisse gespiegelten Normalparabel.

$y = a \cdot x^2$ ist für $|a| > 1$ eine gegenüber der Normalparabel gestreckte, d.h. weniger stark geöffnete Parabel. Für $|a| < 1$ ist sie gestaucht, d.h. stärker geöffnet.

$y = x^2 + a$ ist eine auf der y-Achse verschobene Normalparabel ($a > 0$: Verschiebung nach oben)

$y = (x - a)^2$ ist eine auf der x-Achse verschobene Normalparabel ($a > 0$: Verschiebung nach rechts)

In einer **Parabel 3. Grades** ist die unabhängige Variable in der 3. Potenz enthalten.

Das Bild von $y = x^3$ verläuft durch den I. und III. Quadranten. Für negative/positive x ist auch y negativ/positiv. Die Funktion verläuft punktsymmetrisch zum Ursprung.

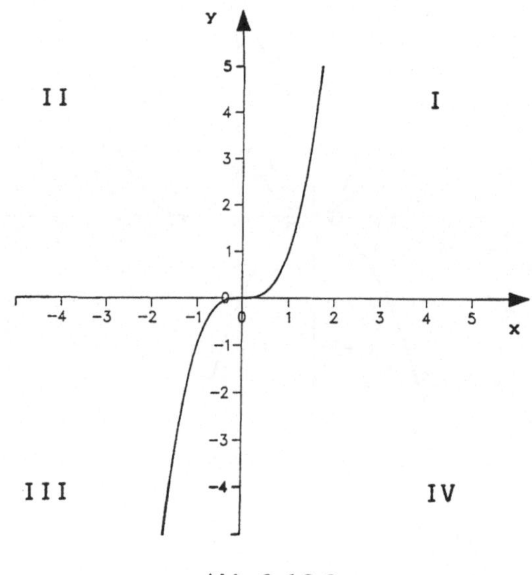

Abb. 2.6.2-2

Parabeln höherer Ordnung verlaufen ähnlich den Parabeln 2. Grades, wenn sie eine gerade Hochzahl haben, und ähnlich den Parabeln 3. Grades, wenn die Hochzahl ungerade ist.

Vor allem zur Darstellung von Umsatzfunktionen, die von Preis und Menge abhängig sind, ist die Kenntnis der Parabeln wichtig.

Die Umsatzfunktion eines Unternehmens, dessen Marktstellung es erlaubt, den Preis für sein Produkt zu beeinflussen, hängt von zwei Variablen (Preis und Menge) ab.
Der Preis ist durch die Preisabsatzfunktion aber wieder eine Funktion der Menge, so daß in der Umsatzfunktion letztlich nur die Menge enthalten ist.

Beispiel:

Einem Unternehmen ist die Preisabsatzfunktion für sein Produkt bekannt:

$p(x) = 80 - 4x$
Die Umsatzfunktion läßt sich durch Multiplikation der Preisabsatzfunktion mit x ermitteln.

$$U(x) = p \cdot x$$
$$= (80 - 4x) \cdot x$$
$$= 80x - 4x^2$$

Graphische Darstellung von Preisabsatz- und Umsatzfunktion:

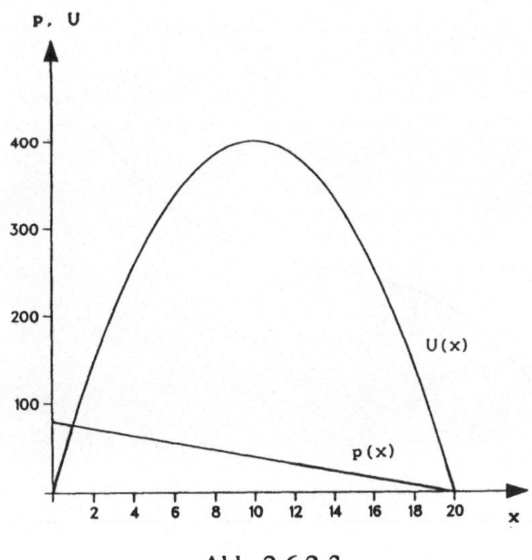

Abb. 2.6.2-3

Die Preisabsatzfunktion zeigt, daß der Höchstpreis 80 DM beträgt. Die nachgefragte
Menge und damit der Umsatz ist bei einem Preis von 80 DM oder mehr gleich Null.
Wenn der Preis sinkt, steigt die nachgefragte Menge bis zur Sättigungsmenge von 20,
die bei einem Preis von Null erreicht wird. Da der Preis beim Erreichen der
Sättigungsmenge Null ist, wird an dieser Stelle der Umsatz wiederum Null.
Die Umsatzfunktion ist eine nach unten geöffnete Parabel 2. Grades. Der Umsatz
steigt zunächst mit steigender Absatzmenge und sinkenden Preisen an. Er erreicht sein
Maximum genau in der Mitte zwischen den Nullstellen bei der Menge von 10
Einheiten, da die Parabel symmetrisch zur Senkrechten durch x = 10 verläuft. Mit
weiter zunehmendem Absatz aber sinkendem Preis geht der Umsatz dann wieder
zurück.

Die in der Praxis häufig anzutreffende S-förmige Kostenfunktion entspricht mathematisch
einer Variante von Parabeln 3. Grades.

Beispiel:

Graphische Darstellung der Kostenfunktion:

$$K(x) = x^3 - 25x^2 + 250x + 1000$$

Wertetabelle:

x	0	2	4	6	8	10	12	14	16	18	20
K	1000	1408	1664	1816	1912	2000	2128	2344	2696	3232	4000

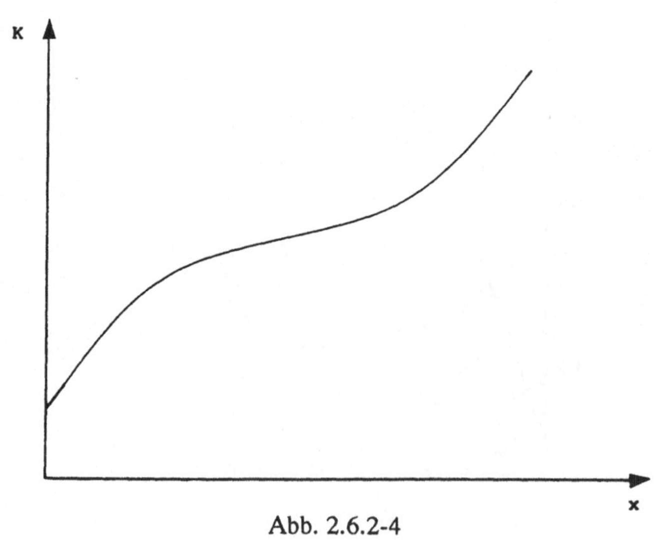

Abb. 2.6.2-4

Wie ändern sich die Kosten, wenn die Produktion um eine Einheit ausgeweitet wird, ausgehend von 2, 9, 19 Einheiten?

Produktionssteigerung		Zusatzkosten
von	auf	
2	3	144
9	10	46
19	20	416

Bei niedrigen Produktionsmengen fallen die Zusatzkosten (Grenzkosten) bei zunehmender Produktion, die Kostenfunktion verläuft degressiv steigend.
Für höheres x ist die Kostenfunktion progressiv steigend, d.h. die Zusatzkosten werden immer größer, wie die Abb. 2.6.2-4 zeigt.

Aufgabe:

2.6.2. Ein Unternehmen hat für die Herstellung seines Produktes eine Kostenfunktion mit progressiver Steigung ermittelt:

$$K(x) = \frac{1}{4} x^2 + 20x + 3255$$

Die Preisabsatzfunktion lautet:

$$p(x) = 590 - 14{,}75\, x$$

a) Ermitteln Sie die Umsatz- und Gewinnfunktion und zeichnen Sie beide mit der Kostenfunktion in ein Koordinatensystem.
b) Bei welcher Stückzahl wird die Gewinnschwelle erreicht, und welcher Preis muß dafür verlangt werden?
c) Bei welcher Absatzmenge wird ein maximaler Gewinn erzielt, und wie hoch ist er?

2.6.3 Hyperbeln

Die einfachste Form einer Hyperbel ist die Funktion

$$f(x) = y = \frac{1}{x} = x^{-1}$$

Diese Funktion ist an der Stelle $x = 0$ nicht definiert, da die Division durch Null nicht erlaubt ist.
Durch das Einsetzen einiger Werte ist sehr schnell zu erkennen, daß y gegen Null geht, wenn x gegen Unendlich strebt. Wenn x immer kleiner wird und sich von rechts der Null

nähert, geht der Funktionswert gegen Unendlich.
Wie Abb. 2.6.3-1 verdeutlicht, ist der Verlauf im negativen Bereich ähnlich.

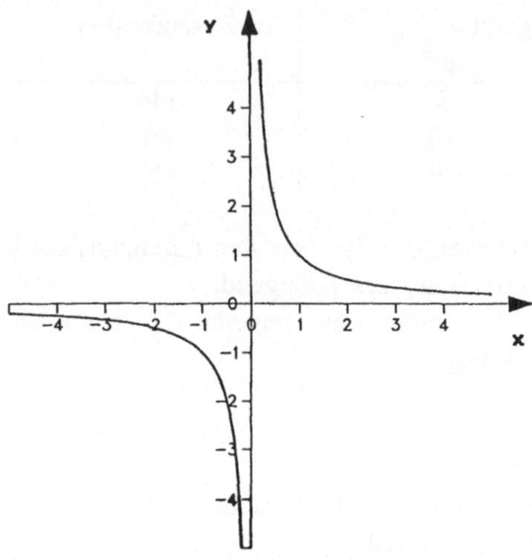

Abb. 2.6.3-1

Die Funktion besteht aus zwei Ästen, die im I. und III. Quadranten verlaufen.

Hyperbeln werden in den Wirtschaftswissenschaften beispielsweise benötigt, wenn neben den Gesamtkosten auch die Stückkosten einer Produktion analysiert werden sollen.
Die Stückkosten k (oder Durchschnittskosten) werden durch Division der Gesamtkosten K durch die Stückzahl x errechnet.

$$k = \frac{K}{x}$$

Beispiel:

Ein Unternehmen hat folgende lineare Kostenfunktion für seine Produktion festgestellt:

$$K(x) = 1.000 + 250 \cdot x$$

Die Stückkostenfunktion stellt eine Hyperbel dar und lautet:

$$k(x) = \frac{1.000}{x} + 250$$

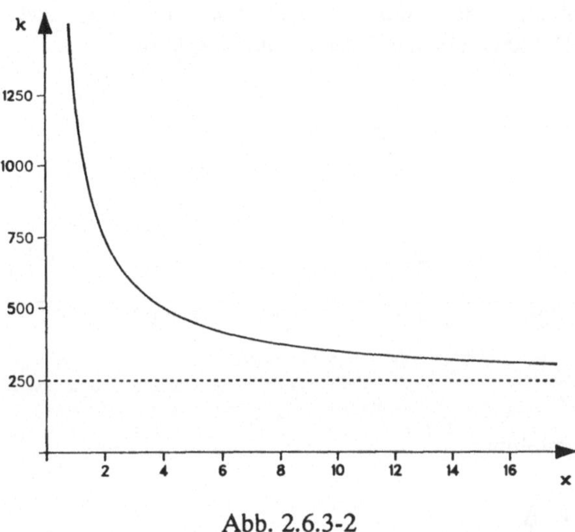

Abb. 2.6.3-2

Die Kostenfunktion besteht aus den Fixkosten $K_f = 1000$ und den variablen Kosten $(k_v \cdot x)$.

In der Stückkostenfunktion sind die variablen Stückkosten unabhängig von x. Der Fixkostenblock dagegen kann mit zunehmendem x auf immer mehr Einheiten verteilt werden, und die fixen Stückkosten sinken somit.
Die Stückkosten werden dadurch immer geringer und nähern sich asymptotisch der Parallelen zur x-Achse im Abstand 250, der den variablen Stückkosten entspricht.

2.6.4 Wurzelfunktionen

Funktionen, in denen die unabhängige Variable x unter einem Wurzelzeichen steht, werden Wurzelfunktionen genannt.

$$f(x) = \sqrt[n]{x} = x^{\frac{1}{n}}$$

Wurzelfunktionen ergeben sich durch die Berechnung von Umkehrfunktionen aus Potenzfunktionen, wobei der zulässige Bereich für x häufig eingeschränkt werden muß, damit eine eindeutige Zuordnungsvorschrift gegeben ist (vgl. Kap. 2.3).

In den Wirtschaftswissenschaften eignen sich Wurzelfunktionen häufig zur Darstellung von Kostenfunktionen mit einer degressiven Steigung. Die Steigung solcher Funktionen ist positiv mit abnehmenden Steigerungsraten.

Beispiel:

Ein Unternehmen, das nur ein Produkt herstellt, hat aufgrund seines Produktionsverfahrens folgende Kostenfunktion ermittelt:

$$K(x) = 500 + 100 \cdot \sqrt[4]{x}$$

Wertetabelle:

x	0	20	40	60	80	100
K(x)	500	711,47	751,49	778,07	799,32	816,23

Graphische Darstellung:

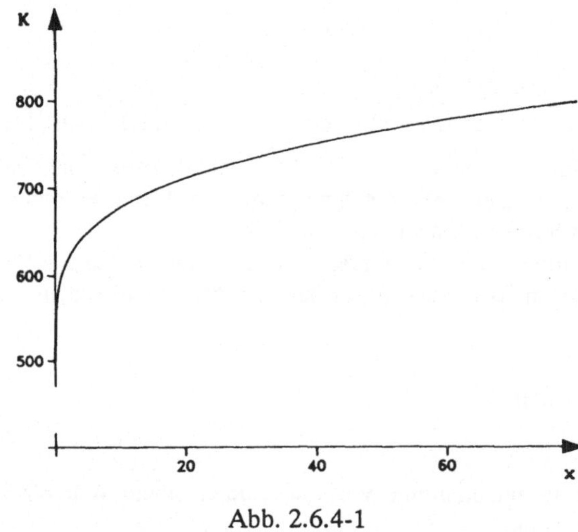

Abb. 2.6.4-1

Die Abbildung 2.6.4-1 zeigt, daß die Steigung der Kostenfunktion mit zunehmendem x abnimmt. Die Kostenzuwächse für die Produktion einer zusätzlichen Einheit (Grenzkosten) werden immer geringer.
Diese Funktion zeigt den Vorteil der Massenproduktion.

2.6.5 Exponentialfunktionen

Exponentialfunktionen sind dadurch gekennzeichnet, daß die unabhängige Variable im Exponenten steht.
Allgemein hat eine Exponentialfunktion die Funktionsform

$$a^x \quad \text{und} \quad a > 0$$

Aus der Bedingung $a > 0$ folgt, daß die Exponentialfunktion oberhalb der x-Achse verläuft, wobei alle Exponentialfunktionen die y-Achse bei $y = 1$ schneiden. Der Ordinatenabschnitt ist immer 1, da $a^0 = 1$ definiert ist.

$a > 1$: Die Funktion nähert sich asymptotisch der x-Achse im negativen Bereich, während im positiven Bereich die Funktionswerte mit wachsendem x immer größer werden.

$a < 1$: Die Funktion nähert sich asymptotisch der x-Achse im positiven Bereich, während hier im negativen Bereich die y-Werte mit abnehmendem x ansteigen.

$a = 1$: Die Funktion stellt eine Parallele zur x-Achse im Abstand 1 dar.

Wie die Abb. 2.6.5-1 zeigt, verlaufen die Funktionen $y = a^x$ und $y = \left(\dfrac{1}{a}\right)^x$ spiegelsymmetrisch zueinander.

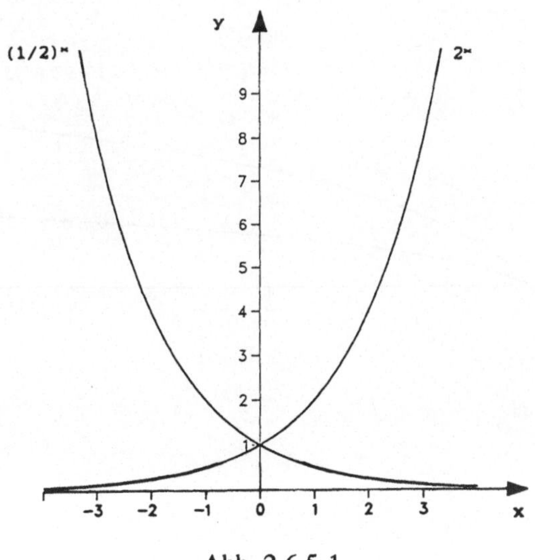

Abb. 2.6.5-1

Exponentialfunktionen werden in den Wirtschaftswissenschaften vor allem als Wachstumsfunktionen verwendet.

In der Statistik spielt die exponentielle Trendfunktion für die Beschreibung volkswirtschaftlicher und demographischer Prozesse eine wichtige Rolle.

Ein weiteres, wichtiges Anwendungsgebiet stellt die Finanzmathematik dar, wenn das Wachstum eines zu stetigen Zinsen angelegten Kapitals analysiert wird (vgl. Kap. 10.2.2.5).

2.6.6 Logarithmusfunktionen

Durch die Umkehrung der Exponentialfunktion ergibt sich die Logarithmusfunktion, die nur für positives x definiert ist.

$$y = a^x \qquad (a > 0)$$
$$x = \log_a y$$

Der graphische Verlauf läßt sich durch die Spiegelung der Exponentialfunktion an der 45°-Linie verdeutlichen.

Die Logarithmusfunktionen verlaufen im I. und IV. Quadranten, da sie nur für $x > 0$ definiert sind; sie schneiden die x-Achse im Punkt (1; 0).

Für die praktische Anwendung sind zwei Logarithmusfunktionen relevant
(vgl. Abb. 2.6.6-1):

– der Logarithmus zur Basis 10 $f(x) = \log_{10} x = \lg x$

– der Logarithmus zur Basis e ($e = 2{,}71828..$), der der natürliche Logarithmus genannt wird $f(x) = \log_e x = \ln x$

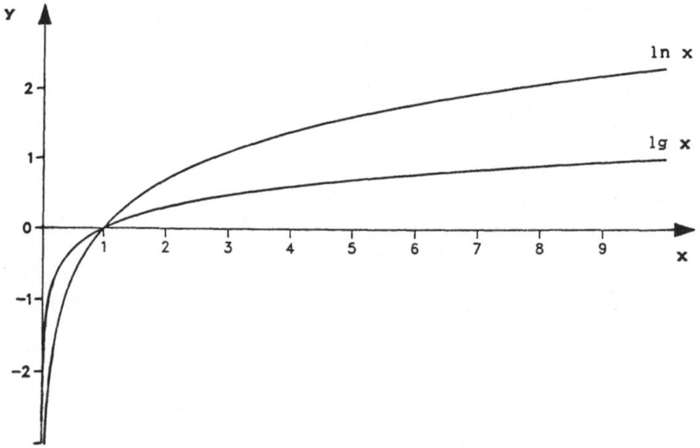

Abb. 2.6.6-1

Die ökonomische Anwendung der Logarithmusfunktionen liegt vor allem in der Umformung von Exponentialfunktionen, wie sie beispielsweise in der Finanzmathematik benötigt werden.

3 Funktionen mit mehreren unabhängigen Variablen

3.1 Begriff

In dem letzten Kapitel wurden Zusammenhänge zwischen ökonomischen Größen vereinfachend durch Funktionen mit nur einer unabhängigen Variablen beschrieben. Bei der Nachfragefunktion wurde nur die Abhängigkeit der nachgefragten Menge vom Preis berücksichtigt. Dabei wurde vorausgesetzt, daß alle anderen beeinflussenden Faktoren (z.B. Einkommen, Preise von Konkurrenzprodukten, Verbrauchsgewohnheiten) konstant bleiben. Diese **ceteris-paribus-Bedingung** erlaubt die Reduktion einer komplexen Problemstellung auf einen vereinfachten Zusammenhang.

Um einen ökonomischen Prozess, der durch Interdependenzen zwischen mehreren Größen gekennzeichnet ist, realistischer beschreiben zu können, sind Funktionen mit mehreren Veränderlichen heranzuziehen.

Eine wirklichkeitsgetreue Abbildung von ökonomischen Beziehungen durch ein mathematisches Modell ist wegen der vielfältigen und oftmals nicht meßbaren Wirkungszusammenhänge nicht möglich. Zwangsläufig wird man sich auf die einflußreichsten wirtschaftlichen Größen (**unabhängige Variablen**) beschränken müssen, die zu einer ausreichend genauen Beschreibung der Problemstellung notwendig sind.
Die Statistik hält mit der Regressionsanalyse ein Verfahren zur Ermittlung von beeinflussenden Variablen bereit, die einen starken Einfluß auf die zu berechnende Größe haben.

Allgemeine Darstellung einer Funktion mit mehreren Variablen:

$$y = f(x_1, x_2, \dots , x_n)$$

y ist die abhängige Variable
$x_1, x_2, \dots , x_n$ sind die unabhängigen Variablen

3.2 Analytische Darstellung

Der Umgang mit Funktionsgleichungen von Funktionen mit mehreren Veränderlichen ist problemlos. Er erfolgt im wesentlichen nach den gleichen Regeln, die auch für Funktionen mit nur einer unabhängigen Variablen gelten.

Beispiele:

$$y = f(x_1, x_2, x_3) = 2x_1^2 + 5x_2^2 - x_1 x_3 - 5x_3$$

$$y = f(x_1, x_2) = \ln (x_1^3 + \sqrt{3x_2})$$

Die Aufstellung von Funktionen für komplexe Zusammenhänge, die durch das Zusammenspiel von vielen Faktoren beeinflußt werden, ist mit Hilfe der multiplen Regressionsanalyse möglich.

3.3 Tabellarische Darstellung

Es lassen sich Wertetabellen für Funktionen mit mehreren Veränderlichen aufstellen, wobei der Umfang und die Unübersichtlichkeit mit zunehmender Anzahl von Variablen sehr schnell wächst.
Bei zwei unabhängigen Veränderlichen läßt sich die Funktion durch eine zweidimensionale Wertetabelle darstellen.

Beispiel:

$$y = f(x_1, x_2) = 2x_1^2 - 2x_1 x_2 + 4x_2^2 + 7$$

		x_1			
		1	2	3	4
	1	11	15	23	35
x_2	2	21	23	29	39
	3	39	39	43	51
	4	65	63	65	71

Wenn eine dritte Veränderliche x_3 in die Funktion aufgenommen und in der Tabelle dargestellt wird, so enthält die Wertetabelle bereits $4 \cdot 4 \cdot 4 = 64$ Funktionswerte bei Betrachtung von jeweils vier Werten für die unabhängigen Variablen.

Beispiel:

$$y = f(x_1, x_2, x_3) = 2x_1^2 - 2x_1x_2 + 4x_2^2 + x_3 + 7$$

$x_3 = 1$

		x_1			
		1	2	3	4
	1	12	16	24	36
x_2	2	22	24	30	40
	3	40	40	44	52
	4	66	64	66	72

$x_3 = 2$

		x_1			
		1	2	3	4
	1	13	17	25	37
x_2	2	23	25	31	41
	3	41	41	45	53
	4	67	65	67	73

$x_3 = 3$

		x_1			
		1	2	3	4
	1	14	18	26	38
x_2	2	24	26	32	42
	3	42	42	46	54
	4	68	66	68	74

$x_3 = 4$

		x_1			
		1	2	3	4
	1	15	19	27	39
x_2	2	25	27	33	43
	3	43	43	47	55
	4	69	67	69	75

Die Darstellung einer Funktion mit mehreren Variablen in einer Wertetabelle ist somit nur bei wenigen Variablen und wenigen zu betrachtenden Werten übersichtlich.

3.4 Graphische Darstellung

3.4.1 Grundlagen

Die graphische Darstellung von Funktionen mit zwei unabhängigen Variablen wird in den Wirtschaftswissenschaften häufig genutzt, um eine anschauliche Übersicht über die Form von ökonomischen Zusammenhängen zu gewinnen.
Mehr als drei Veränderliche lassen sich allerdings graphisch nicht darstellen.

Eine Funktion mit einer Unabhängigen $y = f(x)$ läßt sich als eine Kurve in einem (zweidimensionalen) x-y-Koordinatensystem darstellen. Dabei wird jedem x der entsprechende Funktionswert y zugeordnet. Die Punkte (x;y) können dann in das Koordinatensystem eingetragen werden; es ergibt sich eine Kurve in einer Ebene.

Zur graphischen Darstellung einer Funktion mit zwei unabhängigen Variablen (x und y) und einer Abhängigen (z) $z = f(x,y)$ bedarf es bereits eines Koordinatensystems mit drei Achsen.

60

Jeder Punkt der Funktion $z = f(x,y)$ ist durch drei Koordinaten $(x;y;z)$ festgelegt. Die x-, y- und z-Achse stehen senkrecht aufeinander und stellen somit einen (dreidimensionalen) Raum dar, der durch die Koordinaten Länge, Breite und Höhe bestimmt wird.

Die graphische Darstellung einer Funktion $z = f(x,y)$ ergibt eine Fläche im Raum.
Eine Fläche im Raum ist nicht zeichenbar; es ist lediglich möglich, einen Raum perspektivisch in der Ebene darzustellen. Eine solche Abbildung ist nicht verzerrungsfrei, aber durch geschickte Anordnung der Achsen lassen sich Funktionen so skizzieren, daß der Zusammenhang anschaulich wiedergegeben wird.

Wenn weitere Variablen hinzukommen, versagt das menschliche Vorstellungsvermögen.

Beispiel:

Graphische Darstellung des Punktes (4;3;2) im x-y-z-Koordinatensystem

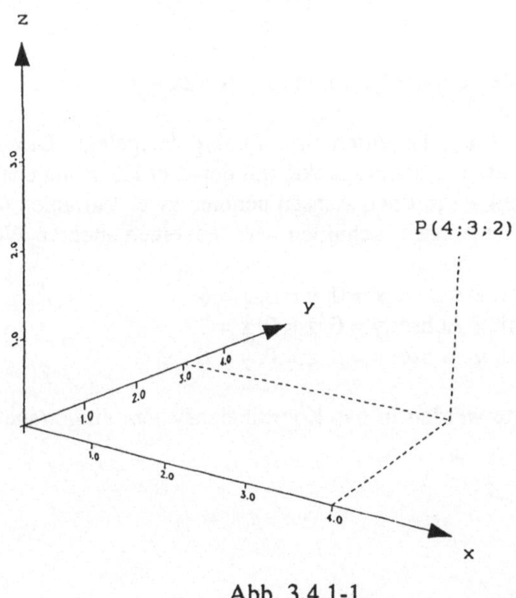

Abb. 3.4.1-1

Der Punkt (4;3;2) wird gezeichnet, indem man bei $x = 4$ eine Parallele zur y-Achse und bei $y = 3$ eine Parallele zur x-Achse zeichnet und deren Schnittpunkt bestimmt.
Von diesem Schnittpunkt aus wird eine Parallele zur z-Achse mit der Höhe $z = 2$ abgetragen.
Dadurch ist der Punkt im dreidimensionalen Raum perspektivisch dargestellt.

3.4.2 Lineare Funktionen mit zwei unabhängigen Variablen

Die linearen Funktionen mit drei Veränderlichen lassen sich relativ leicht zeichnen und rechnerisch handhaben, so daß sie in der praktischen Anwendung besonders häufig herangezogen werden. Viele ökonomische Zusammenhänge lassen sich durch lineare Funktionen hinreichend genau beschreiben.

Allgemeine Funktionsgleichung einer linearen Funktion mit drei Veränderlichen:

$$z = f(x, y) = ax + by + c$$

Die Variablen treten nur in der ersten Potenz auf, und sie werden nicht miteinander multipliziert.
Das Bild dieser Funktion stellt eine Ebene im Raum dar.

Beispiel:

Graphische Darstellung der Funktion $z = 6 - 2x - y$

Eine Ebene im Raum ist durch drei Punkte festgelegt. Diese drei Punkte sollten zweckmäßigerweise die Schnittpunkte mit den drei Koordinatenachsen sein.
In den Schnittpunkten mit den Achsen nehmen zwei Variablen den Wert Null an; nur die Variable, deren Achse geschnitten wird, hat einen anderen Wert.

Schnittpunkt mit z-Achse: $x = 0, y = 0, z = 6$
Schnittpunkt mit x-Achse: $y = 0, z = 0, x = 3$
Schnittpunkt mit y-Achse: $x = 0, z = 0, y = 6$

Die Schnittpunkte werden in das Koordinatensystem eingetragen und durch Geraden verbunden.

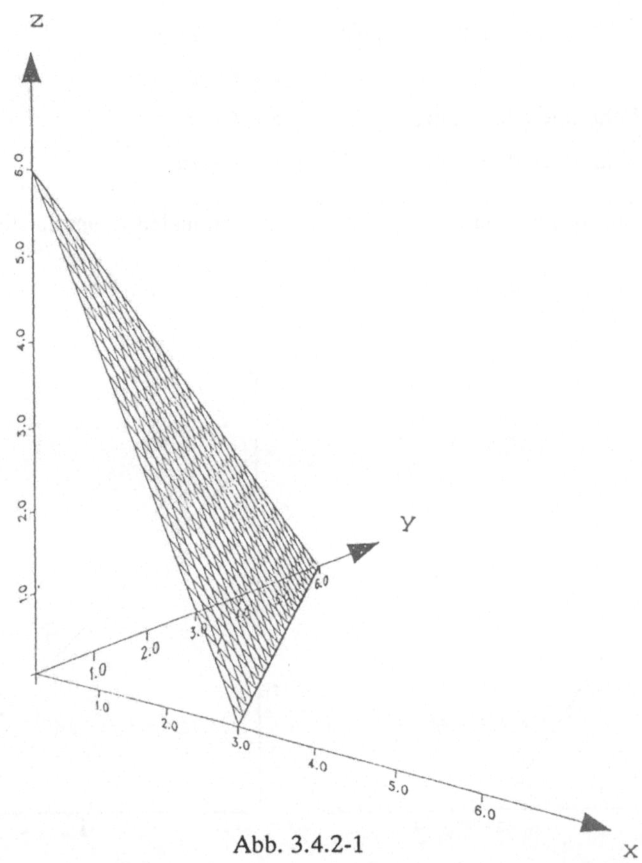

Abb. 3.4.2-1

Durch eine Schraffur läßt sich die Funktionsfläche hervorheben. Diese schraffierte Fläche stellt nur einen Teil der Funktionsebene dar, die sich in alle Richtungen unendlich fortsetzt. Man sieht hier nur den Teil der Fläche, für den alle drei Variablen positive Werte annehmen.

Die Geraden, die die Schnittpunkte verbinden, sind die Schnittgeraden der Funktionsebene mit den Koordinatenebenen, die aus jeweils zwei Achsen gebildet werden.
Die Gerade durch die Schnittpunkte von x- und y-Achse stellt alle Punkte der Fläche dar, für die die dritte Koordinate den Wert Null annimmt ($z = 0$). Es handelt sich um die Schnittgerade mit der x-y-Ebene.

z = 0: Schnittgerade mit der x-y-Ebene $\quad 0 = 6 - 2x - y$,

$$y = 6 - 2x$$

x = 0: Schnittgerade mit der z-y-Ebene $\quad z = 6 - y$

y = 0: Schnittgerade mit der z-x-Ebene $\quad z = 6 - 2x$

Diese Schnittgeraden lassen sich im zweidimensionalen Raum darstellen:

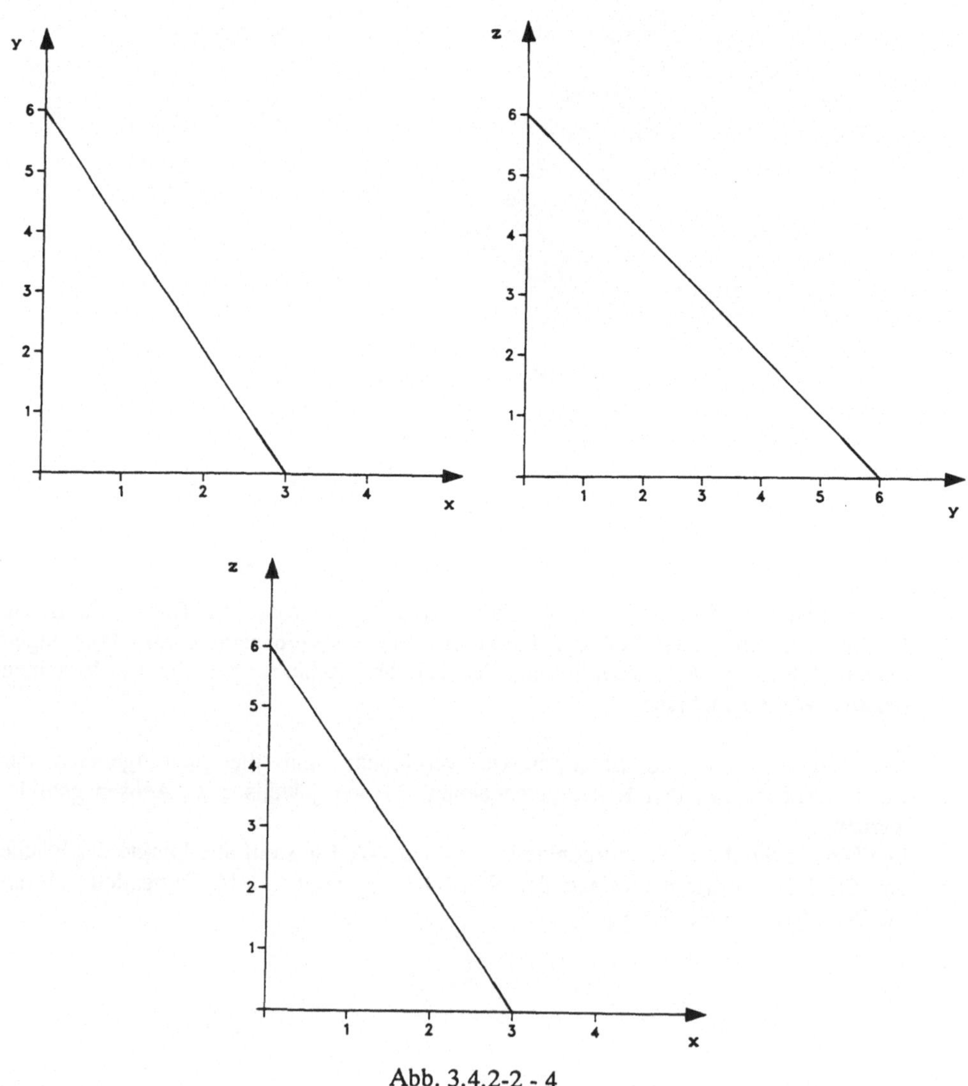

Abb. 3.4.2-2 - 4

3.4.3 Nichtlineare Funktionen mit zwei unabhängigen Variablen

Die graphische Darstellung nichtlinearer Funktionen ist erheblich komplizierter, da sich gekrümmte Flächen im dreidimensionalen Raum ergeben, die sich nur mit Hilfslinien veranschaulichen lassen.
Neben den Schnittkurven der Funktionsfläche mit den drei Koordinatenebenen werden weitere Schnittkurven mit verschiedenen Parallelflächen zu den Koordinatenebenen gezeichnet.
Bei geschickter Wahl der gezeichneten Schnittkurven kann eine sehr anschauliche perspektivische Darstellung entstehen.

An einem konkreten Beispiel $z = f(x,y) = 1 + x^2 + 2y^2$ soll das Verfahren der graphischen Darstellung nichtlinearer Funktionen erläutert werden.

Beispiel:

Graphische Darstellung der Funktion

$$z = 1 + x^2 + 2y^2$$

Schnittkurven mit den Koordinatenebenen:

x-y-Ebene: z = 0 $\qquad x^2 + 2y^2 = -1$
                   keine Lösung; es gibt keinen Schnittpunkt der Fläche mit der
                   x-y-Ebene, da die Fläche die z-Achse erst bei z = 1 schneidet.

z-x-Ebene: y = 0 $\qquad z = 1 + x^2$ Parabel

z-y-Ebene: x = 0 $\qquad z = 1 + 2y^2$ Parabel

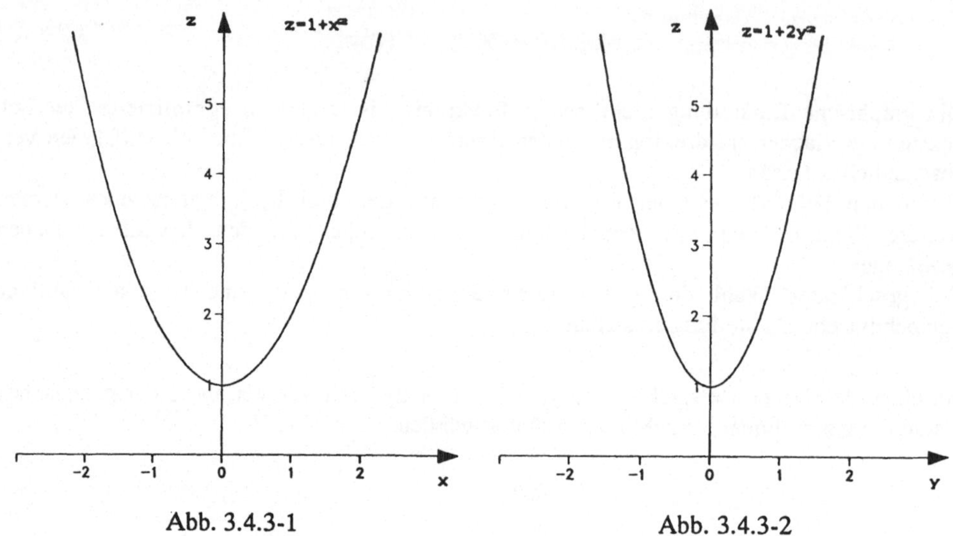

Abb. 3.4.3-1   Abb. 3.4.3-2

Eine Eintragung der Schnittkurven in ein dreidimensionales Koordinatensystem läßt die Form der Funktionsfläche erahnen.

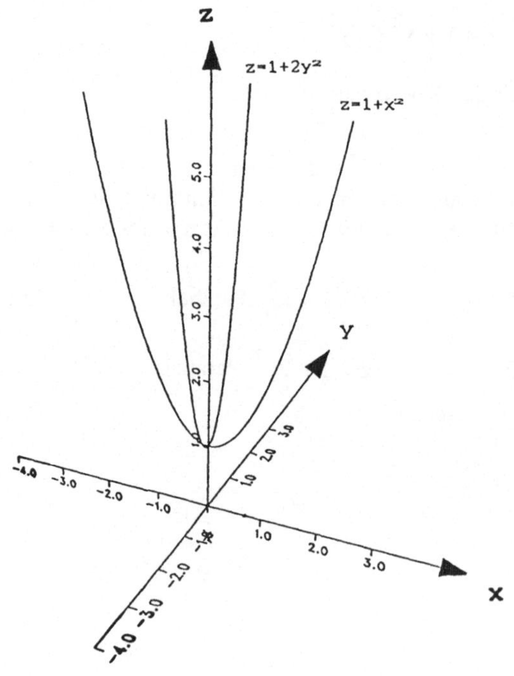

Abb. 3.4.3-3

In diesem Beispiel bietet es sich an, zusätzlich Schnittkurven parallel zur x-y-Ebene einzutragen, um den Verlauf der Funktionsfläche zu verdeutlichen.
Diese Schnitte parallel zur x-y-Ebene sind dadurch charakterisiert, daß z einen konstanten Wert annimmt, der dem Abstand der Schnittkurve von der Ebene entspricht.

Für z = 1 ergibt sich: $1 = 1 + x^2 + 2y^2$
$$0 = x^2 + 2y^2$$
Diese Gleichung gilt nur für $x = 0$ und $y = 0$
Der Punkt (0;0;1) entspricht dem Schnittpunkt der Fläche mit der z-Achse, d.h. der unteren Spitze der Fläche.

Für z = 3 ergibt sich: $3 = 1 + x^2 + 2y^2$
$$2 = x^2 + 2y^2$$
$$2y^2 = 2 - x^2$$
$$y^2 = 1 - 0{,}5x^2$$
$$y = \sqrt{1 - 0{,}5x^2}$$
Die Schnittkurve entspricht einer Ellipse.
Es ergibt sich für:
$$x = 0 \quad y = \pm\sqrt{1} = \pm 1$$
$$y = 0 \quad x = \pm\sqrt{2} = \pm 1{,}4142$$

Mit der zusätzlichen Einzeichnung dieser Schnittkurven ist der Verlauf der Fläche besser vorstellbar.

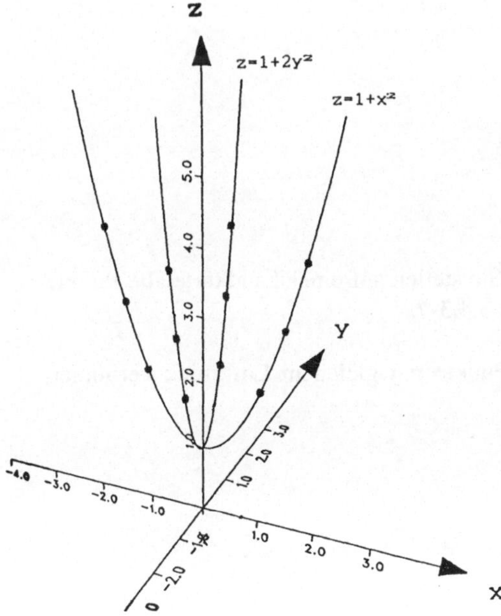

Abb. 3.4.3-4

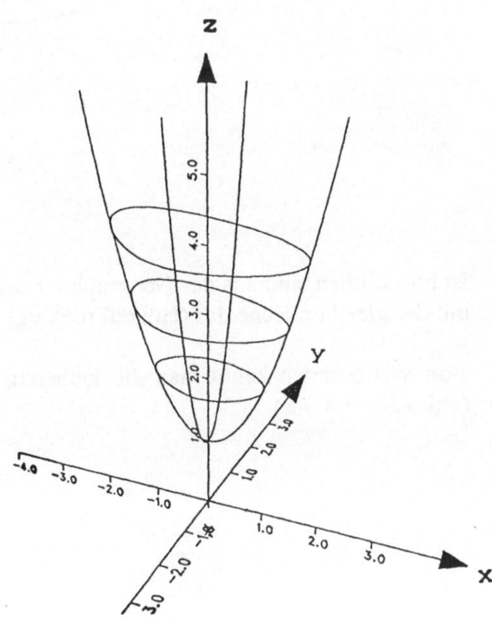

Abb. 3.4.3-5

Für die Veranschaulichung ökonomischer Zusammenhänge ist diese Form der Darstellung nicht immer zweckmäßig.

Es reicht zur Lösung vieler wirtschaftlicher Probleme aus, nur die Schnittkurven mit Parallelflächen zur x-y-Ebene zu betrachten.

Diese Schnittkurven werden auf die x-y-Ebene projiziert. Jede Schnittkurve beinhaltet alle Punkte der Funktionsfläche, die von der x-y-Ebene den gleichen Abstand bzw. die gleiche Höhe haben (z = const.).

Man bezeichnet diese Schnittkurven als **Isohöhenlinien**.

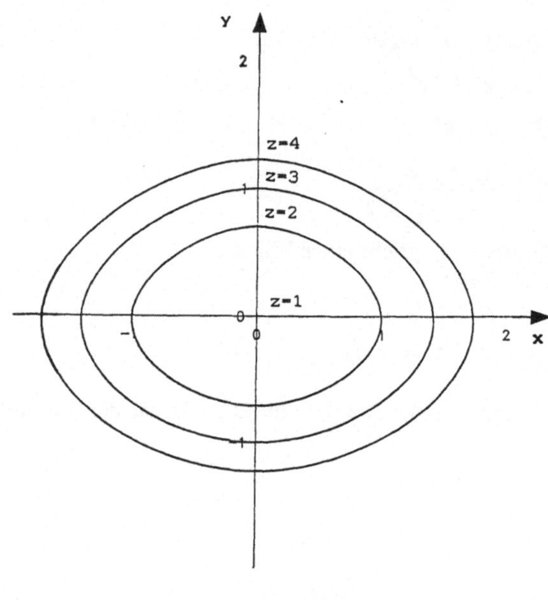

Abb. 3.4.3-6

Isohöhenlinien sind aus der Geographie bekannt. Sie stellen auf einer Landkarte alle Punkte mit der gleichen Höhe dar (Höhenlinie), vgl. Abb. 3.4.3-7.

Von Wetterkarten kennt man die Isobaren, die Punkte mit gleichem Luftdruck verbinden (vgl. Abb. 3.4.3-8).

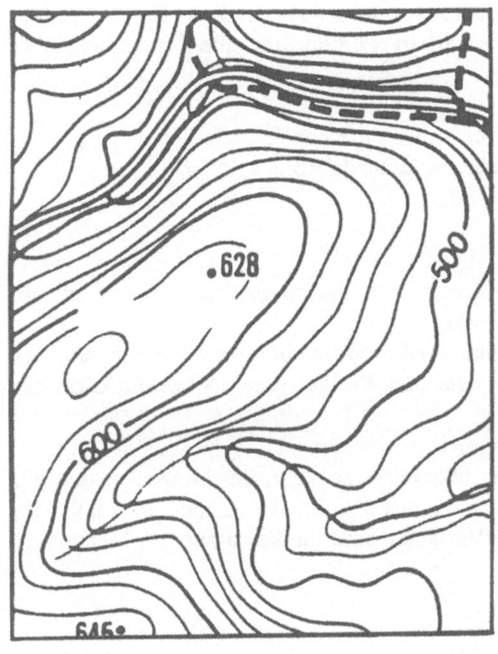

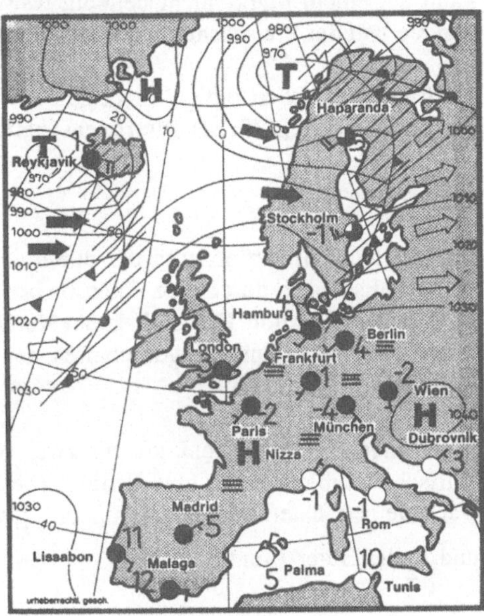

Abb. 3.4.3-7   Abb. 3.4.3-8

Aufgabe:

3.4.3. Gegeben sei die Funktion $z = 20 - 4x - 5y$
   a) Skizzieren Sie die Funktionsfläche.
   b) Berechnen Sie die Schnittgeraden mit den Koordinatenebenen und zeichnen
      Sie sie in zweidimensionale Koordinatensysteme.
   c) Berechnen Sie die Isohöhenlinien für $z = 0$, $z = 20$, $z = 40$ und zeichnen Sie
      sie in ein zweidimensionales Koordinatensystem.

3.5 Ökonomische Anwendung

Bei ökonomischen Zusammenhängen, die wegen ihrer Komplexität nur durch
mehrdimensionale Funktionen hinreichend exakt beschrieben werden können, bereitet es
erhebliche Schwierigkeiten, eine geeignete Funktionsgleichung zu finden.
Meist sind nur einige Eigenschaften einer solchen Funktion bekannt oder können zumindest
aufgrund theoretischer Überlegungen vermutet werden. So kann die Lage von Extremwerten
und das Steigungsverhalten der zugrunde liegenden Funktion geschätzt werden. Auch die
Funktionsform (z.B. Lineare Funktion, Parabel) läßt sich häufig erahnen.
Um diese Annahmen und Vermutungen abzusichern, sind umfangreiche statistische
Untersuchungen erforderlich. Dabei tritt das Problem hinzu, daß Experimente in der

betrieblichen Praxis kaum möglich sind. Die Produktion läßt sich nicht ohne weiteres
verändern, um einige Punkte der Kostenfunktion zu ermitteln; auch der Preis für ein Produkt
kann auf einem Markt nicht beliebig testweise variiert werden, um eine Vorstellung über
den Verlauf der Preisabsatzfunktion zu erhalten.

Im folgenden sollen einige wichtige Funktionen mit mehreren Veränderlichen vorgestellt
werden, die in den Wirtschaftswissenschaften eine bedeutende Rolle spielen.

Nutzenfunktion

In einer Nutzenfunktion wird der durch den Konsum von Gütern gestiftete Nutzen für ein
Wirtschaftssubjekt durch eine Funktion beschrieben.
Eine Nutzenfunktion läßt sich kaum durch eine Funktionsgleichung ausdrücken, aber es
lassen sich doch einige Eigenschaften nennen, die den Verlauf einer Nutzenfunktion beschreiben.

Wenn man die Nutzenfunktion für zwei Güter betrachtet, so kann der Nutzen y, den ein
Wirtschaftssubjekt durch eine Bedürfnisbefriedigung aus den Gütern bezieht, als abhängige
Variable betrachtet werden. Die unabhängigen Variablen sind die konsumierten Mengen x_1
und x_2 der Güter 1 und 2.

$$y = f(x_1, x_2) \quad \textbf{Nutzenfunktion}$$

Das Wirtschaftssubjekt kann ein bestimmtes Nutzenniveau durch unterschiedliche
Mengenkombinationen der beiden Güter erreichen.
Für diese Kombinationen x_1, x_2 mit einem bestimmten Nutzen gilt:

$$f(x_1, x_2) = \text{const}$$

Wenn eine Nutzenfunktion **graphisch** dargestellt wird, entsprechen die Kurven, die
Mengenkombinationen mit konstantem Nutzen angeben, den Isohöhenlinien. In bezug auf
die x_1-x_2-Ebene haben alle Punkte auf jeder dieser Linien die gleiche Höhe. Bei der Analyse
von Nutzenfunktionen bezeichnet man die Isohöhenlinien als **Indifferenzkurven.**

Indifferenzkurven geben an, wie ein Wirtschaftssubjekt die konsumierten Mengen der Güter
variieren kann, ohne daß sich der gestiftete Nutzen ändert. Gegenüber den
Mengenkombinationen auf einer Indifferenzkurve verhält sich das Wirtschaftssubjekt
indifferent.
Eine Mengenkombination auf einem höheren Nutzenniveau wird dagegen bevorzugt, da sie
eine höhere subjektive Bedürfnisbefriedigung bietet.
Der Abstand zwischen den einzelnen Indifferenzkurven ist im allgemeinen nicht
quantifizierbar. Hierzu sei auf das Problem der Nutzenmessung in der Volkswirtschaftslehre
verwiesen.

Beispiel:

Ein Studienabsolvent hat die Wahl zwischen verschiedenen Stellenangeboten. Die Attraktivität einer beruflichen Position bemißt er nach zwei Faktoren:

– monatliches Gehalt (x_1)

– Anzahl der Urlaubstage im Jahr (x_2)

Der Nutzen ist eine Funktion der Variablen x_1 und x_2.

$$y = f(x_1, x_2)$$

Der Absolvent bewertet z.B. folgende Mengenkombinationen als gleichwertig:

– Gehalt 2.500 DM und 40 Tage Urlaub

– Gehalt 3.000 DM und 30 Tage Urlaub

– Gehalt 5.000 DM und 20 Tage Urlaub

Diese drei Mengenkombinationen bieten ihm den gleichen Nutzen, sie liegen auf einer Indifferenzkurve. Zwischen diesen drei Angeboten würde sich der Studienabsolvent indifferent verhalten (vgl. Abb. 3.5-1).

Er bevorzugt natürlich eine Position mit:

– Gehalt 5.000 DM und 30 Tage Urlaub

– Gehalt 2.500 DM und 60 Tage Urlaub

Einen noch größeren Nutzen hätte:

– Gehalt 6.000 DM und 40 Tage Urlaub

Durch diese Mengenkombinationen werden weitere Indifferenzkurven festgelegt, die auf einem höheren Niveau liegen und einen höheren Nutzen bewirken.

Der Absolvent wird versuchen, ein möglichst hohes Nutzenniveau zu erreichen, also eine möglichst weit vom Koordinatenursprung entfernt liegende Indifferenzkurve, wobei ihm die Mengenkombination auf einer bestimmten Indifferenzkurve gleichgültig ist.

Die Messung des Nutzens ist problematisch; die Indiffernzkurven sind hier mit $y = 1$, $y = 2$ und $y = 3$ bezeichnet.

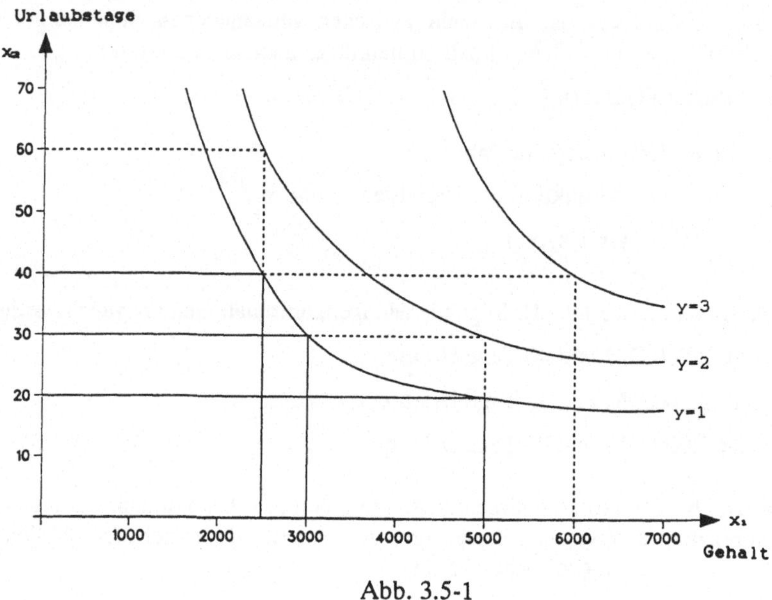

Abb. 3.5-1

Produktionsfunktion

Die Produktionsfunktion eines Betriebes gibt den Zusammenhang zwischen der Produktionsmenge (Output) und den eingesetzten Produktionsfaktoren (Input) an.
Die produzierte Menge y ist eine Funktion der Einsatzmengen der Produktionsfaktoren $(x_1, x_2, \dots, x_n)$ (z.B. verschiedene Rohstoffe, Arbeitskräfte, Maschinenleistungen).

$$y = f(x_1, x_2, \dots, x_n) \quad \textbf{Produktionsfunktion}$$

Es ist bei vielen Produktionsverfahren möglich, die Einsatzmengen der Faktoren zu variieren, ohne die Produktionsmenge zu ändern (substitutionale Produktionsfunktion). Wenn dabei die Problemstellung auf zwei Produktionsfaktoren reduziert wird, so gibt es Mengenkombinationen x_1, x_2 der Produktionsfaktoren, mit denen eine bestimmte Menge y des Produktes hergestellt werden kann.

$$y = f(x_1, x_2) = const$$

Diese Kurven, die zu verschiedenen Werten von y gehören, haben den gleichen Abstand von der x_1-x_2-Ebene und stellen somit Isohöhenlinien dar, die in diesem Fall als **Isoquanten** bezeichnet werden.

Beispiel:

Eine bestimmte Ertragsmenge eines landwirtschaftlichen Produktes läßt sich durch
verschiedene Kombinationen von Saatgut und Dünger erreichen.

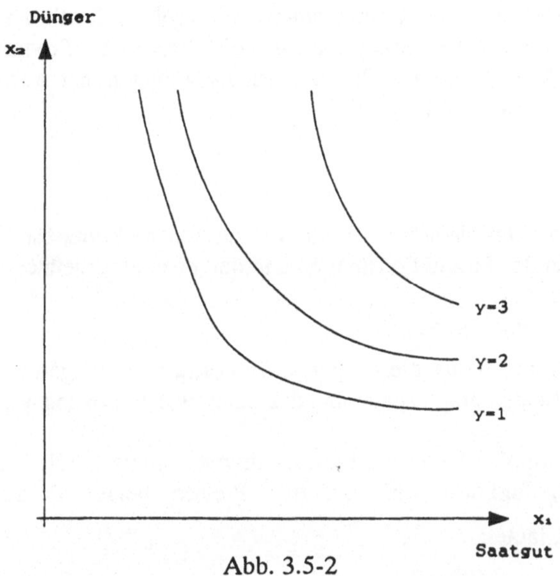

Abb. 3.5-2

Konsumfunktion

Die **mikroökonomische** Konsumfunktion eines Wirtschaftssubjektes (z.B. Haushalt) gibt
die Konsumausgaben in Abhängigkeit von dessen Einkommen sowie den Preisen aller Güter
an.

Wenn alle Konsumfunktionen der einzelnen Wirtschaftssubjekte zusammengefaßt werden,
erhält man die **makroökonomische** Konsumfunktion. Die makroökonomische Konsumfunktion untersucht die Abhängigkeit der gesamten Konsumausgaben einer Volkswirtschaft
von den Preisen aller konsumierten Güter und den Einkommen aller Wirtschaftssubjekte
(Haushalte), die diese Konsumgüter nachfragen.

Nachfragefunktion

Die Nachfragefunktion eines Wirtschaftssubjektes gibt die Abhängigkeit zwischen der
nachgefragten Menge eines Gutes und den Preisen aller Güter sowie den Konsumausgaben
des betreffenden Wirtschaftssubjektes an.
Hier wird die Vereinfachung des letzten Kapitels aufgegeben, in dem die Nachfragefunktion
nur als abhängig von dem Preis des entsprechenden Gutes angesehen wurde.

Als weitere Beispiele sollen folgende ökonomische Funktionen mit mehreren Veränderlichen genannt werden:

Wenn ein Unternehmen nicht nur ein Produkt herstellt, ist seine **Kostenfunktion** von den produzierten Mengen aller Güter abhängig.

Auch die **Umsatz-** und damit die **Gewinnfunktion** wird von den abgesetzten Mengen aller Produkte beeinflußt.

Die **Preisabsatzfunktion** eines Unternehmens mit großem Einfluß auf den Markt (z.B. Monopolist) hängt neben der Menge auch vom Preis des Produktes ab. Wenn das Unternehmen eine konkurrierende Produktvariante anbietet, hat auch deren Preis einen Einfluß auf die Preisabsatzfunktion.

Aufgaben:

3.5.1. In einem Unternehmen ist die Produktionsfunktion für den Zusammenhang zwischen der Produktionsmenge und den zwei eingesetzten Produktionsfaktoren bekannt:

$$y = f(x_1, x_2)$$

Wie läßt sich daraus die Isoquante für bestimmte Mengen y ermitteln?
Geben Sie den graphischen und den analytischen Lösungsweg an.

3.5.2. Ein Monopolist bietet ein Produkt in zwei unterschiedlichen Varianten an. Die Nachfragefunktion, die von den Preisen beider Produktvarianten (p_1, p_2) abhängt, lautet:

$$x = 400 - 8p_1 + 10p_2$$

Die Preise können nur innerhalb bestimmter Grenzen verändert werden:

$$3 \leq p_1 \leq 8 \quad \text{und} \quad 2 \leq p_2 \leq 7$$

Stellen Sie die Nachfragefunktion graphisch dar.

4 Eigenschaften von Funktionen

4.1 Nullstellen, Extrema, Steigung, Krümmung, Symmetrie

In diesem Kapitel sollen besonders markante Eigenschaften, die eine Funktion auszeichnen können, vorgestellt werden. Bei der Behandlung der Differentialrechnung und der Kurvendiskussion werden diese Charakteristika wieder aufgegriffen.

Nullstellen

Die Bestimmung der Nullstellen einer Funktion spielt für zwei unterschiedliche Fragestellungen eine wichtige Rolle:

- Bei der skizzenhaften Darstellung einer Funktion sind ihre **Nullstellen** markante Punkte.

- Enthält die Funktionsvorschrift einen Bruch, beispielsweise

$$f(x) = \frac{\sqrt{x} + 3}{x^2 - 4}$$

müssen zur Festlegung des **Definitionsbereiches** die Nullstellen des Nenners $x^2 - 4$ bestimmt werden.

In diesem Beispiel ist die Funktion für $x = 2$ und $x = -2$ nicht definiert: $\mathbb{D} = \mathbb{R} \setminus \{-2, 2\}$

Da die Nullstellen einer Funktion mit einer Veränderlichen mit den Punkten identisch sind, in denen der Graph der Funktion die x-Achse schneidet, gilt für diese Punkte: $f(x) = 0$. Diese Bedingung bildet die **Bestimmungsgleichung** für die Nullstellen einer Funktion.

Beispiele:

Bestimmen Sie die Nullstellen folgender Funktionen:

1. $f(x) = 3x + 2$

   $f(x) = 0 \qquad 0 = 3x + 2 \qquad x = -\frac{2}{3}$

   An der Stelle $x = -\frac{2}{3}$ hat f eine Nullstelle, d.h. in dem Punkt $(-\frac{2}{3}\,;\,0)$ schneidet die Funktion die x-Achse.

2. $f(x) = 2x^2 - 4x + 8$

   $f(x) = 0 \qquad 2x^2 - 4x + 8 = 0$

   $$x^2 - 2x + 4 = 0$$

   $$x_{1,2} = 1 \pm \sqrt{1 - 4}$$

   Diese Gleichung hat keine Lösung, d.h. die Funktion besitzt keine Nullstellen.

3. $f(x) = x^5 - x^3$

$$f(x) = 0 \qquad x^5 - x^3 = 0$$
$$x^3(x^2 - 1) = 0$$
$$x_1 = 0, \ x_2 = 1, \ x_3 = -1$$

An diesen Stellen besitzt die Funktion Nullstellen, d.h. in den Punkten (0;0), (1;0), (–1;0) schneidet die Funktion die x-Achse.

4. $f(x) = x^4 + 4x^2 - 12$

$$f(x) = 0 \qquad x^4 + 4x^2 - 12 = 0$$
$$\text{setze: } x^2 = z$$
$$z^2 + 4z - 12 = 0$$
$$z_{1,2} = -2 \pm \sqrt{4 + 12}$$
$$= -2 \pm 4$$
$$z_1 = 2, \ z_2 = -6$$
$$z_1 : x^2 = 2 \quad x_{1,2} = \pm \sqrt{2}$$
$$z_2 : x^2 = -6 \ \text{keine reelle Lösung}$$

Die Funktion hat die beiden Nullstellen $\sqrt{2}$ und $-\sqrt{2}$.

Alle diese Funktionen hätten auch den Nenner einer Funktionsvorschrift bilden können.
Bei der Bestimmung des Definitionsbereiches solcher Funktionen wäre derselbe Lösungsweg beschritten worden, nur hätten die Antworten gelautet:

1. $\mathbb{D} = \mathbb{R} \setminus \{ -\frac{2}{3} \}$

2. $\mathbb{D} = \mathbb{R}$

3. $\mathbb{D} = \mathbb{R} \setminus \{0, 1, -1\}$

4. $\mathbb{D} = \mathbb{R} \setminus \{\sqrt{2}, -\sqrt{2}\}$

Extrema

Weitere markante Punkte einer Funktion sind diejenigen, in denen die Funktion die größten und kleinsten Werte in einem Definitionsbereich annimmt, die sogenannten Extremwerte (kleinste Werte = Minima; größte Werte = Maxima).

Man betrachtet aber nicht nur **den** größten bzw. **den** kleinsten Wert einer Funktion (also nicht nur das **absolute Maximum** bzw. **absolute Minimum**), sondern auch Werte, die in einem **Bereich** die größten (**relatives Maximum**) bzw. kleinsten (**relatives Minimum**) sind. Dieser Sachverhalt soll in folgender Skizze verdeutlicht werden:

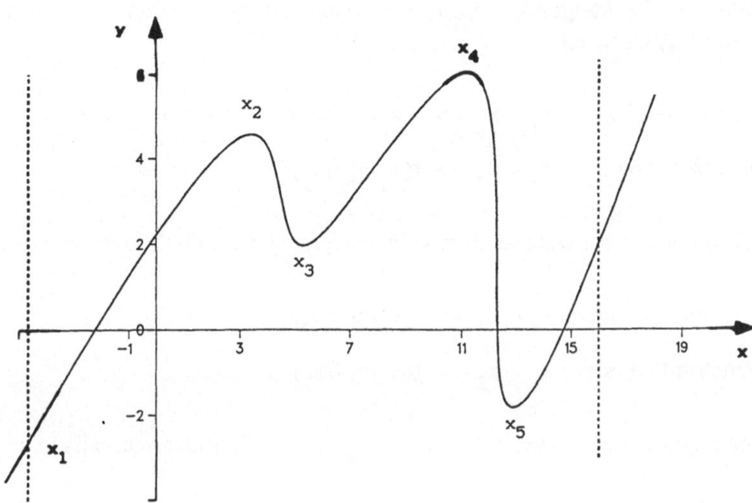

Abb. 4.1-1

x_1 = absolutes Minimum

x_2 = relatives Maximum; in der Umgebung von x_2 steigen die Werte bis x_2, um dann wieder zu fallen

x_3 = relatives Minimum; in der Umgebung von x_3 fallen die Werte bis x_3, um dann wieder zu steigen

x_4 = relatives und absolutes Maximum

x_5 = relatives Minimum

absolutes Maximum: der größte Wert im Definitionsbereich
absolutes Minimum: der kleinste Wert im Definitionsbereich

relatives Maximum: der größte Wert in seiner Umgebung
relatives Minimum: der kleinste Wert in seiner Umgebung

Absolute Extremwerte können also auch relative Extremwerte sein (z.B. x_4 in der Abb. 4.1-1), dann liegen sie im Inneren eines Definitionsbereiches.
Sind bestimmte Werte ausschließlich absolute Extremwerte, dann liegen sie am Rande des Definitionsbereiches (Randextrema). Diese Aussage gilt bei stetigen Funktionen, auf denen der Schwerpunkt dieses Buches liegt.

Steigung

Eine Funktion heißt **steigend,** wenn bei wachsendem x auch die entsprechenden Funktionswerte f(x) wachsen.

streng monoton steigend: $x_1 < x_2 \;$–>$\; f(x_1) < f(x_2)$

monoton steigend: $x_1 < x_2 \;$–>$\; f(x_1) \leq f(x_2)$

Sie heißt **fallend,** wenn bei wachsendem x die entsprechenden Funktionswerte fallen.

streng monoton fallend: $x_1 < x_2 \;$–>$\; f(x_1) > f(x_2)$

monoton fallend: $x_1 < x_2 \;$–>$\; f(x_1) \geq f(x_2)$

Diese Bedingungen müssen jeweils für alle x_1, x_2 eines Definitionsintervalls gelten.

Beispiel:

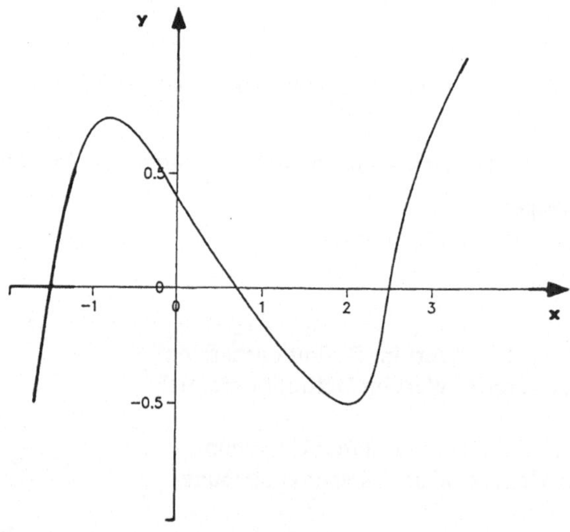

Abb. 4.1-2

Die abgebildete Funktion ist für x < −1 und x > 2 streng monoton steigend und für −1 < x < 2 streng monoton fallend.

Krümmung

Abb. 4.1-3 zeigt eine Funktion, die während ihres gesamten Verlaufes monoton steigend ist und dennoch starke Unterschiede in der Größe der Steigung und der Krümmung aufweist.

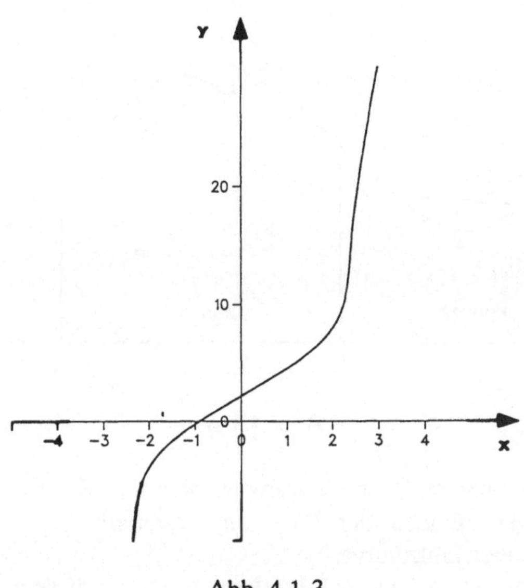

Abb. 4.1-3

Bei der Diskussion der Krümmung einer Funktion werden zwei Begriffe - konkav und konvex - aus dem Bereich Physik/Optik entlehnt, die in der Mathematik allerdings anders definiert werden.
Die Begriffe sollen an folgender graphischer Darstellung einer Funktion veranschaulicht werden (vgl. Abb. 4.1-4):

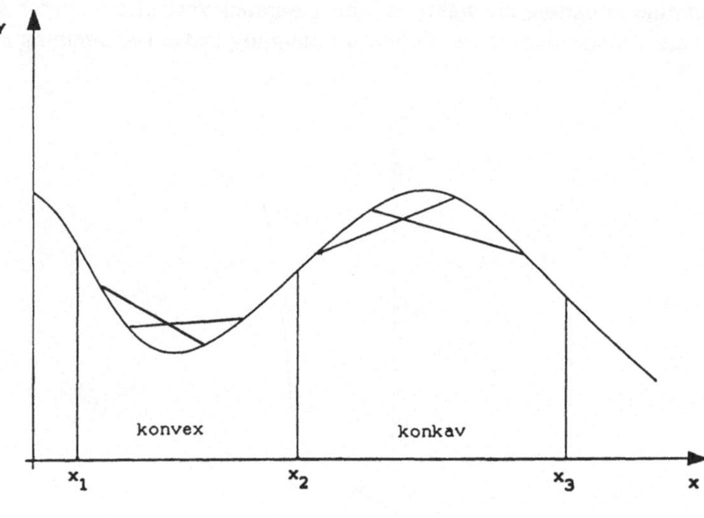

Abb. 4.1-4

Eine Funktion heißt in einem Intervall **konvex**, wenn in diesem Intervall alle Sehnen (Strecke zwischen zwei Punkten der Funktion) **oberhalb** des Graphen liegen. Diese Krümmung entspricht einer Linkskurve.

Eine Funktion heißt in einem Intervall **konkav**, wenn in diesem Intervall alle Sehnen **unterhalb** des Graphen liegen (Rechtskurve).

Symmetrie

Zwei Arten von Symmetrien sollen im folgenden untersucht werden:

– **Spiegelsymmetrie** (vgl. Abb. 4.1-5)
  Die Funktion ist an einer Parallelen zur y-Achse gespiegelt, z.B. an einer Parallelen durch den Punkt (a;0).
  Für spiegelsymmetrische Funktionen gilt: x-Werte, die denselben Abstand von a haben, besitzen auch denselben Funktionswert

$$f(a+x) = f(a-x)$$

– **Punktsymmetrie** (am Ursprung) (vgl. Abb. 4.1-6)
  Für punktsymmetrische Funktionen um den Ursprung gilt:

  x-Werte mit demselben Abstand vom Ursprung (x und –x) besitzen Funktionswerte, die folgende Bedingung erfüllen:

$$f(x) = -f(-x)$$

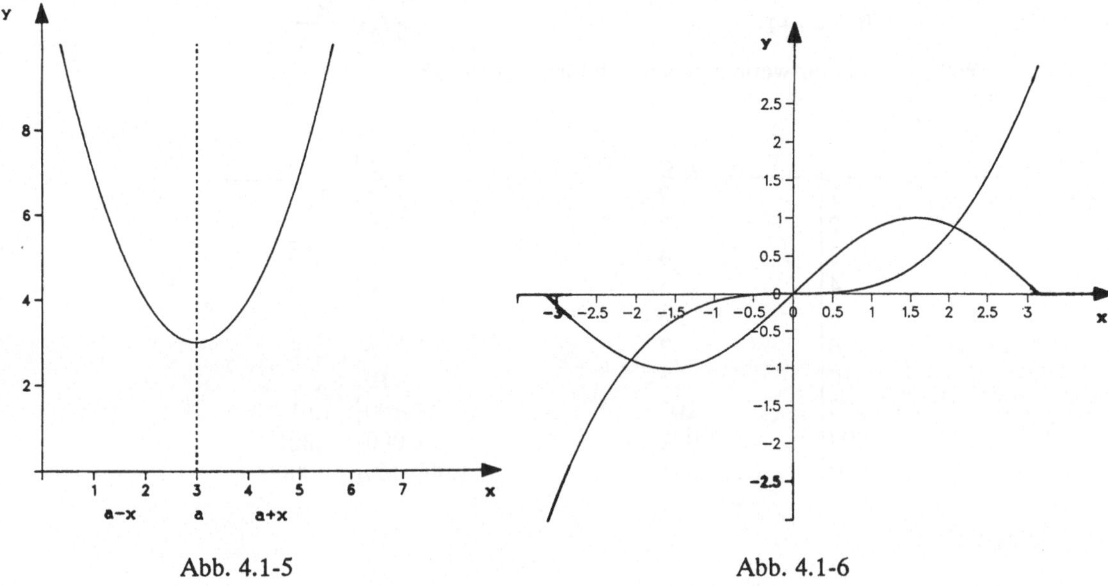

Abb. 4.1-5
Abb. 4.1-6

4.2 Grenzwerte

Bei der Erörterung des Begriffes "Grenzwert von Funktionen" müssen zwei verschiedene Fragestellungen unterschieden werden.

Zum Ersten stellt sich die Frage nach dem Verhalten der Funktionswerte für $x \to \infty$ (d.h. x

geht gegen Unendlich) bzw. $x \to -\infty$ (x geht gegen minus Unendlich).

Diese Fragestellung entspricht dem Begriff des Grenzwertes für Folgen (vgl. Kap. 10.1.3). Sie beschäftigt sich mit dem Verhalten der Funktion bei sehr großen bzw. sehr kleinen x-Werten.

Die zweite Fragestellung bezieht sich auf das Verhalten der Funktionswerte, wenn x gegen eine Stelle x_0 strebt ($x \to x_0$).

Grenzwerte für $x \to \infty$ und $x \to -\infty$

Zunächst soll die Verhaltensweise der Funktionswerte einer Funktion für beliebig große Werte von x an zwei Beispielen untersucht werden:

Beispiele:

$$f(x) = x+1 \qquad\qquad g(x) = \frac{x+1}{x}$$

Welche Funktionswerte ergeben sich für steigende x?

x	f(x)
1	2
2	3
3	4
4	5
5	6
6	7
10	11
100	101
1.000	1.001
1.000.000	1.000.001

x	g(x)
1	2
2	1,5
3	1,3$\overline{3}$
4	1,25
5	1,2
6	1,1$\overline{6}$
10	1,1
100	1,01
1.000	1,001
1.000.000	1,000001

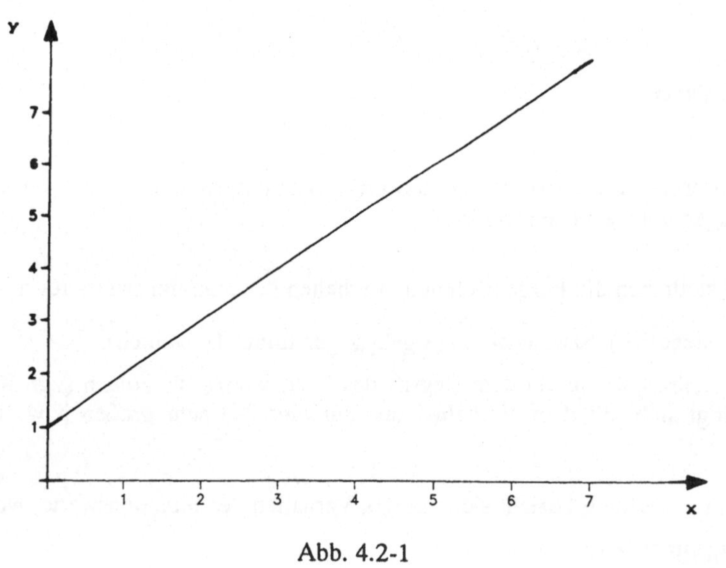

Abb. 4.2-1

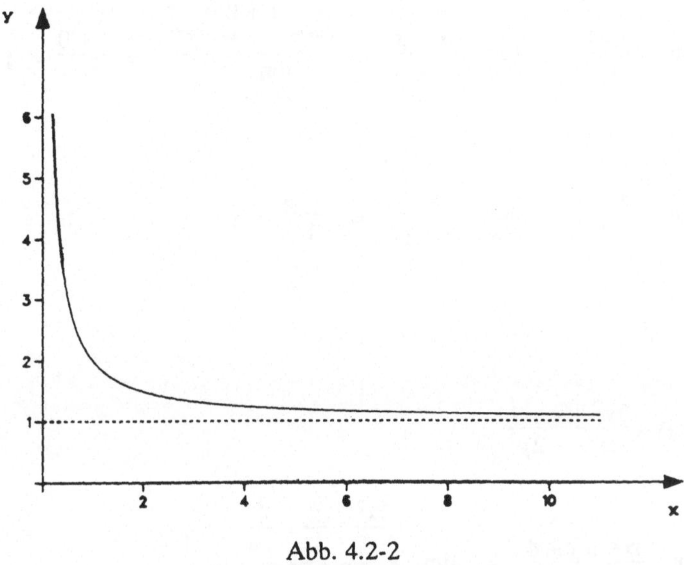

Abb. 4.2-2

Diese beiden Beispiele lassen die zwei typischen Verhaltensweisen von Funktionswerten bei wachsendem x erkennen. Entweder steigen die Funktionswerte ins Unendliche bzw. Negativ-Unendliche (Beispiel 1) oder sie nähern sich einem bestimmten Wert, dem sogenannten **Grenzwert**. Im zweiten Beispiel nähern sich die Funktionswerte von g dem Wert 1, d.h. für

x –> ∞ **konvergiert** g(x) gegen den Grenzwert 1.

Man schreibt: $\lim\limits_{x \to \infty} \dfrac{x+1}{x} = 1$

Grenzwertsätze:

$$\lim\limits_{x \to \infty} f(x) \pm g(x) = \lim\limits_{x \to \infty} f(x) \pm \lim\limits_{x \to \infty} g(x)$$

$$\lim\limits_{x \to \infty} f(x) \cdot g(x) = \lim\limits_{x \to \infty} f(x) \cdot \lim\limits_{x \to \infty} g(x)$$

$$\lim\limits_{x \to \infty} \frac{f(x)}{g(x)} = \frac{\lim\limits_{x \to \infty} f(x)}{\lim\limits_{x \to \infty} g(x)}$$

Beispiele:

1. $$\lim_{x\to\infty} \frac{x+1}{x} = \lim_{x\to\infty} \frac{\frac{x}{x}+\frac{1}{x}}{\frac{x}{x}} = \frac{\lim\limits_{x\to\infty} 1 + \lim\limits_{x\to\infty} \frac{1}{x}}{\lim\limits_{x\to\infty} 1} = \frac{1+0}{1} = 1$$

$$\lim_{x\to-\infty} \frac{x+1}{x} = \lim_{x\to-\infty} \frac{\frac{x}{x}+\frac{1}{x}}{\frac{x}{x}} = \frac{1-0}{1} = 1$$

2. Ist folgende Funktion konvergent für $x\to\infty$?

$$f(x) = \frac{3x^2 + x + 4}{x(x+2)}$$

$$\lim_{x\to\infty} \frac{3x^2 + x + 4}{x(x+2)} = \lim_{x\to\infty} \frac{\frac{3x^2}{x^2}+\frac{x}{x^2}+\frac{4}{x^2}}{\frac{x\cdot(x+2)}{x\cdot x}} =$$

$$\frac{\lim\limits_{x\to\infty} \frac{3x^2}{x^2} + \lim\limits_{x\to\infty} \frac{x}{x^2} + \lim\limits_{x\to\infty} \frac{4}{x^2}}{\lim\limits_{x\to\infty} \frac{x}{x} \cdot \lim\limits_{x\to\infty} \frac{x+2}{x}} = \frac{3+0+0}{1\cdot 1} = 3$$

Grenzwerte für x –> x_0

Folgende Abbildungen enthalten die Graphen der Funktionen:

$f(x) = x^2$

$$g(x) = \begin{cases} x^2 & \text{für } x \leq 0 \\ x^2 + 3 & \text{für } x > 0 \end{cases}$$

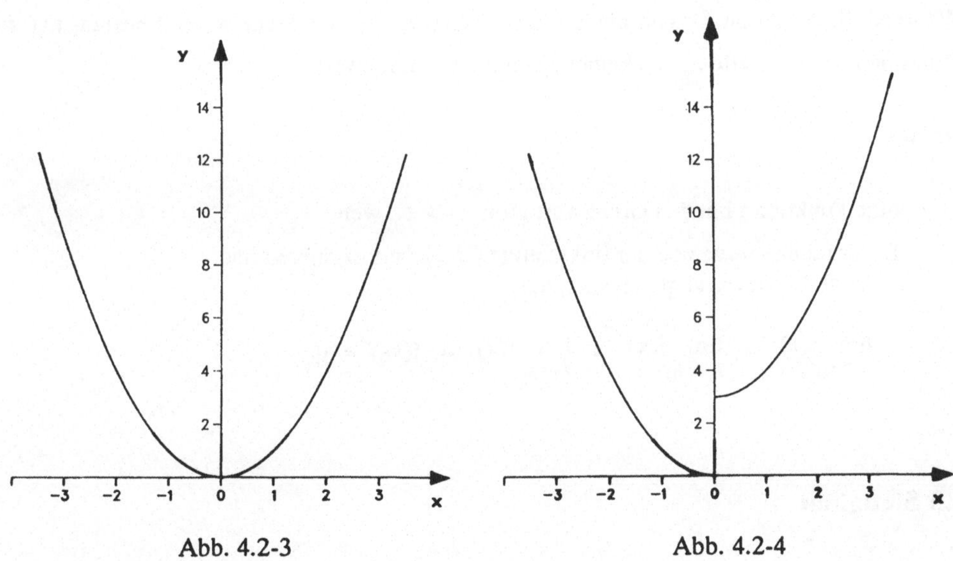

Abb. 4.2-3   Abb. 4.2-4

Vergleicht man die beiden Abbildungen miteinander, zeigt sich eine Auffälligkeit der Funktion g an der Stelle x = 0. Im folgenden sollen die beiden Funktionen f und g auf ihr Verhalten für x–>0 untersucht werden.

f: Die Abbildung 4.2-3 zeigt, daß bei der Funktion f die Funktionswerte f(x) gegen 0 konvergieren, wenn x von rechts gegen 0 geht. Das heißt es existiert der **rechtsseitige Grenzwert** an der Stelle $x_0 = 0$, symbolisiert durch das Zeichen $^+$.

$$\lim_{x->0^+} f(x) = 0$$

Ebenso existiert der **linksseitige Grenzwert** von f an der Stelle $x_0 = 0$, symbolisiert durch das Zeichen $^-$.

$$\lim_{x->0^-} f(x) = 0$$

g: Bei der Funktion g existieren ebenfalls die linksseitigen und rechtsseitigen Grenzwerte; sie sind allerdings nicht gleich.

$$\lim_{x \to 0^+} f(x) = 3$$

$$\lim_{x \to 0^-} f(x) = 0$$

Während die Funktion f einen eindeutigen Grenzwert an der Stelle $x_0 = 0$ besitzt, hat die Funktion g an der Stelle $x_0 = 0$ keinen eindeutigen Grenzwert.

Definition:

Eine Funktion f hat den Grenzwert g für $x \to x_0$, wenn

1. der rechtsseitige und der linksseitige Grenzwert existieren und
2. beide Grenzwerte gleich sind, d.h.

$$\lim_{x \to x_0^+} f(x) = \lim_{x \to x_0^-} f(x) = \lim_{x \to x_0} f(x) = f(x_0) = g$$

4.3 Stetigkeit

Unter der Stetigkeit einer Funktion versteht man einen **durchgängigen** Kurvenverlauf ohne Lücken, Sprung- und Polstellen.

Eine anschauliche, jedoch unmathematisch gefaßte Beschreibung der Stetigkeit lautet daher: Eine Funktion ist stetig, wenn ihr Kurvenverlauf sich durchgängig, ohne Absetzen des Stiftes, zeichnen läßt.

Eine exakte Definition der Stetigkeit an einer Stelle x_0 läßt sich mit Hilfe der Definition des Grenzwertes einer Funktion für $x \to x_0$ treffen.

Definition:

Eine Funktion f heißt stetig an der Stelle $x_0 \in \mathbb{D}$, wenn

$$\lim_{x \to x_0} f(x) = f(x_0) = g \quad \text{existiert.}$$

Andernfalls ist f an der Stelle x_0 unstetig.

Da der größte Teil der ökonomischen Funktionen im gesamten Definitionsbereich stetig ist, und die anderen nur wenige Unstetigkeitsstellen aufweisen, reicht es im allgemeinen aus, ökonomische Funktionen an ausgewählten Stellen auf Stetigkeit zu untersuchen.

Unstetigkeitsstellen lassen sich bis auf wenige Sonderfälle in drei Kategorien aufteilen.

1. Sprungstellen

An den Sprungstellen existieren zwar die rechts- und linksseitigen Grenzwerte; sie sind jedoch verschieden. Das heißt an Sprungstellen besitzen Funktionen keine Grenzwerte, und damit sind Sprungstellen Unstetigkeitsstellen.

Sprungstellen treten in ökonomischen Funktionen beispielsweise bei Preissprüngen durch Rabatte oder bei Kostensprüngen auf.

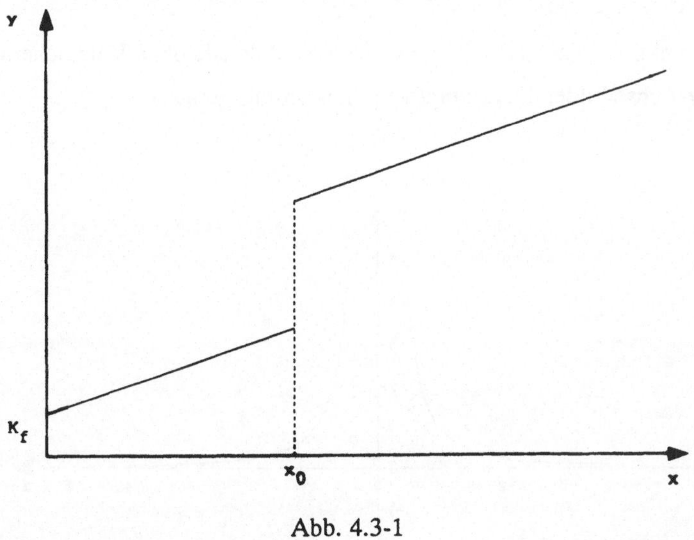

Abb. 4.3-1

Abb. 4.3-1 zeigt eine Kostenkurve K(x) mit Fixkosten K_f und einem Kostensprung an der Stelle x_0. Um mehr als x_0 Einheiten produzieren zu können, muß eine weitere Anlage angeschafft werden.

Auch das Briefporto in Abhängigkeit vom Gewicht ist ein Beispiel für eine Funktion mit Sprungstellen (Treppenfunktion).

2. Polstellen

Polstellen treten nur bei Definitionslücken im Definitionsbereich einer Funktion auf. Entweder der linksseitige oder der rechtsseitige, meistens aber beide Grenzwerte existieren nicht. Die Funktionswerte gehen für $x \to x_0$ gegen positiv-unendlich oder negativ-unendlich. Solche Stellen x_0 heißen Polstellen oder Unendlichkeitsstellen.

Beispiele:

1. $f(x) = \dfrac{1}{x^2}$ ist an der Stelle $x_0 = 0$ nicht definiert

$$\lim_{x \to 0^-} \frac{1}{x^2} = +\infty \qquad\qquad \lim_{x \to 0^+} \frac{1}{x^2} = +\infty$$

Die Funktion f hat an der Stelle $x_0 = 0$ eine Polstelle ohne Vorzeichenwechsel. Die y-Achse bildet die Asymptote (Annäherungsgerade).

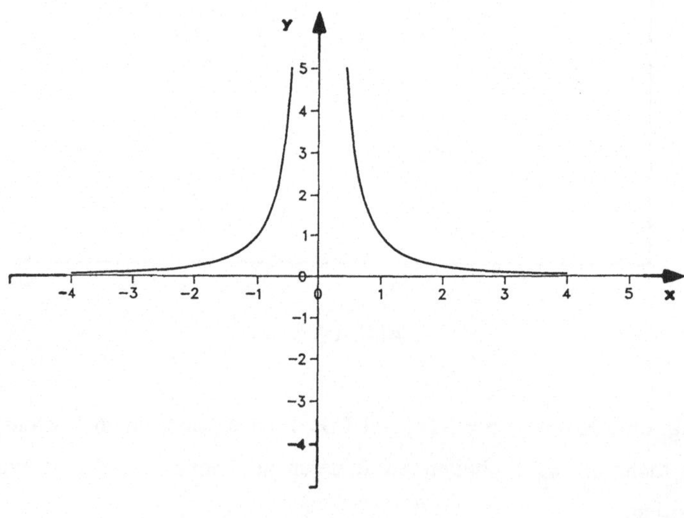

Abb. 4.3-2

2. $g(x) = \dfrac{1}{x}$ ist an der Stelle $x_0 = 0$ nicht definiert

$$\lim_{x \to 0^-} \frac{1}{x} = -\infty \qquad\qquad \lim_{x \to 0^+} \frac{1}{x} = +\infty$$

Die Funktion g hat an der Stelle $x_0 = 0$ eine Polstelle mit Vorzeichenwechsel.
Auch hier bildet die y-Achse die Asymptote.

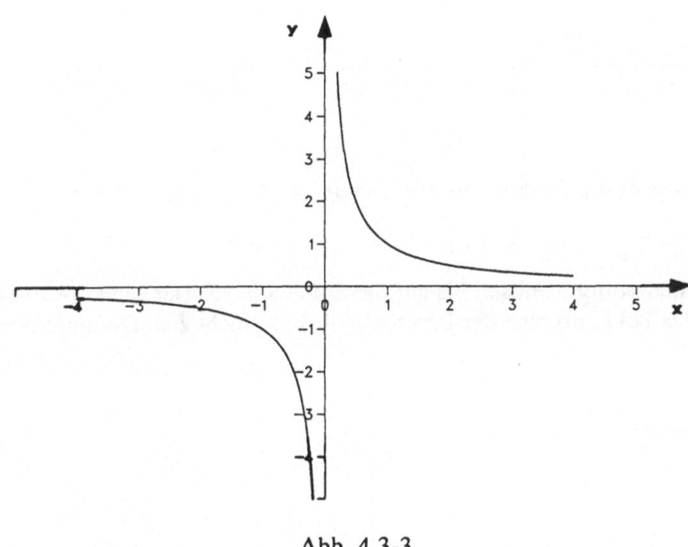

Abb. 4.3-3

3. Behebbare Lücken (stetige Ergänzung)

In der Definition der Stetigkeit an einer Stelle x_0 einer Funktion wird unter anderem gefordert, daß x_0 im Definitionsbereich liegt.

Damit sind alle Definitionslücken per se Unstetigkeitsstellen.
Definitionslücken können Polstellen mit nicht existierendem Grenzwert oder aber behebbare Lücken sein.
An solchen Stellen existiert der Grenzwert der Funktion. Der Kurvenverlauf ist also durchgängig, jedoch muß der Punkt der Funktion an der Stelle x_0 aufgrund des eingeschränkten Definitionsbereiches ausgeklammert werden.
Ergänzt man zu der Funktion f diesen Punkt an der Stelle x_0, dann ist diese neue Funktion an der Stelle x_0 stetig. Die Funktion läßt sich zu einer stetigen Funktion ergänzen (stetige Ergänzung).
Solche Unstetigkeitsstellen, deren Unstetigkeit sich "beheben" läßt, werden behebbare Lücken genannt.

Beispiel:

$$f(x) = \frac{x^2 + 3x - 10}{x + 5} \qquad \mathbb{D} = \mathbb{R} \setminus \{-5\}$$

$$\lim_{x \to -5^-} \frac{x^2 + 3x - 10}{(x + 5)} = \lim_{x \to -5^-} \frac{(x - 2)(x + 5)}{(x + 5)} = \lim_{x \to -5^-} x - 2 = -7$$

$$\lim_{x \to -5^+} \frac{x^2 + 3x - 10}{(x + 5)} = \lim_{x \to -5^+} \frac{(x - 2)(x + 5)}{(x + 5)} = \lim_{x \to -5^+} x - 2 = -7$$

Der Grenzwert der Funktion existiert an der Stelle $x_0 = -5$ und lautet $g = -7$.

Die stetige Ergänzung von f ist h: $h(x) = x - 2$ mit $\mathbb{D} = \mathbb{R}$.

f und h sind völlig identisch bis auf die Stelle $x = -5$. Der Punkt $(-5/-7)$ gehört zu h, während er bei f aufgrund der Bruchschreibweise nicht zum Definitionsbereich gehört.

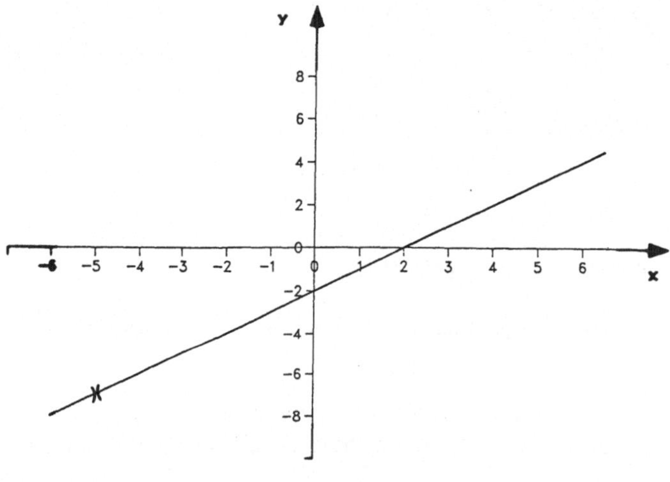

Abb. 4.3-4

Wie berechnet man eine stetige Ergänzung?

Weiterführung des obigen Beispiels:

$$f(x) = \frac{x^2 + 3x - 10}{x + 5}$$

Um $(x + 5)$ in der Funktionsgleichung kürzen zu können, muß der Zähler sich in den Faktor $(x + 5)$ und einen weiteren Faktor ersten Grades zerlegen lassen:

$$x^2 + 3x - 10 = (x + 5)(x + a) = x^2 + ax + 5x + 5a$$

Daraus folgt: $5a = -10$

$a = -2$

Probe: $(x + 5)(x - 2) = x^2 + 3x - 10$

Aufgabe:

4.3.1. Bestimmen Sie die Unstetigkeitsstellen und ihre Art für folgende Funktion. Geben Sie für die behebbaren Lücken an, wie der Wertebereich stetig zu ergänzen ist.

$$f(x) = \frac{x - 5}{x^2 - 2x - 15}$$

5 Differentialrechnung bei Funktionen mit einer unabhängigen Variablen

5.1 Problemstellung

Bei vielen Funktionen aus der Erfahrungswelt und bei ökonomischen Funktionen interessiert es nicht nur, welche Werte eine Funktion annimmt, sondern auch, wie rasch diese ab- oder zunehmen, das heißt wie stark die Funktion steigt oder fällt, wenn sich die unabhängige Variable x ändert.

Es ist zum Beispiel Politikern bei Wahlergebnissen nicht nur wichtig, wie hoch die Stimmenanteile der einzelnen Parteien sind, sondern auch, wie stark sich die Stimmenanteile im Vergleich zu vorhergehenden Wahlen geändert haben.
Ein weiteres Beispiel ist die Kostenfunktion. Ein Unternehmer interessiert sich nicht nur für die Höhe der Kosten bei einer bestimmten Produktionsmenge, sondern auch dafür, wie stark sich die Kosten ändern, wenn die Produktionsmenge variiert.
Diese Beispiele zeigen, daß es oft darauf ankommt, Aussagen über die Steigung von Funktionen zu machen.

Die Differentialrechnung beschäftigt sich mit der Steigung von Funktionen. Sie stellt einfache Methoden zur Berechnung der Steigung zur Verfügung (Differenzieren).
Ein weiteres wichtiges Anwendungsgebiet der Differentialrechnung ist die Kurvendiskussion. Da Minima, Maxima und Wendepunkte einer Funktion sich durch ein spezifisches Steigungsverhalten auszeichnen, kann ihre Lage mit Hilfe der Differentialrechnung bestimmt werden.

5.2 Die Steigung von Funktionen und der Differentialquotient

Lineare Funktionen

Bei den linearen Funktionen ist die Steigung einer Geraden sehr einfach mit Hilfe der Punktsteigungsform oder über tan a zu bestimmen.

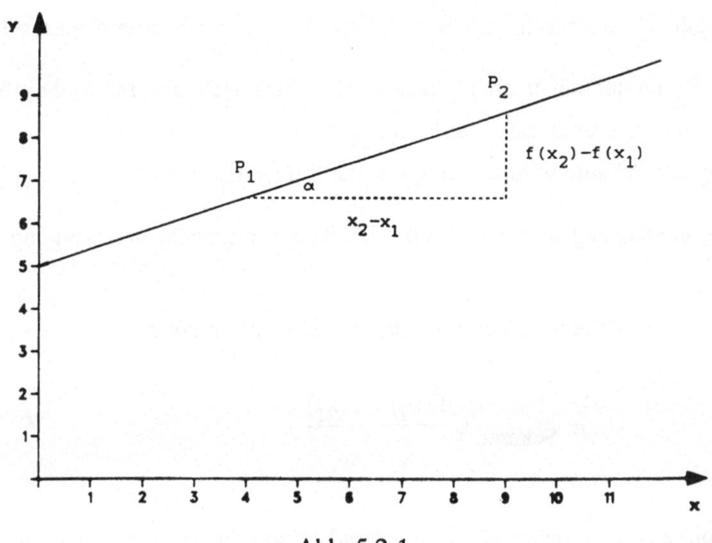

Abb. 5.2-1

$$m = \tan \alpha = \frac{f(x_2) - f(x_1)}{x_2 - x_1}$$

Nichtlineare Funktionen

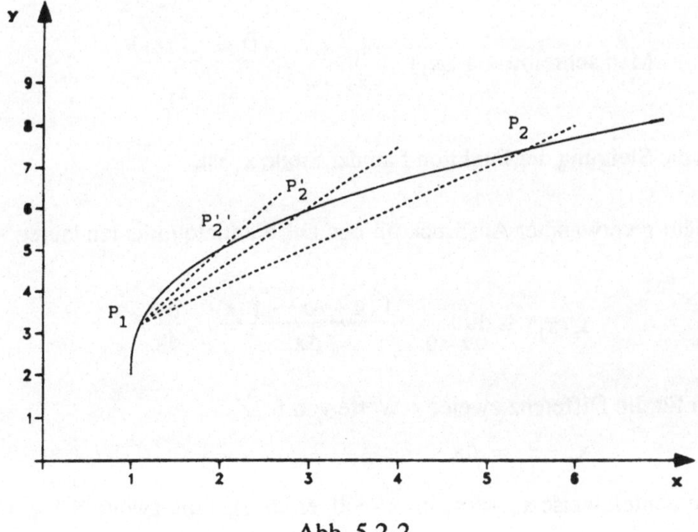

Abb. 5.2-2

Betrachtet man die Gerade durch P_1 und P_2, so kann man ihre Steigung, die sich leicht berechnen läßt, als durchschnittliche Steigung der Kurve innerhalb dieses Intervalls auffassen.

Wenn man P_2 immer näher an P_1 rücken läßt, paßt sich die durchschnittliche Steigung zwischen P_1 und P_2 immer mehr der Steigung der Kurve im Punkt P_1 an.

Die Steigung der Sekante wird zur Steigung der Tangente.

Die **Tangentensteigung** in einem Punkt der Kurve entspricht der Steigung der Kurve in diesem Punkt.

Mathematisch ausgedrückt bedeutet das für die Sekantensteigung:

$$m_{\text{Sekante}} = \frac{f(x_2) - f(x_1)}{x_2 - x_1}$$

Läßt man nun $x_2 \rightarrow x_1$ gehen (P_2 geht gegen P_1), so erhält man die Steigung der Tangente im Punkt P_1 als:

$$m_{\text{Tangente}} = \lim_{x_2 \rightarrow x_1} \frac{f(x_2) - f(x_1)}{x_2 - x_1}$$

Diesen Quotienten bezeichnet man als **Differentialquotienten**.

$$\text{Man schreibt:} \quad f'(x_1) = \lim_{x_2 \rightarrow x_1} \frac{f(x_2) - f(x_1)}{x_2 - x_1}$$

Wobei $f'(x_1)$ die Steigung der Funktion f an der Stelle x_1 ist.

Ein anderer häufig verwandter Ausdruck für den Differentialquotienten lautet:

$$f'(x_1) = \lim_{\Delta x \rightarrow 0} \frac{f(x + \Delta x) - f(x)}{\Delta x} = \frac{dy}{dx}$$

Definiert man für die Differenz zweier x-Werte von f:

$$x_2 - x_1 = \Delta x$$

und ändert die Schreibweise $x_2 \rightarrow x_1$ in $x \rightarrow 0$, ergibt sich die zweite Schreibweise aus der ursprünglichen Formel.

Existiert der Differentialquotient an der Stelle x_0, so heißt **f an der Stelle** x_0 **differenzierbar**.

Existieren die Differentialquotienten an allen Stellen des Definitionsbereiches, so heißt f **differenzierbar**.

Der Differentialquotient ist wiederum eine Funktion von x, da sich für jedes x die Steigung der Kurve an der Stelle x berechnen läßt, falls f differenzierbar ist. Diese Funktion nennt man die **erste Ableitung** nach x und schreibt f '.

Die Bestimmung der ersten Ableitung einer Funktion nennt man auch **Differenzieren**.

Wann ist eine Funktion differenzierbar?

Merkregel:

     Eine stetige Funktion ohne Ecken und Spitzen o.ä. ist differenzierbar.

Wie berechnet man den Differentialquotienten?

Beispiel:

$$f: f(x) = x^2$$

1. Ist f differenzierbar an der Stelle x = 1?

$$\lim_{x_2 \to 1} \frac{f(x_2) - f(1)}{x_2 - 1} = \lim_{x_2 \to 1} \frac{x_2^2 - 1}{x_2 - 1} = \lim_{x_2 \to 1} \frac{(x_2 - 1)(x_2 + 1)}{x_2 - 1} =$$

$$\lim_{x_2 \to 1} x_2 + 1 = 2$$

Der Differentialquotient existiert.

f ist im Punkt (1;1) differenzierbar mit der Steigung f '(1) = 2

2. Ist f im gesamten Definitionsbereich differenzierbar?

$$\lim_{x_2 \to x_1} \frac{f(x_2) - f(x_1)}{x_2 - x_1} = \lim_{x_2 \to x_1} \frac{x_2^2 - x_1^2}{x_2 - x_1} = \lim_{x_2 \to x_1} \frac{(x_2 - x_1)(x_2 + x_1)}{x_2 - x_1} =$$

$$\lim_{x_2 \to x_1} x_1 + x_2 = 2x_1$$

f ist differenzierbar im gesamten Definitionsbereich und f '(x) = 2x

Nun ist es nicht notwendig, alle Funktionen nach der obigen Vorgehensweise auf ihre Differenzierbarkeit zu prüfen und f ' nach dieser Methode zu berechnen.

Um gängige Funktionen differenzieren zu können, genügt die Kenntnis

– der Ableitungen elementarer Funktionen und

– weniger Grundregeln über das Differenzieren verknüpfter Funktionen.

5.3 Differenzierungsregeln

5.3.1 Ableitung elementarer Funktionen

Die Bestimmung der 1. Ableitung über die Limesbildung des Differentialquotienten ist oftmals recht aufwendig.
Es gibt einige Regeln, die das Differenzieren erleichtern:

Potenzregel:

$$f(x) = x^n \qquad\qquad f'(x) = n \cdot x^{n-1}$$

Beispiele:

$$f(x) = x^4 \qquad\qquad f'(x) = 4 \cdot x^{4-1} = 4x^3$$

$$f(x) = x^{155} \qquad\qquad f'(x) = 155 \cdot x^{154}$$

$$f(x) = \frac{1}{x} = x^{-1} \qquad\qquad f'(x) = (-1) \cdot x^{-2} = -\frac{1}{x^2}$$

$$f(x) = \sqrt{x} = x^{\frac{1}{2}} \qquad\qquad f'(x) = \frac{1}{2} x^{-\frac{1}{2}} = \frac{1}{2 \cdot \sqrt{x}}$$

$$f(x) = \sqrt[5]{x^6} = x^{\frac{6}{5}} \qquad\qquad f'(x) = \frac{6}{5} x^{\frac{1}{5}} = \frac{6 \cdot \sqrt[5]{x}}{5}$$

Konstantenregel:

$$f(x) = a \cdot x^n \qquad\qquad f'(x) = n \cdot a \cdot x^{n-1}$$

Beispiele:

$$f(x) = 3 \cdot x^2 \qquad f'(x) = 2 \cdot 3 \cdot x = 6x$$

$$f(x) = 3 \cdot \sqrt{x} \qquad f'(x) = \frac{3}{2 \cdot \sqrt{x}}$$

$$f(x) = c = c \cdot x^0 \qquad f'(x) = c \cdot 0 \cdot x^{-1} = 0$$

Die Ableitung einer Konstanten ist stets 0.

Logarithmusfunktion:

$$f(x) = \ln x \qquad f'(x) = \frac{1}{x}$$

Exponentialfunktion zur Basis e:

$$f(x) = e^x \qquad f'(x) = e^x$$

5.3.2 Differentiation verknüpfter Funktionen

Funktionen, die aus elementaren Funktionen beispielsweise durch Addition, Multiplikation oder Division zusammengesetzt sind, lassen sich nach folgenden Regeln differenzieren. Dabei wird vorausgesetzt, daß beide Funktionen g_1 und g_2 differenzierbar sind.

Summenregel

$$f(x) \;\; = g_1(x) \pm g_2(x)$$
$$f'(x) \;\; = g_1'(x) \pm g_2'(x)$$

Beispiele:

$$f(x) = 5x^4 + \ln x \qquad f'(x) = 20x^3 + \frac{1}{x}$$

$$f(x) = \frac{\ln x}{5} + 3x^2 - \frac{1}{\sqrt{x}} + 3 \qquad f'(x) = \frac{1}{5x} + 6x + \frac{1}{2 \cdot \sqrt[2]{x^3}}$$

Produktregel

$$f(x) = g_1(x) \cdot g_2(x)$$
$$f'(x) = g_1'(x) \cdot g_2(x) + g_1(x) \cdot g_2'(x)$$
$$= g_1' \cdot g_2 + g_1 \cdot g_2'$$

Diese Regel wird angewandt, wenn eine Funktion f aus einem Produkt zweier leicht zu differenzierenden Funktionen besteht.

Beispiele:

1. $f(x) = x^6 \, e^x$

   $g_1(x) = x^6 \qquad\qquad g_1'(x) = 6x^5$

   $g_2(x) = e^x \qquad\qquad g_2'(x) = e^x$

   $f'(x) = 6x^5 \, e^x + x^6 \, e^x = e^x \, (6x^5 + x^6)$

2. $f(x) = (4 - 2x^2) \, (x - 1)$

   $g_1(x) = 4 - 2x^2 \qquad g_1'(x) = -4x$

   $g_2(x) = x - 1 \qquad g_2'(x) = 1$

   $f'(x) = -4x \, (x - 1) + 4 - 2x^2$

   $\qquad = -4x^2 + 4x + 4 - 2x^2$

   $\qquad = -6x^2 + 4x + 4$

3. $f(x) = x^2 \ln x$

   $g_1(x) = x^2 \qquad\qquad g_1'(x) = 2x$

   $g_2(x) = \ln x \qquad\qquad g_2'(x) = \dfrac{1}{x}$

   $f'(x) = 2x \cdot \ln x + x^2 \cdot \dfrac{1}{x}$

   $\qquad = 2x \cdot \ln x + x$

   $\qquad = x \, (2 \cdot \ln x + 1)$

Quotientenregel

$$f(x) = \frac{g_1(x)}{g_2(x)} \qquad g_2(x) \neq 0$$

$$f'(x) = \frac{g_1'(x) \cdot g_2(x) - g_1(x) \cdot g_2'(x)}{(g_2(x))^2}$$

$$= \frac{g_1' \cdot g_2 - g_1 \cdot g_2'}{g_2^{\,2}}$$

Im Gegensatz zur Produktregel dürfen hier g_1 und g_2 **nicht** vertauscht werden.

Beispiele:

1. $f(x) = \dfrac{e^x}{x^2}$

$$f'(x) = \frac{e^x \cdot x^2 - e^x \cdot 2x}{x^4} = \frac{e^x \cdot (x-2)}{x^3}$$

2. $f(x) = \dfrac{\ln x}{\sqrt{x}}$

$$f'(x) = \frac{\frac{1}{x} \cdot \sqrt{x} - \ln x \cdot \frac{1}{2\sqrt{x}}}{x}$$

3. $f(x) = \dfrac{x^4 + 5}{x - 3}$

$$f'(x) = \frac{4x^3 \cdot (x-3) - (x^4 + 5) \cdot 1}{(x-3)^2} = \frac{4x^4 - 12x^3 - x^4 - 5}{(x-3)^2} = \frac{3x^4 - 12x^3 - 5}{(x-3)^2}$$

Kettenregel: Differentiation verketteter Funktionen

Die bisher genannten Differenzierungsregeln erlauben bereits die Ableitung sehr vieler Funktionen. Allerdings gibt es noch verhältnismäßig einfache Funktionen, die sich mit den bisherigen Kenntnissen nicht ableiten lassen, wie folgende Beispiele zeigen:

Beispiele:

1. $f(x) = \sqrt{x + 1}$
2. $f(x) = \ln 3x$
3. $f(x) = (x^2 + 3x)^{100}$

Alle drei Funktionen gleichen sich in einem Punkt.
Man kann sie sich nämlich als Einsetzen einer Funktion (**innere Funktion**) in eine andere (**äußere Funktion**) vorstellen.

1. $f(x) = \sqrt{x + 1}$

   $z = h(x) = x + 1$ innere Funktion h

       $g(z) = \sqrt{z}$ äußere Funktion g

   Die Funktion lautet nun:

   $g(h(x)) = \sqrt{z} = \sqrt{x + 1} = f(x)$

2. $f(x) = \ln 3x$

   $z = h(x) = 3x$ innere Funktion h

       $g(z) = \ln z$ äußere Funktion g

   $g(h(x)) = \ln z = \ln 3x = f(x)$

3. $f(x) = (x^2 + 3x)^{100}$

   $z = h(x) = x^2 + 3x$ innere Funktion h

       $g(z) = z^{100}$ äußere Funktion g

   $g(h(x)) = z^{100} = (x^2 + 3x)^{100} = f(x)$

Die Funktionen h und g sind zu einer Funktion f verkettet, $f(x) = g(h(x))$. Dabei wird h innere und g äußere Funktion genannt.

Verkettete Funktionen können mit Hilfe der Kettenregel abgeleitet werden.

Kettenregel:

$$f(x) = g(h(x)) = g(z) \quad \text{mit } h(x) = z$$

$$
\begin{aligned}
f'(x) &= g'(h(x)) \cdot h'(x) \\
&= g'(z) \cdot h'(x) \\
&= \text{"äußere Ableitung mal innere Ableitung"}
\end{aligned}
$$

Beispiele:

1. $f(x) = \sqrt{x + 1} = \sqrt{z} \qquad \text{mit } x + 1 = z$

$$f'(x) = \frac{1}{2 \cdot \sqrt{z}} \cdot 1 = \frac{1}{2 \cdot \sqrt{x + 1}}$$

2. $f(x) = \ln 3x = \ln z \qquad \text{mit } 3x = z$

$$f'(x) = \frac{1}{z} \cdot 3 = \frac{3}{3x} = \frac{1}{x}$$

3. $f(x) = (x^2 + 3x)^{100} = z^{100} \quad \text{mit } z = x^2 + 3x$

$$
\begin{aligned}
f'(x) &= 100 \cdot z^{99} \cdot (2x + 3) \\
&= 100 \cdot (x^2 + 3x)^{99} \cdot (2x + 3)
\end{aligned}
$$

Beispiel:

$$f(x) = e^{x^2 + 4} = e^z \quad \text{mit } z = x^2 + 4$$

$$f'(x) = e^z \cdot 2x = e^{x^2 + 4} \cdot 2x$$

Logarithmierte Funktion

Mit Hilfe der Kettenregel lassen sich Logarithmus-Funktionen leicht ableiten.

$$f(x) = \ln g(x) \qquad \text{Substitution:} \quad \begin{aligned} g(x) &= z \\ f(z) &= \ln z \end{aligned}$$

$$f'(x) = \frac{1}{z} \cdot g'(x)$$

$$f'(x) = \frac{g'(x)}{g(x)}$$

Beispiele:

1. $f(x) = \ln(2x^3 - 5x)$

$$f'(x) = \frac{6x^2 - 5}{2x^3 - 5x}$$

2. $f(x) = \ln\sqrt{x}$

$$f'(x) = \frac{1}{2\sqrt{x} \cdot \sqrt{x}} = \frac{1}{2x}$$

Durch das Logarithmieren kann man leicht **Exponentialfunktionen** ableiten, also Funktionen der Form $f(x) = a^x$.

Zur Herleitung der Ableitungsformel wird folgender "Trick" verwandt:

$$f(x) = f(x)$$
$$\ln f(x) = \ln f(x)$$
$$(\ln f(x))' = \frac{f'(x)}{f(x)}$$

Auflösen nach $f'(x)$: $f'(x) = (\ln f(x))' \cdot f(x)$

Beispiele:

1. $f(x) = a^x$ $\ln f(x) = \ln a^x = x \cdot \ln a$
   $(\ln f(x))' = \ln a$

   $f'(x) = \ln a \cdot a^x$

2. $f(x) = x^x$ $\ln f(x) = \ln x^x = x \cdot \ln x$
   $(\ln f(x))' = \ln x + x \cdot \frac{1}{x} = \ln x + 1$

   $f'(x) = x^x \cdot (\ln x + 1)$

3. $f(x) = 4^{x^2+1}$ $\ln f(x) = \ln 4^{x^2+1} = (x^2 + 1) \cdot \ln 4$
   $(\ln f(x))' = 2x \cdot \ln 4$

   $f'(x) = 2x \cdot \ln 4 \cdot 4^{x^2+1}$
   $= 2{,}7726 \cdot x \cdot 4^{x^2+1}$

5.3.3 Höhere Ableitungen

Durch Differentiation einer Funktion f erhält man den Differentialquotienten oder die
1. Ableitung von f.
Diese 1. Ableitung f ' ist wiederum eine Funktion von x. Wenn sie differenzierbar ist, kann
sie noch einmal abgeleitet werden. Man erhält die 2. Ableitung f ", die wiederum eine Funktion von x ist.

Gegeben: f : f(x)

           f ' : f '(x) sei wieder eine differenzierbare Funktion

          f " : f "(x) heißt 2. Ableitung von f

                  heißt 1. Ableitung von f '

          f "gibt die Steigung der Ableitungsfunktion an

Beispiel:

$$f(x) = \frac{1}{7} \cdot x^7 - \frac{1}{4} \cdot x^4 + 2x - 13$$

$$f\,'(x) = x^6 - x^3 + 2 \qquad \text{1. Ableitung}$$

$$f\,''(x) = 6x^5 - 3x^2 \qquad \text{2. Ableitung}$$

$$f\,'''(x) = 30x^4 - 6x \qquad \text{3. Ableitung}$$

$$f\,''''(x) = 120x^3 - 6 \qquad \text{4. Ableitung}$$

$$f\,'''''(x) = 360x^2 \qquad \text{5. Ableitung}$$

$$f\,''''''(x) = 720x \qquad \text{6. Ableitung}$$

$$f\,'''''''(x) = 720 \qquad \text{7. Ableitung}$$

$$f\,''''''''(x) = 0 \qquad \text{8. Ableitung}$$

Alle weiteren höheren Ableitungen sind Null.

Aufgaben:

5.3. Berechnen Sie die erste Ableitung folgender Funktionen:

$$1.\quad f(x) = 4\sqrt[10]{x^5} + 3e^x - 2\ln x + \frac{3}{5}$$

$$2.\quad f(x) = (x^3 - \ln x + 10) \cdot e^x$$

$$3.\quad f(x) = \frac{x^2 + 2 \cdot \sqrt{x}}{x^2 + 7}$$

$$4a.\quad f(x) = (3x^2 + \frac{1}{x^2})^{50}$$

b. $f(x) = \dfrac{1}{(3x^2 + \frac{1}{x^2})^{50}}$

c. $f(x) = \sqrt[50]{3x^2 + \dfrac{1}{x^2}}$

d. $f(x) = e^{(3x^2 + \frac{1}{x^2})}$

e. $f(x) = 20^{(3x^2 + \frac{1}{x^2})}$

f. $f(x) = \ln(3x^2 + \dfrac{1}{x^2})$

5. Zwei Aufgaben zum Knobeln

a. $f(x) = \sqrt{x\sqrt{x}}$

b. $f(x) = (\sqrt{x+1} + 1)^{20}$

5.4 Anwendungen der Differentialrechnung

5.4.1 Extrema

Bei der Untersuchung von Funktionen, die ökonomische Zusammenhänge beschreiben, ist die Frage nach den Extremwerten (Minima und Maxima) von großer Bedeutung.
Mit Hilfe der Differentialrechnung lassen sich alle Minima und Maxima einer Funktion innerhalb des Definitionsintervalles leicht berechnen.
Viele ökonomische Funktionen haben einen eingeschränkten Definitionsbereich. In diesen Fällen müssen zur Bestimmung der absoluten Extremwerte sowohl diese Extremwerte innerhalb des Intervalles als auch die Randextrema berücksichtigt werden (vgl. Kap. 4.1).

Notwendige und hinreichende Bedingungen für Extrema

Daß die Funktion an Stellen, an denen sie Extremwerte besitzt, ein besonderes Steigungsverhalten aufweist, zeigt folgende Skizze:

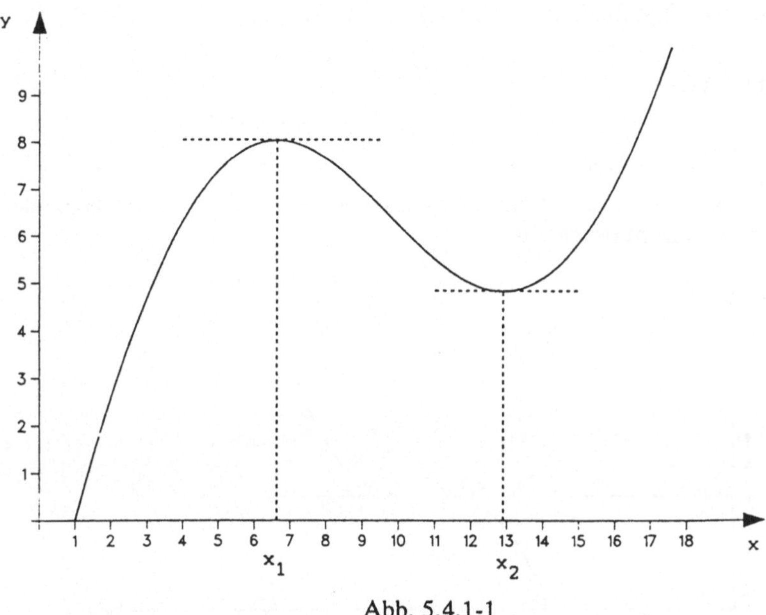

Abb. 5.4.1-1

An der Stelle x_1 liegt ein Maximum vor.

Bis zu dieser Stelle x_1 steigt die Funktion f, um dann wieder zu fallen.

Legt man Tangenten an den Graphen von f in der Umgebung von x_1, erhält man für:

$$x < x_1 \ \rightarrow f'(x) > 0$$

$$x = x_1 \ \rightarrow f'(x) = 0$$

$$x > x_1 \ \rightarrow f'(x) < 0$$

An der Stelle x_2 besitzt f ein Minimum.

Bis zu der Stelle x_2 fällt die Funktion f, um dann wieder zu steigen.

Für die Tangentensteigungen in der Umgebung von x_2 ergibt sich:

$$x < x_2 \ \rightarrow f'(x) < 0$$

$$x = x_2 \ \rightarrow f'(x) = 0$$

$$x > x_2 \ \rightarrow f'(x) > 0$$

Es ist offensichtlich, daß an den Stellen einer Funktion, an denen Extremwerte vorliegen, die 1. Ableitung gleich Null sein muß.

Damit ist die **notwendige Bedingung** für die Existenz eines Extremwertes an der Stelle x_0:

$$f\,'(x_0) = 0$$

Die Bedingung $f\,'(x_0) = 0$ ist zwar Voraussetzung für einen Extremwert an der Stelle x_0. Sie reicht aber nicht aus, um zu entscheiden, ob tatsächlich ein Extremwert vorliegt oder nicht. Die Bedingung ist **nicht hinreichend**.

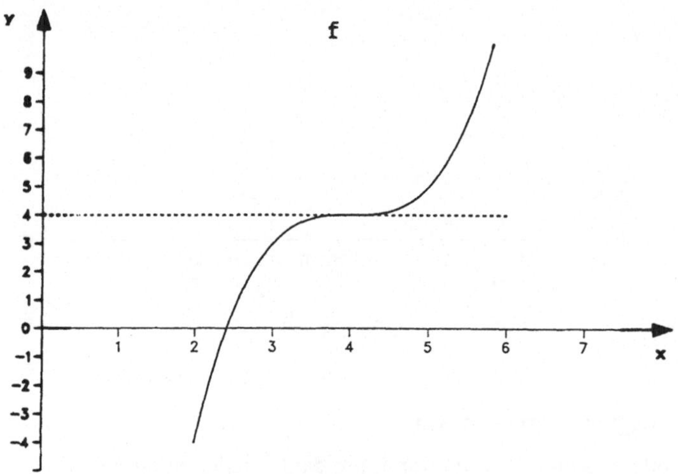

Abb. 5.4.1-2

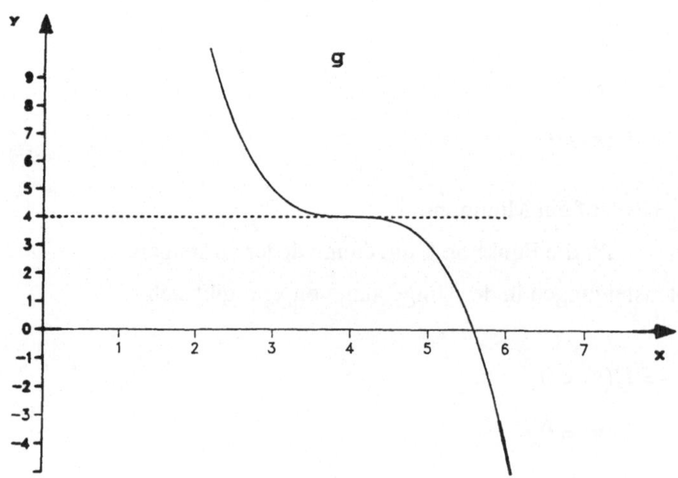

Abb.5.4.1-3

Die Funktionen f und g in den Abbildungen zeigen, daß nicht an jeder Stelle mit waagerechter Tangente (f '(x) = 0) ein Extremwert vorliegt. Hier handelt es sich um Wendepunkte mit der Tangentensteigung Null. Solche Punkte werden **Sattelpunkte** genannt.

Worin unterscheidet sich das Steigungsverhalten einer Funktion in der Umgebung eines Extremwertes von dem bei einem Sattelpunkt?

Betrachtet man die Tangenten in der Umgebung eines Sattelpunktes, so stellt man fest, daß die Tangentensteigungen entweder immer größer als Null und nur im Sattelpunkt gleich Null sind (Funktion f) oder immer kleiner als Null und nur im Sattelpunkt gleich Null sind (Funktion g).

Bei Sattelpunkten liegt an der Stelle x_0 kein Vorzeichenwechsel der Tangentensteigung und damit der 1. Ableitung vor, wie das bei Extremwerten der Fall ist.

Eine hinreichende Bedingung für die Existenz eines Extremwertes an der Stelle x_0 ist also der Vorzeichenwechsel der Tangentensteigung (1. Ableitung) an der Stelle x_0.

Darüberhinaus läßt sich aus der Richtung des Vorzeichenwechsels entnehmen, ob es sich um ein relatives Minimum oder Maximum handelt.

Wenn $f'(x_0) = 0$ ist, und alle x aus einer Umgebung von x_0 folgende Bedingung erfüllen:

- $f'(x) > 0$ für $x < x_0$

  $f'(x) < 0$ für $x > x_0$

  so liegt an der Stelle x_0 ein Maximum vor

- $f'(x) < 0$ für $x < x_0$

  $f'(x) > 0$ für $x > x_0$

  so liegt an der Stelle x_0 ein Minimum vor

Nun ist es mühsam, die 1. Ableitungen einer Funktion in der Umgebung eines Punktes zu untersuchen.
Einfacher ist es, den Vorzeichenwechsel der Steigung bei einem Extremwert mit Hilfe der 2. Ableitung zu erfassen.

Bei Vorliegen eines Maximums ist die 1. Ableitung an der Stelle x_0 monoton fallend, sie geht von positiver Steigung zu negativer Steigung über. Das bedeutet, daß die Steigung der 1. Ableitung an der Stelle x_0 kleiner oder gleich Null ist, also $f''(x_0) \leq 0$.

Bei Vorliegen eines Minimums ist die 1. Ableitung an der Stelle x_0 monoton steigend; sie geht von negativer Steigung zu positiver Steigung über.
Das bedeutet, daß $f''(x_0) \geq 0$.

Die **hinreichende Bedingung** kann mit Hilfe der 2. Ableitung also folgendermaßen formuliert werden:

Gilt $f'(x_0) = 0$ und

$- f''(x_0) < 0$ so liegt an der Stelle x_0 ein **Maximum** vor

$- f''(x_0) > 0$ so liegt an der Stelle x_0 ein **Minimum** vor

Gilt $f''(x_0) = 0$, so läßt sich noch nicht entscheiden, ob ein Extremwert oder Sattelpunkt vorliegt.

Beispiel:

Bei den Funktionen $f(x) = x^3$ und $g(x) = x^4$ sind die 1. und 2. Ableitungen an der Stelle $x_0 = 0$ gleich 0.

f hat an der Stelle 0 einen Sattelpunkt.
g hat an der Stelle 0 ein Minimum.

Bestimmt man die höheren Ableitungen von f und g, ergibt sich:

$$f(0) = x^3 = 0 \qquad\qquad g(0) = x^4 = 0$$
$$f'(0) = 3x^2 = 0 \qquad\qquad g'(0) = 4x^3 = 0$$
$$f''(0) = 6x = 0 \qquad\qquad g''(0) = 12x^2 = 0$$
$$f'''(0) = 6 \neq 0 \qquad\qquad g'''(0) = 24x = 0$$
$$g''''(0) = 24 \neq 0$$

Allgemein gilt für den Fall, daß erst die n-te Ableitung ungleich Null ist:

$-$ n ist gerade: Die Funktion hat an der Stelle einen Extremwert mit

$$f^{(n)}(x_0) < 0 \ \text{Maximum}$$

$$f^{(n)}(x_0) > 0 \ \text{Minimum}$$

$-$ n ist ungerade: Die Funktion hat einen Sattelpunkt

Schema zur Bestimmung von Extremwerten von f

1. Bildung von f'

2. Bestimmung der Nullstellen von f': $f'(x) = 0$

3. Bestimmung der 2. Ableitung f''

4. Überprüfung aller Nullstellen von f' durch Einsetzen in f''

$f''(x_0) > 0$ an der Stelle x_0 liegt ein Minimum vor

$f''(x_0) < 0$ an der Stelle x_0 liegt ein Maximum vor

$f''(x_0) = 0$ Untersuchung der höheren Ableitungen bis erstmals eine Ableitung ungleich Null wird

5. $f^{(n)}(x_0) > 0$ n gerade: an der Stelle x_0 liegt ein Minimum vor

$f^{(n)}(x_0) < 0$ n gerade: an der Stelle x_0 liegt ein Maximum vor

$f^{(n)}(x_0) \neq 0$ n ungerade: an der Stelle x_0 liegt ein Sattelpunkt vor

Beispiel:

$$f(x) = x^3 + 4x^2 - 3x - 18$$

$$1.\ f'(x) = 3x^2 + 8x - 3$$

$$2.\ f'(x) = 3x^2 + 8x - 3 = 0$$
$$x^2 + \frac{8}{3}x - 1 = 0$$
$$x_{1,2} = -\frac{4}{3} \pm \sqrt{\frac{16}{9} + 1}$$
$$= -\frac{4}{3} \pm \frac{5}{3}$$
$$x_1 = -3$$
$$x_2 = \frac{1}{3}$$

$$3.\ f''(x) = 6x + 8$$

$$4.\ x_1 = -3:\ f''(-3) = 6 \cdot (-3) + 8 = -10 < 0$$

d.h. an der Stelle $x_1 = -3$ hat f ein Maximum

$$f(-3) = -27 + 36 + 9 - 18 = 0$$

$$P_1 (-3; 0)$$

$x_2 = \frac{1}{3}$: $\quad f''(\frac{1}{3}) = 6 \cdot (\frac{1}{3}) + 8 = 10 > 0$

d.h. an der Stelle x_2 liegt ein Minimum vor

$$f(\frac{1}{3}) = \frac{1}{27} + \frac{4}{9} - 1 - 18 = -18,5185$$

$$P_2 (\frac{1}{3}; -18,5185)$$

Aufgaben:

5.4.1.1. Bestimmen Sie die relativen Extremwerte von
$$f(x) = \frac{3}{2} x^4 + 10x^3 + 18x^2$$

2. Bestimmen Sie die relativen Extremwerte von
$$f(x) = x^6 + x^5$$

5.4.2 Steigung einer Funktion

In Kapitel 4.1 wurde eine Funktion als streng monoton steigend bezeichnet, wenn mit wachsendem x auch die dazugehörenden Funktionswerte steigen. Daraus läßt sich folgern, daß die 1. Ableitung einer streng monoton steigenden Funktion stets größer als 0 ist, also $f'(x) > 0$.
Umgekehrt gilt für streng monoton fallende Funktionen: $f'(x) < 0$.
Gilt $f'(x) = 0$ für einzelne Punkte der Funktion, liegen Extremwerte oder Sattelpunkte an diesen Stellen vor.
Gilt $f'(x) = 0$ für ein Intervall der Funktion, verläuft sie in diesem Intervall parallel zur x-Achse.

Für die Untersuchung der Steigung einer Funktion wird zuerst die 1. Ableitung dieser Funktion gebildet und dann geprüft, für welche Definitions-Intervalle $f'(x) > 0$, $f'(x) < 0$ bzw. $f'(x) = 0$ ist.

Beispiel:

$$f(x) = 2x^7 + 3x^5 + 2$$
$$f'(x) = 14x^6 + 15x^4$$

für $x = 0$ ist $f'(x) = 0$

für $x \neq 0$ gilt aufgrund der geraden Potenzen stets $f'(x) > 0$, d.h. die Funktion ist streng monoton steigend.

5.4.3 Krümmung einer Funktion

Wenn man die Steigung einer linksgekrümmten (konvexen) Kurve in verschiedenen Punkten des Kurvenverlaufs betrachtet, dann erkennt man aus der Skizze, daß mit steigendem x die Steigung der Kurve zunimmt (vgl. Kap. 4.1, Abb. 4.1-4).
Es gilt also stets $f'(x_1) < f'(x_2)$ für $x_1 < x_2$.

Die Ableitungsfunktion f' einer linksgekrümmten (konvexen) Kurve ist also streng monoton wachsend, es gilt $f''(x) > 0$.

Umgekehrt gilt für rechtsgekrümmte Kurven stets:
$f'(x_1) > f'(x_2)$ für $x_1 < x_2$.

Die Ableitungsfunktion f' einer rechtsgekrümmten (konkaven) Kurve ist also streng monoton fallend, es gilt $f''(x) < 0$.

Die 2. Ableitung einer Funktion gibt die Krümmung einer Funktion an.

Beispiel:

$$f(x) = 2x^3 + 18x - 17$$
$$f'(x) = 6x^2 + 18$$
$$f''(x) = 12x$$

für $x < 0$ gilt $f''(x) < 0$ $\rightarrow$ f konkav

für $x > 0$ gilt $f''(x) > 0$ $\rightarrow$ f konvex

für $x = 0$ gilt $f''(x) = 0$

An der Stelle $x = 0$ geht f von einer Rechtskrümmung in eine Linkskrümmung über, das heißt an dieser Stelle liegt ein Wendepunkt vor.

Beispiel:

$$f(x) = x^4$$
$$f'(x) = 4x^3$$
$$f''(x) = 12x^2$$

für $x \neq 0$ gilt $f''(x) > 0$ $\rightarrow$ f konvex
für $x = 0$ gilt $f''(x) = 0$
Die Kurve ist überall linksgekrümmt. Sie besitzt keinen Wendepunkt; an der Stelle $x = 0$ liegt ein relatives Minimum vor.

5.4.4 Wendepunkte

Wendepunkte sind Punkte einer Funktion, in denen eine Krümmungsänderung stattfindet. Entweder geht eine Linkskrümmung in eine Rechtskrümmung oder eine Rechtskrümmung in eine Linkskrümmung über.
Das bedeutet, daß eine notwendige Bedingung für das Vorliegen eines Wendepunktes an der Stelle x_0 $f''(x_0) = 0$ ist.

Hinreichend ist die Bedingung, daß $f''(x_0) = 0$ ist und daß in x_0 ein Vorzeichenwechsel der 2. Ableitung stattfindet und damit $f'''(x_0) \neq 0$ ist.

Gilt $f'''(x_0) = 0$, ist eine Aussage über die Existenz eines Wendepunktes nicht ohne die Untersuchung höherer Ableitungen möglich.

Tritt bei der Untersuchung der n-ten Ableitungen zum ersten Mal $f^{(n)}(x_0) \neq 0$ mit ungeradem n auf, so liegt an der Stelle x_0 ein Wendepunkt vor.

Schema zur Bestimmung von Wendepunkten von f

1. Bildung von f''

2. Bestimmung der Nullstellen von f'': $f''(x) = 0$

3. Bildung von f'''

4. Überprüfung aller Nullstellen von f'' durch Einsetzen in f'''

$f'''(x_0) \neq 0$ an der Stelle x_0 liegt ein Wendepunkt vor

$f'''(x_0) = 0$ Untersuchung der höheren Ableitungen bis erstmals eine Ableitung ungleich Null wird

5. $f^{(n)}(x_0) \neq 0$ n ungerade: an der Stelle x_0 liegt ein Wendepunkt vor

5.5 Kurvendiskussion

In einer Kurvendiskussion sollen die markanten Punkte bzw. Verhaltensweisen einer Funktion analysiert werden. Die Ergebnisse der Analyse werden dann in einer Skizze veranschaulicht.

Schema der Kurvendiskussion

1. Bestimmung des **Definitionsbereiches** (s. dazu Kap. 2.1, 4.1)
   Besonders bei wirtschaftswissenschaftlichen Funktionen ist es wichtig zu berücksichtigen, für welche x-Werte die Funktion definiert ist; zum Beispiel nur für ganzzahlige Stückzahlen oder nur für den positiven Bereich.

2. Untersuchung der **Definitions-Lücken** (s. dazu Kap. 4.3)
   Untersuchung auf behebbare Lücken, Polstellen, Sprungstellen.

3. Untersuchung der Funktion für **unendlich** große bzw. kleine x-Werte (s. dazu Kap. 4.2)
   Die Untersuchung ist nur sinnvoll bei solchen Funktionen, die nicht ausschließlich in einem Intervall definiert sind.

4. Bestimmung der **Nullstellen** (s. dazu Kap. 4.1)

5. Bestimmung der **Extremwerte** und **Sattelpunkte** (s. zu relativen Extrema Kap. 5.4.1 und zu absoluten Extrema Kap. 4.1)
   In diesem Untersuchungsschritt sollen sowohl die relativen als auch die absoluten Extremwerte bestimmt werden.

6. Bestimmung der **Wendepunkte** (s. dazu Kap. 5.4.4)

7. Untersuchung der **Steigung** und **Krümmung** (s. Kap. 5.4.2, 5.4.3)
   Anhand der Ergebnisse aus den Punkten 3, 5 und 6 können die Steigung und Krümmung einer Funktion im allgemeinen ohne rechnerische Untersuchung gefolgert werden. Ansonsten sollten sie analytisch ermittelt werden.

8. **Skizze**
   In der Skizze sollen die für die untersuchte Funktion in der Analyse festgestellten markanten Verhaltensweisen und Punkte dargestellt werden.
   In Einzelfällen ist es sinnvoll, zusätzlich für einige Punkte eine Wertetabelle aufzustellen, um exakter zeichnen zu können.

Beispiel:

$$f(x) = 3x^4 - 8x^3 + 6x^2$$

1. Definitionsbereich
   unbegrenzt

2. Definitionslücken
   keine

3. $x \to \infty \quad x \to -\infty$

   $x \to \infty$: $f(x) \to \infty$ da die höchste Potenz eine positive Vorzahl besitzt

   $x \to -\infty$: $f(x) \to \infty$ da die höchste Potenz gerade ist und eine positive Vorzahl

                          hat

4. Nullstellen $f(x) = 0$

   $$f(x) = 3x^4 - 8x^3 + 6x^2 = 0$$

   $x^2(3x^2 - 8x + 6) = 0$ eine Nullstelle bei $x_1 = 0$

   $$3x^2 - 8x + 6 = 0$$

   $$x^2 - \frac{8}{3}x + 2 = 0$$

   $x_{2,3} = \frac{4}{3} \pm \sqrt{\frac{16}{9} - 2}$ nicht lösbar, also keine weiteren Nullstellen

5. Extremwerte
   Schema für relative Extrema

   (1) $f'(x) = 12x^3 - 24x^2 + 12x$
   (2) $f'(x) = 0$

   $$12x^3 - 24x^2 + 12x = 0$$

   $12x(x^2 - 2x + 1) = 0$ für $x_1 = 0$ ist $f'(x) = 0$

   $$x^2 - 2x + 1 = 0$$

   $x_{2,3} = 1 \pm \sqrt{1 - 1} = 1$ für $x_2 = 1$ ist $f'(x) = 0$

   (3) $f''(x) = 36x^2 - 48x + 12$
   (4) $f''(0) = 12$ an der Stelle $x_1 = 0$ liegt ein Minimum vor mit $f(0) = 0$

   $f''(1) = 36 - 48 + 12 = 0$ weitere Untersuchung notwendig

   (5) $f'''(x) = 72x - 48$

$f'''(1) = 72 - 48 \neq 0$ an der Stelle $x_2 = 1$ liegt ein Sattelpunkt vor mit $f(1)=1$

absolute Extrema: Minimum bei (0;0)

Maximum existiert nicht, die Funktion geht gegen Unendlich
(s. Punkt 3)

6. Wendepunkte

(1) $f''(x) = 36x^2 - 48x + 12$

(2) $f''(x) = 0$

$$36x^2 - 48x + 12 = 0$$

$$x^2 - \frac{4}{3}x + \frac{1}{3} = 0$$

$$x_{1,2} = \frac{2}{3} \pm \sqrt{\frac{4}{9} - \frac{1}{3}} = \frac{2}{3} \pm \frac{1}{3}$$

$$x_1 = 1 \qquad \text{Sattelpunkt (s. Punkt 5)}$$

$$x_2 = \frac{1}{3}$$

(3) $f'''(x) = 72x - 48$

(4) $f'''(\frac{1}{3}) = 24 - 48 \neq 0$

an der Stelle $x_2 = \frac{1}{3}$ liegt ein Wendepunkt vor mit $f(\frac{1}{3}) = \frac{11}{27}$

7. Krümmung und Steigung
in den vorhergehenden Untersuchungen wurde festgestellt:

für $x \rightarrow \infty$: $f(x) \rightarrow \infty$

$x \rightarrow -\infty$: $f(x) \rightarrow \infty$

Extremum: (0;0) Minimum

Wendepunkte: $(\frac{1}{3}; \frac{11}{27})$ (1;1)

Damit ergeben sich folgende Intervalle.
Innerhalb eines Intervalls hat die Funktion die gleiche Steigung und Krümmung; an
jeder Intervallgrenze ändert sich eines von beiden.

x von $-\infty$ bis 0: linksgekrümmt, fallend

da an der Stelle x = 0 ein Minimum vorliegt

x von 0 bis $\frac{1}{3}$: linksgekrümmt, steigend

bei einem Extremum ändert sich die Steigung; nicht
die Krümmung

x von $\frac{1}{3}$ bis 1:   rechtsgekrümmt, steigend

      bei einem Wendepunkt ändert sich die Krümmung; nicht die Steigung

x von 1 bis +∞:   linksgekrümmt, steigend

      bei einem Wendepunkt ändert sich die Krümmung; nicht die Steigung

8. Skizze

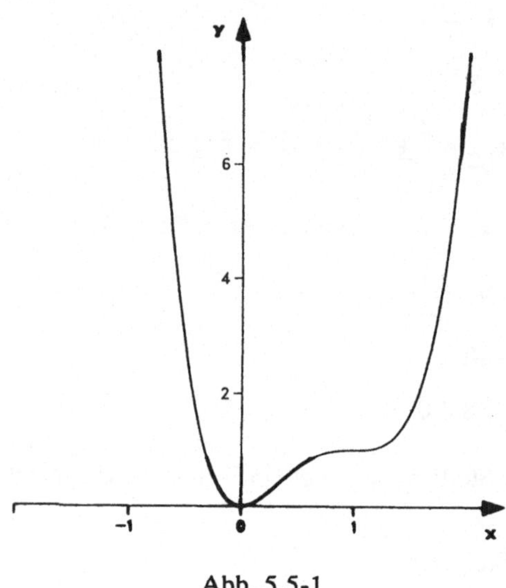

Abb. 5.5-1

Aufgaben:

5.5.1. Diskutieren Sie die Funktion $f(x) = x \cdot e^x$

2. In der Statistik spielt die Standardnormalverteilung eine wichtige Rolle; deshalb soll sie an dieser Stelle diskutiert werden.

$$f(x) = \frac{1}{\sqrt{2\pi}} \cdot e^{-\frac{1}{2}x^2}$$

3. Diskutieren Sie die Funktion

$$f(x) = \frac{x}{x^3 - 9x}$$

5.6 Newtonsches Näherungsverfahren

Die Nullstellen vieler Funktionen lassen sich aus der Funktionsgleichung nur schwer berechnen.

Das Newtonsche Näherungsverfahren ist eine Methode, die Nullstellen jeder differenzierbaren Funktion näherungsweise zu bestimmen, und zwar beliebig genau.

Vorgehensweise:

Zunächst wird bei der differenzierbaren Funktion f ein x-Wert x_1 gewählt, von dem vermutet wird, daß er in der Nähe einer Nullstelle liegt.

Legt man an die Funktion f eine Tangente durch den Punkt P_1 $(x_1; f(x_1))$, erhält man eine Schnittstelle x_2 dieser Tangente mit der x-Achse, die näher an der gesuchten Nullstelle liegt als x_1, falls sich die Krümmung der Kurve zwischen x_1 und der Nullstelle nicht ändert (vgl. Abb. 5.6-1).

Existiert zwischen x_1 und der realen Nullstelle ein Wendepunkt, ist das Newtonsche Näherungsverfahren nicht anwendbar, wie die Abbildung 5.6-2 zeigt.

x_1 muß also so gewählt werden, daß kein Wendepunkt zwischen x_1 und der tatsächlichen Nullstelle liegt.

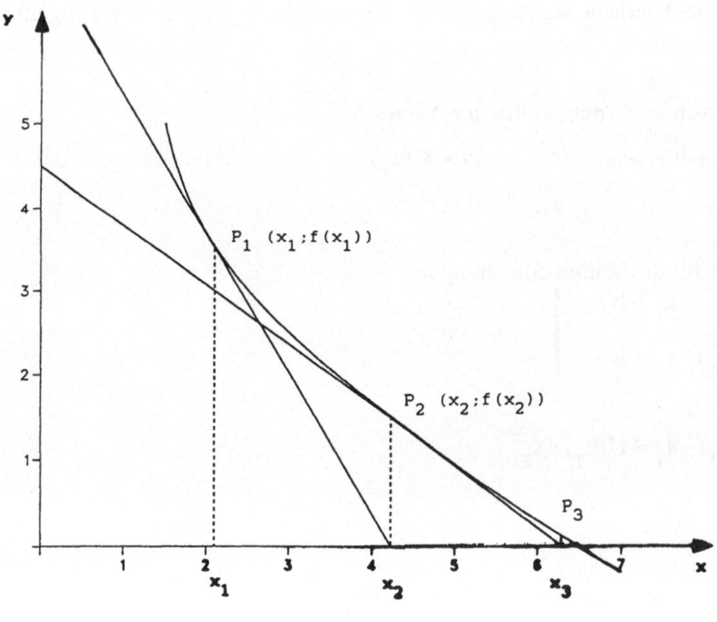

Abb. 5.6-1

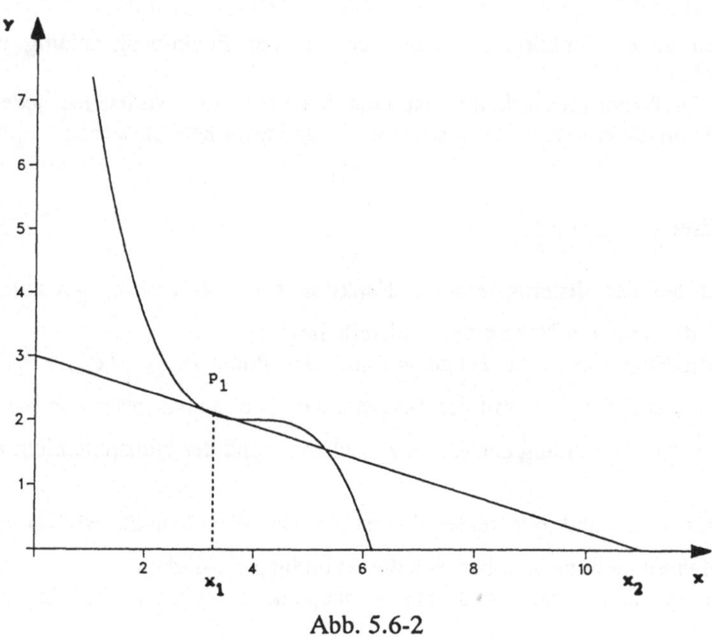

Abb. 5.6-2

x_2 kann nun rechnerisch aus folgenden beiden Gleichungen für die Tangente t bestimmt werden.

$$t(x_1) = mx_1 + b \qquad \text{dabei gilt:} \quad t(x_1) = f(x_1)$$
$$t(x_2) = mx_2 + b \qquad\qquad\qquad m = f\,'(x_1)$$
$$\qquad\qquad\qquad\qquad\qquad t(x_2) = 0$$

Daraus folgt für die beiden Gleichungen:

$$f(x_1) = f\,'(x_1) \cdot x_1 + b$$
$$0 = f\,'(x_1) \cdot x_2 + b \qquad | \; -$$

$$f(x_1) = f\,'(x_1) \cdot x_1 - f\,'(x_1) \cdot x_2$$

$$x_2 = x_1 - \frac{f(x_1)}{f\,'(x_1)}$$

Mit den Koordinaten des Punktes P_2 wiederholt man das Verfahren und erhält x_3 in größerer

Nähe zur realen Nullstelle.

$$x_3 = x_2 - \frac{f(x_2)}{f'(x_2)}$$

Das Verfahren wird so oft angewandt, bis eine vorher festgelegte Genauigkeitsschranke s unterschritten ist, das heißt für ein errechnetes x_n gilt: $|f(x_n)| < s$.

Schema des Newtonschen Näherungsverfahrens

s ist eine wählbare Genauigkeitsschranke; f ist eine differenzierbare Funktion.

1. Man wähle x_1 in der Nähe einer Nullstelle (Probieren)
   (Wendepunkte beachten)

2. Berechnung von $x_{n+1} = x_n - \frac{f(x_n)}{f'(x_n)}$

   für n = 1,2,3,4,...

   ist $f(x_{n+1}) = 0$ ist x_{n+1} die Nullstelle, Ende des Verfahrens

   ist $|f(x_{n+1})| < s$ x_{n+1} ist eine ausreichend angenäherte Nullstelle von f,
   Ende des Verfahrens

   ist $|f(x_{n+1})| > s$ Berechnung von x_{n+2} und $f(x_{n+2})$ und Überprüfung von $f(x_{n+2})$

Beispiel:

Eine Kurvendiskussion ergab, daß die Funktion f eine Nullstelle besitzt, die etwa bei −1,5 liegen muß.

Die Funktion lautet: $f(x) = 3x^3 - 2x + 5$
Die Genauigkeitsschranke s soll einen Wert von s = 0,002 haben.

$$f'(x) = 9x^2 - 2$$
$$f''(x) = 18x = 0 \;\rightarrow\; x = 0$$
$$f'''(x) = 18 \neq 0$$

Das heißt an der Stelle x = 0 liegt der einzige Wendepunkt vor.
Dieser Wendepunkt darf nicht zwischen der vermuteten und der tatsächlichen Nullstelle liegen, damit das Verfahren angewandt werden kann.

Vermutete Nullstelle $x_1 = -1,5$

$$x_1 = -1,5$$

$$f(x_1) = -2,125$$
$$f'(x_1) = 18,25$$

$$x_2 = x_1 - \frac{f(x_1)}{f'(x_1)} = -1,383561644$$

$$f(x_2) = -0,17829555$$
$$f'(x_2) = 15,2281854$$

$$x_3 = x_2 - \frac{f(x_2)}{f'(x_2)} = -1,371853384$$

$$|f(x_3)| = |-0,001702154| < 0,002$$

Als Nullstelle erhält man (gerundet) $-1,3719$

Aufgabe:

5.6.1. Berechnen Sie mit Hilfe des Newtonschen Näherungsverfahrens die Nullstellen
der Funktion

$$f(x) = x^4 + 4x - 3$$

Die Genauigkeitsschranke soll $s = 0,001$ betragen.
(Hilfestellung: Die Funktion hat zwei Nullstellen.)

5.7 Wirtschaftswissenschaftliche Anwendungen der Differentialrechnung

5.7.1 Bedeutung der Differentialrechnung für die Wirtschaftswissenschaften

Bei der Analyse von ökonomischen Funktionen interessiert man sich für charakteristische Eigenschaften der Funktion, wie Steigung, Extrema, Wendepunkte, die mit Hilfe der Differentialrechnung bestimmt werden können.

Am Beispiel einer Kostenfunktion soll die Anwendung der Differentialrechnung in den Wirtschaftswissenschaften zunächst allgemein verdeutlicht werden.

Die Kostenfunktion $K = K(x)$ stellt den Zusammenhang zwischen der Produktionsmenge x und den Gesamtkosten eines Einproduktunternehmens dar.
Die Frage nach der Kostenerhöhung bei einer Produktionsmengenausweitung entspricht der Frage nach der Steigung der Funktion, die durch die 1. Ableitung bestimmt wird.

Bei einer Änderung der Produktionsmenge von x_1 auf x_2 ändern sich die Gesamtkosten um

$K(x_2) - K(x_1)$.
Wenn nun die Änderung der Kosten in bezug auf die Produktionsmengenänderung mit

$x_2 \to x_1$ ermittelt werden soll, entspricht dies der Frage nach dem Differentialquotienten

$$\frac{dK}{dx} = \lim_{x_2 \to x_1} \frac{K(x_2) - K(x_1)}{x_2 - x_1}$$

Der Differentialquotient gibt die Steigung der Kostenfunktion in einem bestimmten Punkt an und entspricht der 1. Ableitung der Funktion.
Die 1. Ableitung einer Kostenfunktion wird als **Grenzkostenfunktion** bezeichnet.

Die Untersuchung von Funktionen bei unendlich kleinen (infinitesimal kleinen) Änderungen der unabhängigen Variablen wird **Marginalanalyse** genannt. Allgemein ergibt diese Grenzbetrachtung, wie die abhängige Variable variiert, wenn sich die unabhängige Variable um einen gegen Null gehenden Betrag ändert.

Bei der Interpretation der 1. Ableitung einer ökonomischen Funktion wird häufig gesagt, daß die 1. Ableitung der Änderung der abhängigen Variablen bei Änderung der unabhängigen Variablen um **eine** Einheit entspricht.

Beispielsweise ist folgende Ausdruckweise üblich:
"Die Grenzkostenfunktion zeigt die Änderung der Kosten, wenn die Produktionsmenge um eine Einheit geändert wird."

Diese Interpretation ist mathematisch nicht korrekt, denn die Marginalanalyse untersucht das Funktionsverhalten bei unendlich kleiner Variation der unabhängigen Variablen.

Anstelle von $\Delta x \rightarrow 0$ wird aber $\Delta x = 1$ unterstellt.
Dieser Fehler mag bei der Massenproduktion vernachlässigbar sein. Wenn dagegen die Ausbringungseinheiten einen großen Wert haben und die Produktion relativ klein ist (z.B. Flugzeughersteller), entsprechen die Grenzkosten nicht der Kostenänderung bei einer Produktionsveränderung um eine Einheit.

Um die Interpretation nicht zu komplizieren, wird vereinfachend gesagt: Die 1. Ableitung gibt **näherungsweise** an, in welchem Umfang sich die abhängige Variable ändert, wenn die unabhängige um eine Einheit variiert wird.

Bei der Grenzbetrachtung ökonomischer Funktionen muß beachtet werden, daß diese differenzierbar sein müssen. Diese Voraussetzung ist bei solchen Funktionen, die aufgrund von Sprüngen oder Stufen unstetig sind, nicht erfüllt.

5.7.2 Differentiation wichtiger wirtschaftlicher Funktionen

5.7.2.1 Kostenfunktion

Die 1. Ableitung der Kostenfunktion $K = K(x)$ ist die **Grenzkostenfunktion**

$$K' = \frac{dK}{dx}$$

Sie gibt näherungsweise an, wie sich die Gesamtkosten ändern, wenn die Produktionsmenge um eine Einheit verändert wird.

Beispiel:

In einem Unternehmen, das nur ein Produkt herstellt, wurde folgende Kostenfunktion ermittelt:

$$K(x) = \frac{x^2}{10} + 2x + 50$$

Wie lautet die Grenzkostenfunktion?

$$K'(x) = \frac{x}{5} + 2$$

Die Höhe der Grenzkosten hängt davon ab, wie hoch die Produktionsmenge ist, von der ausgegangen wird.
Wie hoch sind die Grenzkosten bei einer Produktionsmenge von 5, 10 und 20 Stück?

$x = 5 \qquad K'(5) = 3$

$x = 10 \qquad K'(10) = 4$

$x = 20 \qquad K'(20) = 6$

Die Steigung der Kostenfunktion nimmt ständig zu (vgl. Abb. 5.7.2.1-1).

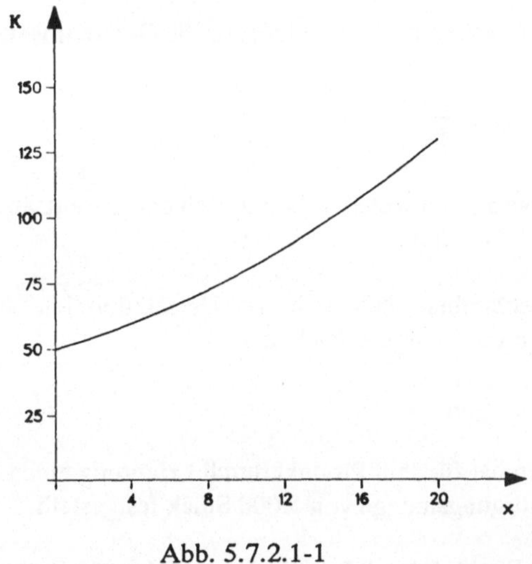

Abb. 5.7.2.1-1

Bei einer Produktionsmenge von x = 5 betragen die Grenzkosten drei Geldeinheiten.

Wie ändern sich die Kosten, wenn die Produktionsmenge ausgehend von fünf um eine Einheit verringert wird oder wenn sie um eine Einheit erhöht wird?

$$K(5) - K(4) = 62,5 - 59,6 = 2,9$$

$$K(5) - K(6) = 62,5 - 65,6 = -3,1$$

Die Gesamtkosten sinken um 2,9 bzw. steigen um 3,1 Geldeinheiten.
Dies verdeutlicht, daß die Grenzkosten K'(5) = 3 nicht der Kostenänderung bei der Variation um eine Mengeneinheit entsprechen.

Aufgabe:

5.7.2.1. Berechnen Sie für die S-förmige Kostenfunktion (aus Kap. 2.6.2)
$K(x) = x^3 - 25\,x^2 + 250\,x + 1000$ die Grenzkostenfunktion.
Bereits in Kap. 2.6.2 wurde festgestellt, daß die Grenzkosten bei
zunehmender Produktion zunächst fallen und für größeres x dann steigen.
Wie groß sind die Grenzkosten bei $x_1 = 2$, $x_2 = 8$ und $x_3 = 18$?

Bei welcher Produktionsmenge nehmen die Grenzkosten ihr Minimum an?

5.7.2.2 Umsatzfunktion

Die 1. Ableitung der Umsatzfunktion U = U(x) ist die **Grenzumsatzfunktion**

$$U' = \frac{dU}{dx}$$

Sie gibt näherungsweise an, um welchen Betrag sich der Umsatz ändert, wenn die abgesetzte Menge sich um eine Einheit ändert.

Wie in Kap. 2.5 beschrieben, läßt sich die Umsatzfunktion durch Multiplikation der Preisabsatzfunktion mit der Menge aufstellen.

Beispiel:

Ein Unternehmen hat für sein Produkt durch Erfahrung einen Maximalpreis von 1.000 DM und eine Sättigungsmenge von 5.000 Stück festgestellt.

Mit Hilfe der 2-Punkteform läßt sich daraus folgende Preisabsatzfunktion ermitteln, wenn man Linearität unterstellt.

$$p(x) = 1.000 - 0{,}2x$$

Die Umsatzfunktion lautet:

$$U(x) = 1.000x - 0{,}2x^2$$

Die Grenzumsatzfunktion lautet:

$$U'(x) = \frac{dU}{dx} = 1.000 - 0{,}4x$$

Sie hat genau die doppelte negative Steigung der Preisabsatzfunktion.
Das Maximum der Umsatzfunktion wird bei einer Produktionsmenge von 2.500 Stück erreicht.

$$U'(x) = 1.000 - 0,4x = 0$$
$$x = 2.500$$

$$U''(2.500) = -0,4 < 0 \;\rightarrow\; \text{Maximum}$$

Daß die Grenzumsatzfunktion die doppelte negative Steigung der **linearen** Preisabsatzfunktion hat, gilt nicht nur für dieses spezielle Beispiel, sondern allgemein:

$$p(x) = a - mx$$
$$U(x) = ax - mx^2$$
$$U'(x) = a - 2mx$$

Aufgabe:

5.7.2.2. Für das Produkt eines Unternehmens gilt am Markt folgende

Preisabsatzfunktion: $p(x) = 1.500 - 0,05x$
a) Wie lautet die Grenzumsatzfunktion?
b) Bei welcher Menge wird das Umsatzmaximum erreicht und welcher Preis gilt an dieser Stelle?
c) Zeichnen Sie die Umsatzfunktion und in ein zweites Koordinatensystem Preisabsatz- und Grenzumsatzfunktion.

5.7.2.3 Gewinnfunktion

Die 1. Ableitung der Gewinnfunktion $G = G(x)$ ist die **Grenzgewinnfunktion**

$$G' = \frac{dG}{dx}$$

Sie gibt näherungsweise an, um welchen Betrag sich der Gewinn ändert, wenn sich die abgesetzte Menge um eine Einheit ändert.

Da der Gewinn eines Unternehmens die Differenz aus Umsatz und Kosten darstellt $G(x) = U(x) - K(x)$, kann der Grenzgewinn auch als Differenz zwischen Grenzumsatz und Grenzkosten interpretiert werden.

$$G'(x) = U'(x) - K'(x)$$

Beispiel:

Die Kostenfunktion eines Unternehmens lautet:
$$K(x) = 440 + 3x$$
Die Preisabsatzfunktion hat die Funktionsgleichung:

$$p(x) = 100 - 0{,}2x$$
Die Gewinnfunktion berechnet sich als die Differenz zwischen Umsatz- und Kostenfunktion.

$$U(x) = p(x) \cdot x = 100x - 0{,}2x^2$$

$$G(x) = U(x) - K(x) = -0{,}2x^2 + 100x - 440 - 3x$$
$$= -0{,}2x^2 + 97x - 440$$
Die Grenzgewinnfunktion lautet:

$$G'(x) = -0{,}4x + 97$$

Die Berechnung über die Differenz zwischen Grenzumsatz und Grenzkosten ergibt die gleiche Funktion:

$$G'(x) = U'(x) - K'(x)$$
$$= 100 - 0{,}4x - 3$$
$$= -0{,}4x + 97$$

5.7.2.4 Gewinnmaximierung

Im Zielsystem eines Unternehmens nimmt die Gewinnmaximierung eine wichtige Position ein.
Bei Kenntnis der Gewinnfunktion läßt sich das Gewinnmaximum mathematisch dadurch ermitteln, daß die 1. Ableitung der Gewinnfunktion, die Grenzgewinnfunktion, gleich Null gesetzt wird. Denn die notwendige Bedingung für das Vorliegen eines Extremwertes lautet, daß die 1. Ableitung der entsprechenden Funktion an dieser Stelle Null werden muß.

$$G'(x) = 0$$
oder

$$G'(x) = U'(x) - K'(x) = 0$$
$$U'(x) = K'(x)$$

An der Stelle des Gewinnmaximums sind Grenzumsatz- und Grenzkostenfunktion gleich, sie schneiden sich.
Wenn die Produktionsmenge gesteigert wird, ist dies solange mit einer Gewinnsteigerung verbunden, bis die letzte produzierte Einheit einen genauso hohen Umsatzzuwachs (U') erbringt, wie an zusätzlichen Kosten (K') für ihre Herstellung anfallen.

Ob an der berechneten Stelle wirklich ein Maximum existiert, wird mit Hilfe der hinreichenden Bedingung überprüft. Wenn die 2. Ableitung der Gewinnfunktion für den ermittelten Wert negativ ist, liegt ein Maximum vor.

An der so berechneten Stelle eines Gewinnmaximums muß jedoch nicht notwendigerweise ein **positiver** Gewinn erzielt werden. Der maximal erreichbare Gewinn kann auch ein Verlust sein; das Gewinnmaximum wäre dann ein Verlustminimum.
Es ist also sinnvoll, zusätzlich zu überprüfen, welchen Wert der Gewinn an der Stelle des Gewinnmaximums annimmt.

Beispiel:

Für die Herstellung eines Produktes gilt in einem Unternehmen die Kostenfunktion:

$K(x) = 1,2x^2 - 5x + 600$

Es handelt sich um einen Markt mit vollständiger Konkurrenz, und der Anbieter kann den Preis des Produktes nicht beeinflussen. Der Preis stellt für ihn eine Konstante dar. Der Unternehmer kann seinen Umsatz nur über die abgesetzte Menge variieren (Mengenanpasser).
Der Preis für das betreffende Produkt beträgt p = 50

Bei welcher Menge wird das Gewinnmaximum erreicht?
Lösen Sie das Problem rechnerisch und fertigen Sie eine Skizze an.

$$\begin{aligned}
G(x) &= U(x) - K(x) \\
&= 50x - 1,2x^2 + 5x - 600 \\
&= -1,2x^2 + 55x - 600 \\
G'(x) &= -2,4x + 55 = 0 \\
2,4x &= 55 \\
x &= 22,9167 \\
G''(23) &= -2,4
\end{aligned}$$

Das Gewinnmaximum wird bei einer Menge von (gerundet) 23 Stück erreicht.

$$G(23) = 30,2$$

Er beträgt 30,20 DM.

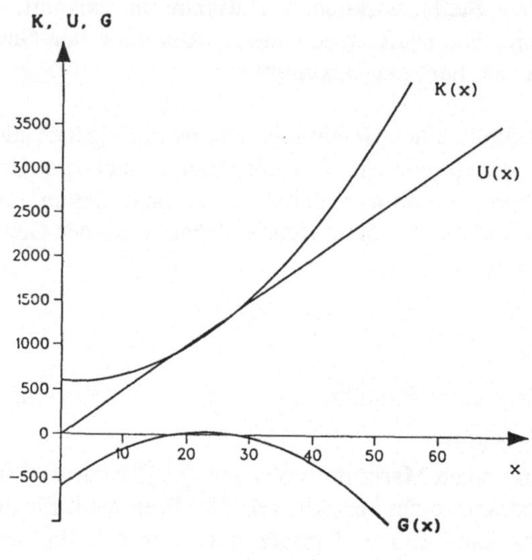

Abb. 5.7.2.4-1

Die Abbildung verdeutlicht, daß das Unternehmen nur eine sehr schmale Gewinnzone
hat.

Beispiel:

Ein Unternehmen stellt einen Dachgepäckträger für PKWs zum Transport von
Sportmotorrädern her und ist Monopolist auf diesem Markt.
Im letzten Jahr wurden 50 Dachgepäckträger zu einem Preis von 1.200 DM verkauft.
Bei einer Preiserhöhung um 50 DM wird nach einer Marktforschungsuntersuchung ein
Rückgang des Absatzes auf 45 Stück erwartet.
Die Preisabsatzfunktion wird als linear angenommen.
Die Gesamtkosten der Produktion betragen:

$$K(x) = \frac{1}{9} x^3 - 8x^2 + 600x + 4.000$$

– Ermitteln Sie rechnerisch, bei welcher Preismengenkombination das
  Gewinnmaximum erreicht wird.

– Lösen Sie das Problem graphisch.

Preisabsatzfunktion

Ein linearer Verlauf wird unterstellt. Zwei Punkte sind bekannt, so daß die 2-Punkte-
form angewandt werden kann.

$$p_1 = 1.200 \quad x_1 = 50$$
$$p_2 = 1.250 \quad x_2 = 45$$

$$\frac{p_2 - p_1}{x_2 - x_1} = \frac{p_1 - p}{x_1 - x}$$

$$\frac{1.250 - 1.200}{45 - 50} = \frac{1.200 - p}{50 - x}$$

$$\frac{-50}{-5} = \frac{1.200 - p}{50 - x}$$

$$-500 + 10x = 1200 - p$$

$$p = 1.700 - 10x$$

Umsatzfunktion

$$U(x) = p \cdot x$$
$$= 1.700x - 10x^2$$

Gewinnfunktion

$$G(x) = U(x) - K(x)$$
$$= 1.700x - 10x^2 - \frac{1}{9}x^3 + 8x^2 - 600x - 4.000$$
$$= -\frac{1}{9}x^3 - 2x^2 + 1.100x - 4000$$

Ermittlung des Gewinnmaximums

$$G'(x) = -\frac{1}{3}x^2 - 4x + 1.100$$
$$G'(x) = 0$$
$$-\frac{1}{3}x^2 - 4x + 1.100 = 0$$
$$x^2 + 12x - 3.300 = 0$$

$$x_{1,2} = -6 \pm \sqrt{36 + 3.300}$$

$$= -6 \pm \sqrt{3.336}$$

$$= -6 \pm 57,7581$$

$$x_1 = 51,7581$$

$$x_2 = -63,7581 \quad \rightarrow \text{ökonomisch nicht relevant}$$

$$G\,''(x) = -\frac{2}{3}x - 4$$

$$G\,''(51,7581) = -38,5054 < 0 \rightarrow \text{Maximum}$$

Bei einer abgesetzten Menge von gerundet 52 Dachgepäckträgern erzielt der Unternehmer einen maximalen Gewinn.

Der Preis, den er verlangen muß, ergibt sich aus der Preisabsatzfunktion.

$$p(x) = 1.700 - 10x$$
$$p(52) = 1.180$$

Der Unternehmer muß einen Preis von 1.180 DM verlangen, um 52 Stück absetzen zu können.
Den maximalen Gewinn erhält man durch Einsetzen der berechneten Menge von 52 Stück in die Gewinnfunktion.

$$G(x) = -\frac{1}{9}x^3 - 2x^2 + 1.100x - 4.000$$
$$G(52) = 32.168,89$$

Wenn das Unternehmen einen Preis von 1.180 DM verlangt, wird es 52 Motorradträger jährlich absetzen und damit einen maximalen Gewinn von 32.168,89 DM erzielen.

Da die Stückzahl von 51,7581 auf 52 gerundet wurde, sollte zusätzlich untersucht werden, ob eine Abrundung auf 51 nicht zu einem höheren Gewinn führen würde.

$$G(51) = 32.159,00$$

Der Gewinn bei einem Absatz von 52 Stück ist größer.

Graphische Lösung

Die Nullstellen der Umsatzfunktion $x_1 = 0$ und $x_2 = 170$ begrenzen den relevanten
Bereich.

Wertetabelle:

x	U(x)	K(x)	G(x)	K'(x)
0	0	4.000,00	-4.000,00	600,00
20	30.000	13.688,89	16.311,11	413,33
40	52.000	22.311,11	29.688,89	493,33
60	66.000	35.200,00	30.800,00	840,00
80	72.000	57.688,89	14.311,11	1.453,33
85	72.250	65.436,11	6.813,89	1.648,33
100	70.000	958.111,11	-25.111,11	2.333,33
120	60.000	125.800,00	-92.800,00	3.480,00
140	42.000	236.088,89	-194.088,89	4.893,33
160	16.000	350.311,11	-344.311,11	6.573,33
170	0	420.688,89	-420.688,89	7.513,33

Preisabsatz- und Grenzumsatzfunktion sind linear, für sie erübrigt sich die Aufstellung
einer Wertetabelle.

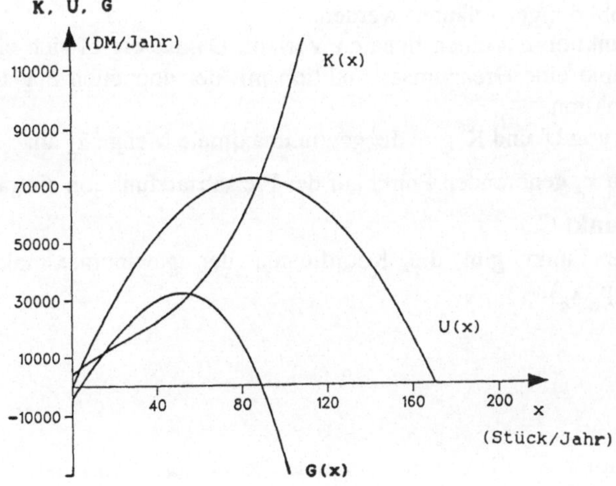

Abb. 5.7.2.4-2

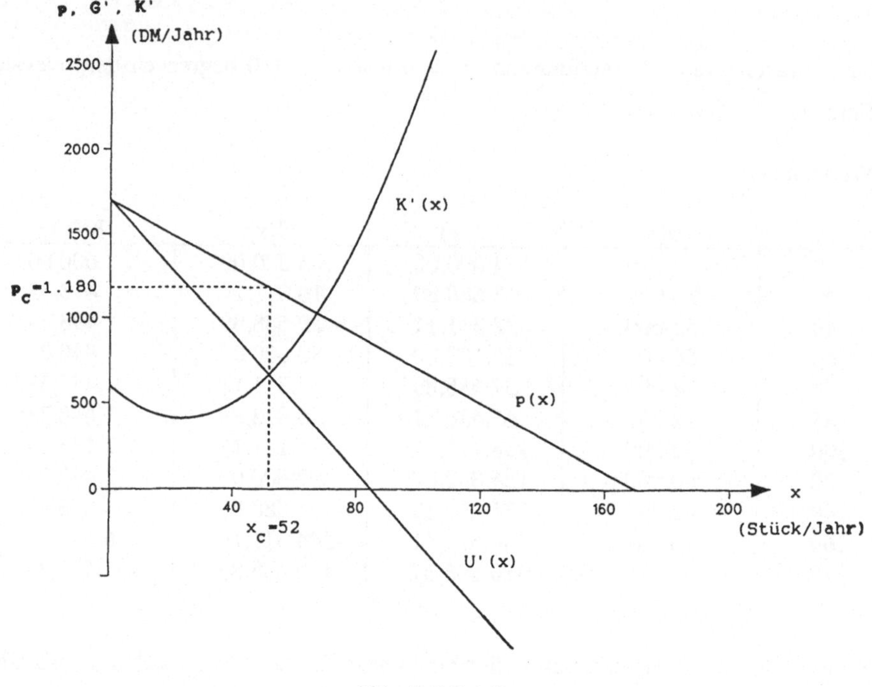

Abb. 5.7.2.4-3

Die Ermittlung des Gewinnmaximums für einen Angebotsmonopolisten, der den Preis für sein Produkt steuern kann und für den eine Preisabsatzfunktion relevant ist, soll allgemein an den obigen Abbildungen erläutert werden.
Die Preisabsatzfunktion hat einen linearen Verlauf. Daraus ergibt sich eine parabelförmige Umsatzfunktion und eine Grenzumsatzfunktion mit der doppelten negativen Steigung wie die Preisabsatzfunktion.
Der Schnittpunkt von U' und K' gibt die gewinnmaximale Menge x_c an.

Wenn man den zu x_c gehörenden Punkt auf der Preisabsatzfunktion einträgt, erhält man den **Cournotschen Punkt C.**
Der Cournotsche Punkt gibt die Koordinaten der gewinnmaximalen Preis-Mengen-Kombination an (p_c, x_c).

Aufgabe:

5.7.2.4. Ermitteln Sie die gewinnmaximale Preismengenkombination für ein Unternehmen mit der Preisabsatzfunktion

$$p(x) = 12 - 0,8x$$
und der Kostenfunktion
$$K(x) = 32 + 2x$$

Wie hoch ist der Gewinn an dieser Stelle?
Ermitteln Sie den Cournotschen Punkt auch graphisch.

5.7.2.5 Optimale Bestellmenge

Die Bestimmung der kostenminimalen Bestellmenge stellt ein komplexes Problem dar, weil mehrere gegenläufige Einflußgrößen zu beachten sind.

Die Frage nach der optimalen Bestellmenge stellt sich solchen Unternehmen, die regelmäßig ein bestimmtes Rohprodukt für die Produktion verbrauchen oder als Handelsunternehmen regelmäßig ein bestimmtes Produkt verkaufen.

Das Unternehmen muß also ein Lager mit dem betreffenden Produkt unterhalten. Bei der Lagerung entstehen Lagerkosten und Zinsen für das im Lager gebundene Kapital, so daß die Lagermenge möglichst gering zu halten ist. Andererseits entstehen für jede Bestellung und Lieferung Bestell- und Beschaffungskosten, so daß möglichst selten und in großen Mengen bestellt werden sollte.

Es ist also die Bestellmenge zu ermitteln, bei der die Summe aus den gegenläufigen Bestell- und Lagerkosten minimal wird.

Beispiel:

> Ein Hersteller von EDV-Anlagen benötigt jährlich 9.000 elektronische Bauteile zu einem Preis von 200 DM pro Stück.
> Die Transportkosten betragen pro Bestellung 100 DM unabhängig von der Bestellmenge. Die Lagerkosten und Zinsen für das am Lager gebundene Kapital werden mit 10% kalkuliert.
> Wie groß ist die optimale Bestellmenge?

Bevor die Aufgabe gelöst werden kann, müssen zunächst einige Annahmen getroffen werden:

- Das Lager wird genau dann wieder aufgefüllt, wenn es leer ist.

- Die Lagerabgangsgeschwindigkeit ist konstant. Im Durchschnitt ist dann immer die halbe Bestellmenge am Lager, wie folgende graphische Darstellung der Entwicklung des Lagerbestandes im Zeitablauf verdeutlicht.

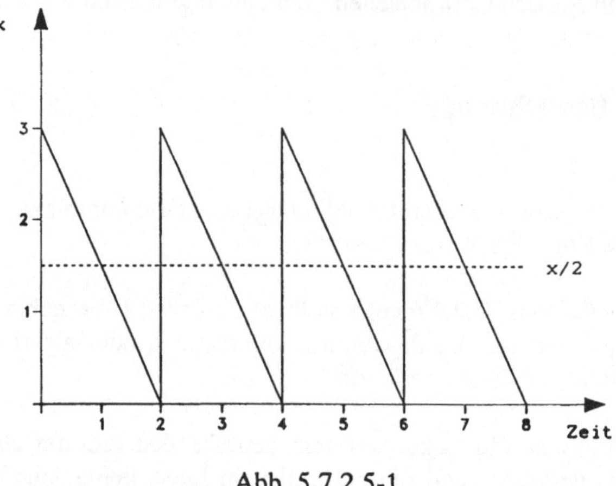

Abb. 5.7.2.5-1

- Die Bestellkosten (incl. Transportkosten) sind von der Bestellmenge unabhängig.

- Die Lagerkosten sind proportional zur Lagermenge.

Um die optimale Bestellmenge berechnen zu können, bei der die Kosten minimal werden, ist die Aufstellung der Kostenfunktion notwendig.

Dazu werden in der Literatur üblicherweise folgende Symbole verwandt:

x – Bestellmenge

m – Bedarfsmenge des Produktes pro Periode

s – Preis des Produktes

E – Bestellkosten für eine Bestellung

p – Lagerkosten und Zinskosten in Prozent

Die Gesamtkosten pro Periode (meist ein Jahr) setzen sich zusammen aus:

- dem Rechnungsbetrag, der für das Produkt bezahlt werden muß.
  Er lautet $m \cdot s$ (Preis $\cdot$ Menge).

- den Bestellkosten für jede Bestellung.

  Die Anzahl der Bestellungen zur Auffüllung des Lagers ist $\frac{m}{x}$. Damit betragen die gesamten Bestellkosten der Periode

$$E \cdot \frac{m}{x}$$

– den Zins- und Lagerkosten.

Da der Lagerabgang kontinuierlich verläuft, beträgt der durchschnittliche Lagerbestand $\frac{x}{2}$

Das durchschnittlich im Lager gebundene Kapital ist somit

$$\frac{x \cdot s}{2}$$

Die Lager- und Zinskosten p sind in Prozent angegeben. Das gebundene Kapital muß also mit $\frac{p}{100}$ multipliziert werden.

Die Zins- und Lagerkosten pro Periode betragen

$$\frac{x \cdot s \cdot p}{200}$$

Durch Addition gelangt man zu den Gesamtkosten pro Periode.

$$K = m \cdot s + E \cdot \frac{m}{x} + \frac{x \cdot s \cdot p}{200}$$

Die kostenminimale Bestellmenge läßt sich durch Differenzieren der Kostenfunktion nach x berechnen.

$$K' = \frac{dK}{dx} = -\frac{E \cdot m}{x^2} + \frac{s \cdot p}{200} = 0$$

Durch Auflösen nach x erhält man die optimale Bestellmenge x_{opt}

$$x_{opt} = \sqrt{\frac{200 \cdot m \cdot E}{p \cdot s}}$$

Auf die Untersuchung der hinreichenden Bedingung mit Hilfe der 2. Ableitung soll hier verzichtet werden.

Beispiel:

Die Angaben des obigen Beispiels zur optimalen Bestellmenge eines Herstellers von EDV-Anlagen lauten zusammengefaßt:

$m = 9.000$ Stück
$s\ \ = 200$ DM pro Stück
$E\ = 100$ DM
$p\ = 10$

$$x_{opt} = \sqrt{\frac{200 \cdot 9.000 \cdot 100}{10 \cdot 200}} = 300$$

Die optimale Bestellmenge beträgt 300 Stück. Es müssen demnach 30 Bestellungen pro Jahr aufgegeben werden.

Aufgabe:

5.7.2.5. Ein Heimwerkermarkt kann in einem Jahr 2.000 Packungen eines bestimmten Isoliermaterials absetzen. Der Einkaufspreis jeder Packung beträgt 40 DM. Für jede Lieferung sind Transportkosten in Höhe von 50 DM zu zahlen. Für die Lagerkosten, die auch Kapitalbindung, Schwund und Personalkosten des Lagers umfassen, kalkuliert das Handelsunternehmen Kosten in Höhe von 8% des Wertes des durchschnittlichen Lagerbestandes.
Wie oft muß pro Jahr bestellt werden?

5.7.2.6 Elastizitäten

Die Analyse der ersten Ableitung einer Funktion reicht oftmals nicht aus, um für alle Fragestellungen nach dem Änderungsverhalten von ökonomischen Funktionen die optimale Antwort zu finden.
Vor allem für die Untersuchung des Verhältnisses zwischen Preisänderung und damit verbundener Mengenänderung bei der Nachfragefunktion wird der Begriff der Elastizität benötigt.

Wenn beispielsweise der Preis eines Autoradios von 500 DM auf 550 DM steigt, und sich ein Auto ebenfalls um 50 DM auf 20.050 DM verteuert, so ist die absolute Preisänderung gleich.

$\Delta p = 50$ DM (Autoradio)

$\Delta p = 50$ DM (Auto)

Dagegen beträgt die relative Preisänderung beim Radio $\dfrac{\Delta p}{p} = 0,1$ oder 10%

(absolute Änderung bezogen auf den Ausgangswert) und beim Auto 0,0025 oder 0,25%.

Die **Elastizität** berücksichtigt im Gegensatz zur Steigung die **relativen** Änderungen der unabhängigen als auch der abhängigen Variable.
Aus dem Steigungsbegriff leitet sich der Elastizitätsbegriff auf folgende Weise ab:

$$f'(x) = \lim_{\Delta x \to 0} \frac{\Delta y}{\Delta x} = \frac{dy}{dx} \qquad\qquad e_{y,x} = \lim_{\Delta x \to 0} \frac{\frac{\Delta y}{y}}{\frac{\Delta x}{x}} = \frac{\frac{dy}{y}}{\frac{dx}{x}}$$

Mit $e_{y,x}$ wird die Elastizität einer Variablen y (abhängige Variable) bezüglich der Größe x (unabhängige Variable) bezeichnet.

Durch Umwandlung dieser Formel erhält man die allgemein übliche Schreibweise der Elastizität:

$$e_{y,x} = \frac{\frac{dy}{y}}{\frac{dx}{x}} = \frac{dy}{y} : \frac{dx}{x} = \frac{dy}{y} \cdot \frac{x}{dx} = \frac{dy}{dx} \cdot \frac{x}{y}$$

$\frac{dy}{dx}$ entspricht der ersten Ableitung, $\frac{x}{y}$ entspricht dem Kehrwert der Durchschnittsfunktion $\frac{y}{x}$.
Die Elastizität wird deshalb häufig folgendermaßen angegeben:

$$e_{y,x} = \frac{dy}{dx} \cdot \frac{x}{y} = \frac{\text{erste Ableitung}}{\text{Durchschnittsfunktion}}$$

Die Elastizität ist, wie die erste Ableitung, eine Funktion von x. Sie bezieht sich auf einen bestimmten Punkt der betrachteten Funktion und wird aus diesem Grund **Punktelastizität** genannt.

Bezogen auf die Nachfragefunktion lautet die Formel für die Punktelastizität:

$$e_{x,p} = \frac{dx}{dp} \cdot \frac{p}{x}$$

Hierbei ist zu beachten, daß p als unabhängige Variable und x als abhängige Variable auftritt.
Sie gibt näherungsweise (wegen der Grenzbetrachtung) an, um welchen Prozentsatz sich die Nachfragemenge verändert, wenn der Preis um 1% variiert wird.
Man bezeichnet sie als **Preiselastizität der Nachfrage**, da sie die Elastizität der Nachfrage bezüglich des Preises wiedergibt.

Beispiel:

Für die Nachfragefunktion $p(x) = 4.000 - 0,1x$ für Farbfernsehgeräte eines bestimmten Typs soll die Preiselastizität der Nachfrage für $p_1 = 3.000$, $p_2 = 2.000$, $p_3 = 1.000$, $p_4 = 3.999$ und $p_5 = 1$ bestimmt werden.
Zuerst muß die Nachfragefunktion so umformuliert werden, daß x als abhängige und p als unabhängige Variable auftritt (Umkehrfunktion s. Kap. 2.3).

$$p(x) = 4.000 - 0,1x$$
$$0,1x = 4.000 - p \quad | \cdot 10$$
$$x = 40.000 - 10p$$

$$e_{x,p} = \frac{dx}{dp} \cdot \frac{p}{x} \qquad \text{mit } \frac{dx}{dp} = -10$$

$p_1 = 3.000$ hat eine nachgefragte Menge von 10.000 zur Folge

$$e_{x_1, p_1} = -10 \cdot \frac{3.000}{10.000} = -3$$

D.h. eine 1% Preisänderung verursacht an dieser Stelle $p_1 = 3.000$ eine 3% Änderung von x; und zwar verursacht eine Preiserhöhung eine Nachfrageeinbuße bzw. eine Preissenkung eine Nachfragesteigerung. Das negative Vorzeichen der Elastizität zeigt die gegenläufige Verhaltensweise bei einer Änderung an.

Folgender Gedankengang beweist die Richtigkeit des Ergebnisses:

Preisänderung $\Delta p = 3.030 - 3.000 = 30$

$x (3.030) = 40.000 - 10 \cdot 3.030 = 9.700$

Nachfrageänderung $\Delta x = 10.000 - 9.700 = 300$

$$\frac{\Delta x}{x} = \frac{300}{10.000} = 0,03 \quad \text{oder } 3\%$$

$p_2 = 2.000, \; x_2 = 20.000 \qquad e_{x_2, p_2} = -10 \cdot \frac{2.000}{20.000} = -1$

D.h. eine 1% Preisänderung hat eine 1% Änderung der Nachfrage zur Folge.

$p_3 = 1.000, \; x_3 = 30.000 \qquad e_{x_3, p_3} = -10 \cdot \frac{1.000}{30.000} = -0,3333$

D.h. eine 1% Preisänderung hat eine 0,3333% Änderung der Nachfrage zur Folge.

$p_4 = 3.999, \; x_4 = 10 \qquad e_{x_4, p_4} = -10 \cdot \frac{3.999}{10} = -3.999$

D.h. eine 1% Preisänderung hat eine 3.999% Änderung der Nachfrage zur Folge.

$p_5 = 1, \; x_5 = 39.990 \qquad e_{x_5, p_5} = -10 \cdot \frac{1}{39.990} = -0,00025$

D.h. eine 1% Preisänderung hat eine 0,00025% Änderung der Nachfrage zur Folge.

Das Beispiel zeigt, daß die Preiselastizität im Gegensatz zur Steigung bei linearen Funktionen nicht konstant ist, sondern Werte zwischen 0 und $-\infty$ annimmt.

Große Betragswerte der Elastiztät bedeuten, daß eine nur geringe Preisänderung die Nachfragemenge stark beeinflußt (s. p_1 und p_4); kleine Betragswerte zeigen, daß eine Preisänderung sich nur gering auf die Nachfragemenge auswirkt (p_3 und p_5). Bei p_2 hat die Elastizität den Wert -1; die Preisänderung ist genauso stark wie die Nachfrageänderung.

Die Verwendung folgender Begriffe ist üblich:

$e = 0$: die Funktion ist an dieser Stelle **vollkommen unelastisch**

$-1 < e < +1$: die Funktion ist an dieser Stelle **unelastisch**

$|e| > 1$: die Funktion ist an dieser Stelle **elastisch**

$e = \pm\infty$: die Funktion ist an dieser Stelle **vollkommen elastisch**

Die Nachfragefunktion ist für p_1 und p_4 elastisch, für p_3 und p_5 unelastisch. Bei $p_2 = 2.000$ liegt die Grenze zwischen elastischem und unelastischem Bereich.

Es lassen sich jedoch nicht nur die Punktelastizitäten berechnen, sondern man kann zu vorgegebenen Funktionen die entsprechenden **Elastizitätsfunktionen** aufstellen.

Beispiel:

Bestimmen Sie zu der S-förmigen Kostenfunktion

$$K(x) = x^3 - 25x^2 + 250x + 1.000$$

die Elastizitätsfunktion.

Da die Elastizität als Quotient aus der 1. Ableitung und der Durchschnittsfunktion definiert ist, läßt sie sich auch als eine Funktion darstellen.

$$\frac{dk}{dx} = K'(x) = 3x^2 - 50x + 250$$

$$k(x) = \frac{K(x)}{x} = \frac{x^3 - 25x^2 + 250x + 1.000}{x}$$

Die Elastizitätsfunktion lautet:

$$e_{K,x} = \frac{3x^3 - 50x^2 + 250x}{x^3 - 25x^2 + 250x + 1.000}$$

Zusätzlich zur Berechnung von Elastizitäten an verschiedenen Punkten einer Funktion lassen sich weitergehende ökonomische Folgerungen mit Hilfe des Elastizitätsbegriffs ziehen.
Dies soll am Beispiel der Beurteilung der Umsatzänderung bei einer Preisänderung verdeutlicht werden.

Die Umsatzfunktion U lautet: $U(x) = p(x) \cdot x = p \cdot x$
und damit die Grenzumsatzfunktion U':

$$U'(x) = \frac{d\,U(x)}{dx} = \frac{d\,(p \cdot x)}{dx} = p + \frac{dp}{dx} \cdot x \qquad \text{Produktregel}$$

$$= p + \frac{dp}{dx} \cdot \frac{x \cdot p}{p} \qquad \text{Erweiterung des Bruchs mit p}$$

$$= p \left[1 + \frac{dp}{dx} \cdot \frac{x}{p} \right]$$

$$= p \left[1 + \frac{1}{\frac{dx}{dp} \cdot \frac{p}{x}} \right]$$

$$= p \left[1 + \frac{1}{e_{x,p}} \right]$$

Es ergibt sich nun die Frage, unter welchen Bedingungen eine Preisänderung eine Umsatzsteigerung hervorruft. Mit anderen Worten, wann gilt: $U'(x) > 0$?

Das ist dann der Fall, wenn $\dfrac{1}{e_{x,p}} > -1$ d.h. wenn $e_{x,p} < -1$ ist (die Preiselastizität ist immer negativ).

$e_{x,p} < -1$: $\quad -1 < \dfrac{1}{e_{x,p}} < 0$: $\quad U'(x) > 0$, $\quad$ wenn der Preis erhöht wird

$e_{x,p} > -1$: $\quad\quad \dfrac{1}{e_{x,p}} < -1$: $\quad U'(x) < 0$, $\quad$ wenn der Preis erhöht wird

$e_{x,p} = -1$: $\quad\quad \dfrac{1}{e_{x,p}} = -1$: $\quad U'(x) = 0$, $\quad$ d.h. eine geringe Preisänderung hat keinen

$\qquad\qquad\qquad\qquad\qquad\qquad\qquad\qquad\qquad$ Einfluß auf den Umsatz

Zusammenfassend ergibt sich also:

$e_{x,p} < -1$: $\quad$ Preiserhöhung $\quad$ => Umsatzsteigerung

$\qquad\qquad\quad$ Preissenkung $\quad$ => Umsatzeinbuße

$e_{x,p} > -1$: $\quad$ Preiserhöhung $\quad$ => Umsatzeinbuße

$\qquad\qquad\quad$ Preissenkung $\quad$ => Umsatzsteigerung

Aufgabe:

5.7.2.6.1 Für ein Produkt seien Nachfrage- und Angebotsfunktion bekannt:

$$x = 160 - 2p$$

$$x = -50 + p$$

Welche Elastizität haben die Funktionen an der Stelle des
Marktgleichgewichtes?

5.7.2.6.2 Berechnen Sie zu folgender Preisabsatzfunktion

$$p(x) = 5.000 - 4x$$

a) die Elastizitätsfunktion

b) die Elastizität für folgende Preise und interprertieren Sie die Ergebnisse

$$p_1 = 3.000 \qquad p_2 = 1.000 \qquad p_3 = 100$$

6 Differentialrechnung bei Funktionen mit mehreren unabhängigen Variablen

6.1 Partielle erste Ableitung

Die Abbildung einer Funktion mit einer unabhängigen und einer abhängigen Variablen entspricht einer Kurve in der Ebene, und die erste Ableitung dieser Funktion kann anschaulich als die Steigung dieser Kurve an einer bestimmten Stelle interpretiert werden.

Eine Funktion mit zwei unabhängigen Variablen x und y und der abhängigen Variablen z entspricht graphisch einer Fläche im dreidimensionalen Raum (vgl. Kap. 3).
Man schreibt: $z = f(x,y)$

Die erste Ableitung einer solchen Funktion kann nicht ohne weiteres als Steigung interpretiert werden.
Die Steigung einer Fläche in einem Raum läßt sich nicht eindeutig festgelegen, denn sie nimmt unterschiedliche Werte an in Abhängigkeit von der Richtung, in der sie gemessen wird. Sie ist abhängig vom Wert beider unabhängigen Variablen x und y und zusätzlich von der Richtung.

Man kann diese Tatsache veranschaulichen, wenn man sich eine Person auf einer schiefen Ebene vorstellt, zum Beispiel auf einem Skihang (vgl. Abb. 6.1-1).

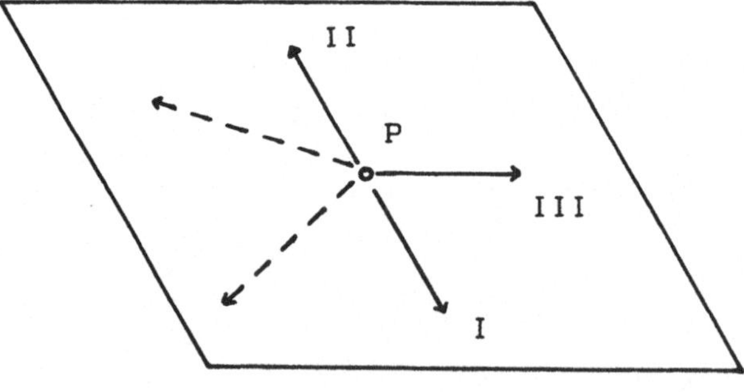

Abb. 6.1-1

Wenn sich die Person auf dem Punkt P der in Abb. 6.1-1 skizzierten Fläche befindet, sind damit die Koordinaten x,y und z festgelegt, jedoch nicht die Steigung in diesem Punkt.

Die Steigung ist zusätzlich davon abhängig, in welche Richtung sich die Person auf diesem Skihang bewegt.

Sie kann bergab fahren (I) und damit die maximale negative Steigung erreichen, sich bergauf in Richtung der höchstmöglichen Steigung bewegen (II), einen Weg auf einer Höhenlinie mit einer Steigung von Null wählen (III) oder auch alle Richtungen, die dazwischen liegen.

Wenn die Richtung der Bewegung geändert wird, ändert sich folglich auch der Wert der Steigung.

Eine Aussage über die richtungsabhängige Steigung der Funktionsfläche läßt sich mit Hilfe der partiellen Ableitungen treffen.

Bei der Berechnung einer **partiellen Ableitung** wird die Abhängigkeit der Funktion von nur einer der unabhängigen Variablen betrachtet, während alle anderen als konstant angenommen werden.

In der Funktion z = f(x,y) wird entweder x als konstant angenommen, so daß die Funktion nur noch von y abhängt, oder man setzt y konstant. Die Änderung des Funktionswertes ins Verhältnis gesetzt zur Änderung einer der unabhängigen Variablen bei Konstanthalten der übrigen bezeichnet man als **partiellen Differentialquotienten**.

Graphisch entspricht diese Vorgehensweise Schnitten durch die Funktion, die parallel zu den Koordinatenebenen verlaufen. Man ermittelt somit die Steigung in Richtung jeweils einer Koordinatenachse.

Definition:

Die erste partielle Ableitung der Funktion z = f(x,y) nach y lautet (partieller Differentialquotient):

$$\lim_{\Delta y \to 0} \frac{f(x, y + \Delta y) - f(x,y)}{\Delta y} = \frac{\partial f(x,y)}{\partial y}$$

(∂ ist ein stilisiertes d)

Andere Schreibweisen:

$$\frac{\partial f(x,y)}{\partial y} = \frac{\partial z}{\partial y} = z'_y = f_y'(x,y)$$

Analog läßt sich die erste partielle Ableitung nach x bestimmen; dabei wird y konstant gesetzt:

$$\lim_{\Delta x \to 0} \frac{f(x + \Delta x, y) - f(x,y)}{\Delta x} = \frac{\partial f(x,y)}{\partial x}$$

Es gibt also genauso viele partielle erste Ableitungen einer Funktion wie unabhängige Variablen, das heißt eine Funktion mit vier unabhängigen Variablen $z = f(x_1, x_2, x_3, x_4)$

besitzt vier partielle Ableitungen erster Ordnung. Es wird nach jeweils einer Variablen abgeleitet, wobei die übrigen drei als konstant aufgefaßt werden.

Für die Bestimmung der partiellen Ableitungen gelten die gleichen Regeln und Techniken wie beim Differenzieren von Funktionen mit einer unabhängigen Variablen. Es ist nur zu beachten, daß alle Variablen bis auf die eine, nach der differenziert wird, als Konstante anzusehen sind. Sie werden allerdings nur beim Differenzieren wie eine Konstante behandelt, sind aber nach wie vor Variablen.

Beispiele:

1. $z = x^2 + 4y^3 \qquad \dfrac{\partial z}{\partial x} = 2x \qquad \dfrac{\partial z}{\partial y} = 12y^2$

2. $z = x^n y^m \qquad \dfrac{\partial z}{\partial x} = nx^{(n-1)}y^m \quad \dfrac{\partial z}{\partial y} = x^n my^{(m-1)}$

3. $z = 3x_1 + 5x_2 - x_3 + 8x_4 \qquad \dfrac{\partial z}{\partial x_1} = 3 \qquad \dfrac{\partial z}{\partial x_2} = 5$

$$\dfrac{\partial z}{\partial x_3} = -1 \qquad \dfrac{\partial z}{\partial x_4} = 8$$

4. $z = 4x_1^2 x_2 + x_1 x_2 x_3 + x_2 - x_4$

$$\dfrac{\partial z}{\partial x_1} = 8x_1 x_2 + x_2 x_3 \qquad \dfrac{\partial z}{\partial x_2} = 4x_1^2 + x_1 x_3 + 1$$

$$\dfrac{\partial z}{\partial x_3} = x_1 x_2 \qquad \dfrac{\partial z}{\partial x_4} = -1$$

Aufgaben:

6.1.   Bestimmen Sie alle ersten partiellen Ableitungen

1. $z = 2x^3 - x^2 y + 4xy^2 + 3y^3$

2. $z = ax + by + c$

3. $z = x \cdot \ln y$

4. $z = \sqrt{6x^2 - 2y^2}$

5. $z = x \cdot e^{x^2 - y^2}$

6. $z = 5x_1^2 x_2^4 x_3^3 x_4 + x_5$

6.2 Partielle Ableitungen höherer Ordnung

Da auch die partiellen Ableitungen wieder Funktionen der unabhängigen Variablen sind, lassen sie sich wie die Ableitungen von Funktionen mit einer unabhängigen Variablen noch einmal partiell differenzieren.
Man erhält die partiellen Ableitungen zweiter Ordnung der Funktion.

Beispiel:

$$z = 2x^3 + x^2 y - 4xy^2 - e^x + \ln y$$

$$\frac{\partial z}{\partial x} = 6x^2 + 2xy - 4y^2 - e^x \qquad \frac{\partial z}{\partial y} = x^2 - 8xy + \frac{1}{y}$$

$$\frac{\partial^2 z}{\partial x^2} = 12x + 2y - e^x \qquad \frac{\partial^2 z}{\partial y^2} = -8x - \frac{1}{y^2}$$

Weiterhin ist es möglich, die erste partielle Ableitung nach x im zweiten Schritt nach y sowie die partielle Ableitung nach y anschließend nach x zu differenzieren. Man erhält dann die **gemischten** Ableitungen zweiter Ordnung.

Beispiel:

Für das Beispiel gilt dann:

$$\frac{\partial^2 z}{\partial x \partial y} = 2x - 8y \qquad \frac{\partial^2 z}{\partial y \partial x} = 2x - 8y$$

Die Reihenfolge der Variablen im Nenner gibt die Reihenfolge der Differentiation an. Das Beispiel zeigt, daß beide gemischten zweiten Ableitungen zum gleichen Ergebnis führen.

Allgemein gilt:

Die Reihenfolge der Differentiation bei gemischten partiellen Ableitungen ist für das Ergebnis ohne Bedeutung.

Durch weiteres Differenzieren gelangt man zu den partiellen Ableitungen höherer Ordnung, wobei die Anzahl der gemischten Ableitungen ständig zunimmt.
Beispiel:

Die Ableitungen 3. Ordnung der Funktion sind:

$$\frac{\partial^3 z}{\partial x^3} = 12 - e^x \qquad\qquad \frac{\partial^3 z}{\partial x^2 \partial y} = 2$$

$$\frac{\partial^3 z}{\partial x \partial y^2} = -8 \qquad\qquad \frac{\partial^3 z}{\partial y^3} = \frac{2}{y^3}$$

Für die praktische Anwendung der Differentialrechnung mit mehreren Variablen in den Wirtschaftswissenschaften benötigt man im allgemeinen die partiellen Ableitungen erster und zweiter Ordnung.

Aufgaben:

6.2. Berechnen Sie alle partiellen Ableitungen erster und zweiter Ordnung:

1. $z = x^2 + y^3$
2. $z = 6x^3 y^2$

6.3 Extremwertbestimmung

Auch bei Funktionen mit mehreren unabhängigen Variablen ist die Extremwertbestimmung eine der wichtigsten Anwendungsgebiete der Differentialrechnung im Bereich der Wirtschaftswissenschaften.

Definition:

Eine Funktion $z = f(x,y)$ hat an der Stelle $(x_0; y_0)$ einen Extremwert, wenn in der Umgebung um diesen Punkt alle Funktionswerte kleiner (Maximum) oder größer (Minimum) sind.

Auch hier kann - analog zur Definition bei Funktionen mit einer unabhängigen Variablen - zwischen relativen und absoluten Extremwerten unterschieden werden.

Ohne auf die graphische Darstellung hier näher einzugehen, kann man sich vorstellen, daß eine Tangentialebene, die die Funktionsfläche im Extrempunkt berührt, parallel zur x-y-Ebene verlaufen muß.
Daraus folgt, daß die Steigung der Fläche in Richtung der x-Achse und der y-Achse Null ist.

In einem Extrempunkt müssen also die ersten partiellen Ableitungen gleich Null sein.

Damit ist die **notwendige Bedingung** für das Vorliegen eines Extremwertes der Funktion $z = f(x,y)$ an der Stelle $(x_0;y_0)$ gefunden. Sie lautet, daß die ersten partiellen Ableitungen an dieser Stelle gleich Null sein müssen.

$$f_x'(x_0,y_0) = 0 \quad \text{und} \quad f_y'(x_0,y_0) = 0$$

Wenn man also die Extremwerte einer Funktion mit mehreren Veränderlichen zu berechnen hat, werden alle partiellen Ableitungen bestimmt und gleich Null gesetzt. Durch die Lösung des Gleichungssystems erhält man **Kritische Punkte**, die Extremwerte sein können.
Diese gefundenen Kritischen Punkte werden mit Hilfe der hinreichenden Bedingung darauf überprüft, ob wirklich Extrema an dieser Stelle vorliegen.

Genau wie bei Funktionen mit einer unabhängigen Variablen ist auch hier der Fall möglich, daß die partiellen Ableitungen an Punkten Null werden, an denen keine Extrema sondern Sattelpunkte vorliegen. Um die Kritischen Punkte weiter zu untersuchen, müssen die zweiten partiellen Ableitungen berechnet werden.

Hinreichende Bedingung für das Vorliegen eines Extremwertes der Funktion $z = f(x,y)$ an der Stelle $(x_0;y_0)$ ist:

$$f_x'(x_0,y_0) = 0 \quad \text{und} \quad f_y'(x_0,y_0) = 0$$
und
$$f_{xx}''(x_0,y_0) \cdot f_{yy}''(x_0,y_0) > (f_{xy}''(x_0,y_0))^2$$

wenn
$$f_{xx}''(x_0,y_0) < 0 \text{ und damit auch } f_{yy}''(x_0,y_0) < 0, \text{ so liegt ein } \mathbf{Maximum} \text{ vor}$$

$$f_{xx}''(x_0,y_0) > 0 \text{ und damit auch } f_{yy}''(x_0,y_0) > 0, \text{ so liegt ein } \mathbf{Minimum} \text{ vor}$$

Extremwerte von Funktionen mit mehr als zwei unabhängigen Variablen sind im Prinzip auf die gleiche Weise zu berechnen.
Auch hier gilt die notwendige Bedingung, daß alle partiellen ersten Ableitungen gleich Null sein müssen.
Dagegen erfordert die Überprüfung der hinreichende Bedingung die Kenntnis des Determinantenbegriffes.
Bei den meisten wirtschaftlichen Fragestellungen begnügt man sich mit der Anwendung der notwendigen Bedingung. Die Kritischen Punkte kann man auf ihre Eigenschaft als Maximum bzw. Minimum überprüfen, indem man einige Punkte in ihrer Umgebung in die Funktionsgleichung einsetzt und testet, ob die Funktionswerte alle kleiner bzw. größer als der Funktionswert des Kritischen Punktes sind.

Beispiel:

Bestimmen Sie die Extremwerte der Funktion:

$$z = 2x^3 - 18xy + 9y^2$$

$$f_x' = 6x^2 - 18y \qquad f_y' = -18x + 18y$$

$$6x^2 - 18y = 0$$
$$-18x + 18y = 0 \qquad -> \ x = y$$

$$6x^2 - 18x = 0 \qquad x_1 = 0 \qquad y_1 = 0$$
$$x_2 = 3 \qquad y_2 = 3$$

Kritische Punkte: (0;0) und (3;3)

$$f_{xx}'' = 12x \quad f_{yy}'' = 18 \quad f_{xy}'' = -18$$

$$12x \cdot 18 > (-18)^2$$
$$216x > 324$$
$$x > 1{,}5$$

Punkt (0;0) : 0 < 1,5   kein Extremwert sondern Sattelpunkt
Punkt (3;3) : 3 > 1,5   Extremwert

$$f_{xx}''(3,3) = 36 > 0, \qquad f_{yy}''(3,3) = 18 > 0$$

Die Funktion besitzt an der Stelle (3;3) ein Minimum.

Aufgabe:

6.3.   (vgl. Beispiel in Kap. 5.7.2.4)
Wegen des großen Markterfolges produziert der Hersteller von Dachge-
päckträgern zum Transport von Sportmotorrädern, der Monopolist auf diesem
Markt ist, nun zwei Varianten:

– Produkt 1:   Dachgepäckträger zum Transport von zwei Moto-Cross-
              Maschinen

– Produkt 2:   Dachgepäckträger zum Transport von einer
              Straßenrennmaschine+Ersatzteile+Werkzeug

Die Preisabsatzfunktionen lauten:

$$p_1 = 1800 - 8x_1$$

$$p_2 = 2000 - 10x_2$$

Die Kostenfunktion, die von beiden Produkten abhängt, hat die Form:

$$K(x_1,x_2) = 15x_1x_2 + 950x_1 + 1050x_2 + 3000$$

Wieviele Exemplare der beiden Produktvarianten muß der Hersteller zu welchem Preis anbieten, um sein Gewinnmaximum zu erreichen?

6.4 Extremwertbestimmung unter Nebenbedingungen

6.4.1 Problemstellung

In den bisherigen Kapiteln wurde das Problem der unbeschränkten Optimierung behandelt. Man ging davon aus, daß die unabhängigen Variablen x und y in der Funktion $z = f(x,y)$ jeden beliebigen Wert annehmen können.

Die meisten praktischen Optimierungsaufgaben werden jedoch durch Nebenbedingungen beschränkt.

So führt die Aufgabe, ein Kostenminimum zu bestimmen, zu der trivialen Lösung, daß das Unternehmen geschlossen werden muß, da dann keine Kosten mehr anfallen. Diese Aufgabe ist nicht sinnvoll gestellt; es müßten Nebenbedingungen beachtet werden, die eine sinnvolle Ausnutzung der gegebenen Kapazitäten sicherstellen.

Auch bei der Berechnung des Gewinnmaximums müssen Nebenbedingungen beachtet werden, die beispielsweise eine Beschränktheit der Kapazität oder der finanziellen Mittel beinhalten.

Die Ermittlung von Extremwerten bei Beachtung von Nebenbedingungen ist mit den Methoden der Linearen Optimierung eng verwandt. Auch dort geht es um das Optimieren einer Zielfunktion unter Beachtung von Nebenbedingungen (vgl. Kap. 9). Im Gegensatz zur Linearen Optimierung ist die Anwendung der hier behandelten Verfahren auch bei nichtlinearen Kurvenverläufen möglich.

Allgemein besteht die Aufgabe darin, eine Funktion

$$y = f(x_1, x_2, ..., x_n)$$

auf Extremwerte zu untersuchen. Diese zu maximierende oder minimierende Funktion wird als **Zielfunktion** bezeichnet.

Ist dabei eine **Nebenbedingung** zu beachten, die die unabhängigen Variablen beschränkt, wird sie in der folgenden Form geschrieben:

$$g(x_1, x_2, ..., x_n) = 0$$

Falls mehrere Nebenbedingungen gelten, werden diese durchnumeriert und mit dem Index j gekennzeichnet:

$$g_j(x_1, x_2, ..., x_n) = 0 \qquad (j = 1,2,...,m)$$

Beispiel:

Ein sehr anschauliches und häufig genanntes Beispiel für die Berechnung eines Extremwertes mit zu beachtender Nebenbedingung ist das Problem der optimalen Konservendose, das auch im schulischen Mathematik-Unterricht oft verwendet wird.

Ein Hersteller von Konservendosen erhält den Auftrag, eine zylindrische Dose mit runder Grundfläche und einem Liter Inhalt zu entwickeln, wobei der Blechverbrauch minimal sein soll.
Da die Blechstärke fest vorgegeben ist, kann der Blechverbrauch nur durch die Minimierung der Oberfläche optimiert werden. Es handelt sich hier um eine Optimierungsaufgabe, die ohne zusätzliche Nebenbedingungen nicht sinnvoll wäre, denn der Hersteller könnte den Blechverbrauch über eine stetige Verkleinerung des Inhaltes immer weiter reduzieren und dem Grenzwert Null zustreben lassen.

Die Nebenbedingung lautet, daß die Dose einen Inhalt von einem Liter oder 1000 cm^3 haben muß.

Gesucht ist die minimale Oberfläche f einer Konservendose mit vorgegebener Form und vorgegebenem Volumen v.

$$\begin{aligned} \text{Oberfläche} \quad &= \quad \text{zwei Deckelflächen + Mantelfläche} \\ f \quad &= \quad 2 \cdot \pi \cdot r^2 + 2 \cdot \pi \cdot r \cdot h \end{aligned}$$

$$\text{Volumen: } v \quad = \quad \pi \cdot r^2 \cdot h$$

Die Optimierungsaufgabe lautet:

$$\text{Minimiere} \quad f(r,h) = 2 \cdot \pi \cdot r^2 + 2 \cdot \pi \cdot r \cdot h$$

unter Beachtung der Nebenbedingung:

$$v = \pi \cdot r^2 \cdot h = 1000$$

oder

$$g(r,h) = \pi \cdot r^2 \cdot h - 1000 = 0$$

6.4.2 Variablensubstitution

Die Lösung einer Extremwertaufgabe mit Nebenbedingungen durch die Methode der Variablensubstitution setzt voraus, daß die Nebenbedingungen nach einer der Variablen aufgelöst und in die Zielfunktion eingesetzt werden können.
Dadurch lassen sich die unabhängigen Variablen der Zielfunktion reduzieren.

Beispiel:

Für das Beispiel der optimalen Konservendose ergibt sich:

Zielfunktion $\qquad f = 2 \cdot \pi \cdot r^2 + 2 \cdot \pi \cdot r \cdot h$

Nebenbedingung $\quad \pi \cdot r^2 \cdot h - 1000 = 0$

Aus der Volumengleichung (Nebenbedingung) läßt sich h als Funktion von r bestimmen.

$$h = \frac{1.000}{\pi \cdot r^2}$$

Diese Funktion wird in die Zielfunktion eingesetzt, die dann nur noch die unabhängige Variable r aufweist, so daß das Problem durch einfaches Differenzieren gelöst werden kann.

Die Zielfunktion wird jetzt mit f^* bezeichnet, da sie nicht mehr in der ursprünglichen Form vorliegt.

$$f^* = 2 \cdot \pi \cdot r^2 + 2 \cdot \pi \cdot r \cdot \frac{1.000}{\pi \cdot r^2}$$

$$f^* = 2 \cdot \pi \cdot r^2 + \frac{2.000}{r}$$

$$\frac{df^*}{dr} = 4 \cdot \pi \cdot r - \frac{2.000}{r^2} = 0$$

$$4 \cdot \pi \cdot r^3 - 2.000 = 0$$

$$r^3 = \frac{2.000}{4 \cdot \pi} = \frac{500}{\pi}$$

$$r = \sqrt[3]{\frac{500}{\pi}} = 5,42 \text{ cm}$$

Überprüfung der hinreichenden Bedingung anhand der zweiten Ableitung:

$$\frac{d^2 f^*}{dr^2} = 4 \cdot \pi + 2 \cdot \frac{2.000}{r^3} > 0$$

Es liegt ein Minimum bei r = 5,42 cm vor.

Der Radius einer Konservendose mit einem Liter Inhalt und minimaler Oberfläche muß also 5,42 cm betragen.
Die Höhe ist dann:

$$h = \frac{1.000}{\pi \cdot r^2} = \frac{1.000}{\pi \cdot 5,42^2} = 10,84 \text{ cm}$$

6.4.3 Multiplikatorregel nach Lagrange

Die Substitutionsmethode ist bei komplizierten Zielfunktionen und Nebenbedingungen nicht immer anwendbar.

Die Multiplikatorregel nach Lagrange kann auch bei komplexen Problemstellungen eingesetzt werden. Darüber hinaus liefert sie wertvolle Zusatzinformationen (Lagrangesche Multiplikatoren).

Zur Berechnung von Extremwerten von Funktionen mit mehreren Variablen unter Beachtung von Nebenbedingungen nach der Multiplikatorregel nach Lagrange wird zunächst die erweiterte Zielfunktion aufgestellt.

Die **erweiterte Zielfunktion** besteht aus der ursprünglichen Zielfunktion, zu der alle Nebenbedingungen addiert werden, die mit einem Multiplikator λ multipliziert werden.

Die notwendige Bedingung für das Vorliegen eines Extremwertes lautet, daß alle partiellen Ableitungen (nach allen unabhängigen Variablen und nach allen Lagrangeschen Multiplikatoren) Null sein müssen.

Allgemeine Vorgehensweise:

Aufgabe: zu maximierende/minimierende Zielfunktion
$$f(x_1, x_2, ..., x_n)$$

unter den Nebenbedingungen:
$$g_1(x_1, x_2, ..., x_n) = 0$$

$$...$$

$$g_m(x_1, x_2, ..., x_n) = 0$$

bzw. $\qquad g_j(x_1, x_2, ..., x_n) = 0 \quad (j = 1,2,...,m)$

Für jede Nebenbedingung wird ein Lagrangescher Multiplikator definiert.

$$\lambda_j \qquad (j = 1,2,...,m)$$

Die erweiterte Zielfunktion f^* wird durch Zusammenfassung der eigentlichen Zielfunktion und sämtlicher Nebenbedingungen gebildet.

$$f^* = f(x_1, x_2, ..., x_n) + \lambda_1 g_1(x_1, x_2, ..., x_n) + ... + \lambda_m g_m(x_1, x_2, ..., x_n)$$

$$= f(x_1, x_2, ..., x_n) + \sum_{j=1}^{m} \lambda_j g_j(x_1, x_2, ..., x_n)$$

Diese erweiterte Zielfunktion läßt sich nach n unabhängigen Variablen und nach m Multiplikatoren differenzieren.
Die notwendige Bedingung für das Vorliegen eines Extremwertes lautet, daß sämtliche m+n partiellen Ableitungen gleich Null sein müssen.

$$\frac{\partial f^*}{\partial x_1} = 0 \qquad \frac{\partial f^*}{\partial x_2} = 0 \qquad .... \qquad \frac{\partial f^*}{\partial x_n} = 0$$

$$\frac{\partial f^*}{\partial \lambda_1} = 0 \qquad .... \qquad \frac{\partial f^*}{\partial \lambda_m} = 0$$

Durch die Auflösung des Gleichungssystems erhält man **Stationärpunkte**. Stationärpunkte erfüllen die notwendige Bedingung für Extremwerte. Sie müssen anhand der hinreichenden Bedingung daraufhin untersucht werden, ob sie wirklich Maxima oder Minima sind.

Zur Überprüfung der hinreichenden Bedingung für zwei unabhängige Variablen gilt die aus Kap. 6.3 bekannte Beziehung:

$$\frac{\partial^2 f^*}{\partial x_1{}^2} \cdot \frac{\partial^2 f^*}{\partial x_2{}^2} > \left[\frac{\partial^2 f^*}{\partial x_1 \partial x_2}\right]^2$$

sowie

$$\frac{\partial^2 f^*}{\partial x_1{}^2} > 0 \quad \text{und} \quad \frac{\partial^2 f^*}{\partial x_2{}^2} > 0 \quad \text{für ein Minimum}$$

$$\frac{\partial^2 f^*}{\partial x_1{}^2} < 0 \quad \text{und} \quad \frac{\partial^2 f^*}{\partial x_2{}^2} < 0 \quad \text{für ein Maximum}$$

Ist die hinreichende Bedingung nicht erfüllt, also

$$\frac{\partial^2 f^*}{\partial x_1{}^2} \cdot \frac{\partial^2 f^*}{\partial x_2{}^2} \leq \left[\frac{\partial^2 f^*}{\partial x_1 \partial x_2}\right]^2$$

dann muß die Funktion f durch die Kontrolle einiger benachbarter Punkte in der Umgebung des Stationärpunktes näher untersucht werden.

Für die Überprüfung der hinreichenden Bedingung bei mehr als zwei Unabhängigen ist eine weitreichende Kenntnis der Determinantenrechnung notwendig, die in diesem Buch nicht vertieft werden soll.
Viele ökonomische Fragestellungen und Funktionen sind so jedoch formuliert, daß man durch Plausibilitätsüberlegungen und einfache Kontrollen die Existenz eines Maximums oder Minimums überprüfen kann. Deshalb soll hier nur die notwendige Bedingung untersucht werden.
Die gefundenen Stationärpunkte lassen sich am einfachsten auf ihre Eigenschaften untersuchen, indem geeignete Punkte aus ihrer Umgebung in die Zielfunktion eingesetzt werden. Wenn diese Zielfunktionswerte immer höher bzw. niedriger sind als der Wert der Zielfunktion an der Stelle des Stationärpunktes, kann man darauf schließen, daß ein Minimum bzw. Maximum vorliegt.

Durch die Auflösung des Gleichungssystems, das durch die partiellen Ableitungen gegeben ist, erhält man zusätzlich die **Lagrangeschen Multiplikatoren** λ_j. Für die Beantwortung ökonomischer Fragestellungen enthalten diese Multiplikatoren wertvolle Zusatzinformationen.
Sie geben an, wie stark sich der Zielfunktionswert bei einer infinitesimal kleinen Änderung der entsprechenden Nebenbedingung verändert. Sie sind also als Grenzwerte zu interpretieren, die je nach Fragestellung eine unterschiedliche Größe beschreiben (z.B. Grenzkosten, Grenzumsatz).

Beispiel:

Zur Lösung des Problems der optimalen Konservendose mittels der Methode der Lagrangeschen Multiplikatoren ist zunächst die erweiterte Zielfunktion aufzustellen, die die ursprüngliche Zielfunktion $f = 2 \cdot \pi \cdot r^2 + 2 \cdot \pi \cdot r \cdot h$ zuzüglich der mit λ multiplizierten Nebenbedingung $\pi \cdot r^2 \cdot h - 1000 = 0$ enthält.

Erweiterte Zielfunktion:

$$f^*(r,h,\lambda) = 2 \cdot \pi \cdot r^2 + 2 \cdot \pi \cdot r \cdot h + \lambda \, (\pi \cdot r^2 \cdot h - 1000)$$

Partielle Ableitungen:

$$(1) \quad \frac{\partial f^*}{\partial r} = 4 \cdot \pi \cdot r + 2 \cdot \pi \cdot h + 2 \cdot \lambda \cdot \pi \cdot r \cdot h = 0$$

$$(2) \quad \frac{\partial f^*}{\partial h} = 2 \cdot \pi \cdot r + \lambda \cdot \pi \cdot r^2 = 0$$

$$(3) \quad \frac{\partial f^*}{\partial \lambda} = \pi \cdot r^2 \cdot h - 1000 = 0$$

Auflösung des Gleichungssystems:

$$(2) \quad \lambda \cdot \pi \cdot r^2 = -2 \cdot \pi \cdot r$$

$$\lambda = -\frac{2 \cdot \pi \cdot r}{\pi \cdot r^2} = -\frac{2}{r}$$

$$(1) \quad 4 \cdot \pi \cdot r + 2 \cdot \pi \cdot h + 2 \left(\frac{-2}{r}\right) \cdot \pi \cdot r \cdot h = 0$$

$$4 \cdot \pi \cdot r + 2 \cdot \pi \cdot h - 4 \cdot \pi \cdot h = 0$$

$$4 \cdot \pi \cdot r = 2 \cdot \pi \cdot h$$

$$h = 2 \cdot r$$

Die Höhe der Dose muß also dem zweifachen Radius (dem Durchmesser) entsprechen.

$$(3) \quad \pi \cdot r^2 \cdot h - 1000 = 0$$

$$\pi \cdot r^2 \cdot 2 \cdot r - 1000 = 0$$

$$2 \cdot \pi \cdot r^3 = 1000$$

$$r^3 = \frac{1.000}{2\pi} = \frac{500}{\pi}$$

$$r = \sqrt[3]{\frac{500}{\pi}} = 5{,}42 \text{ cm}$$

$$h = 10{,}84 \text{ cm}$$

$$\lambda = -0{,}369 \; (\text{cm}^{-1})$$

Die Oberfläche beträgt $f = 555 \text{ cm}^2$

Der Lagrangesche Multiplikator λ erlaubt folgende Aussage:

Für eine infinitesimal kleine Vergrößerung des Volumens v um dv nimmt die Oberfläche f um $0{,}369 \cdot dv$ zu.

Wenn die Dose statt 1000 cm^3 beispielsweise 1001 cm^3 Inhalt haben sollte, würde dies eine Vergrößerung der Oberfläche um näherungsweise 0,369 cm^2 zur Folge haben. Dabei ist zu beachten, daß eine Vergrößerung um 1 cm^3 keine infinitesimal kleine Änderung darstellt.

Aufgaben:

6.4.3.1. Ein Haushalt konsumiert unter anderem die Güter X, Y und Z in den Mengen x, y, z.

Die Nutzenfunktion lautet:

$$f(x,y,z) = 5x + 10y + 20z - \frac{1}{2}x^2 - \frac{1}{4}y^2 - z^2$$

Das Einkommen des Haushaltes, das für diese Güter verfügbar ist, beträgt 17 Geldeinheiten.

Die Preise der Güter betragen eine Geldeinheit für X, zwei für Y und vier für Z.

Ermitteln Sie die optimale Kombination der Güter, die den Nutzen des Haushaltes maximiert.

2. Minimieren Sie die Kostenfunktion

$$y = 22 + \frac{1}{4}x_1{}^2 + \frac{1}{8}x_2{}^2 + \frac{1}{2}x_3{}^2$$

unter der Nebenbedingung

$$3x_1 + 2x_2 + 4x_3 = 25$$

3. Einem Versandhaus stehen zum Druck von Katalogen für bestehende Kunden und dünneren Auszugs-Katalogen für die Neukundengewinnung insgesamt 500 TDM zur Verfügung.

Wieviel soll für den Druck von Hauptkatalogen (x) und wieviel für die Neukundengewinnungs-Kataloge (y) ausgegeben werden, um einen maximalen Gewinn zu erreichen?

Der Umsatz ist von diesen Ausgaben (x und y) wie folgt abhängig:

$$U(x,y) = \frac{40x}{2 + 0{,}002x} + \frac{30y}{3 + 0{,}0015y} \quad \text{(Angaben in TDM)}$$

Die Kalkulation des Versandhauses ist so ausgerichtet, daß der Rohgewinn 15% des Umsatzes ergibt, wovon die Ausgaben für die Katalogherstellung x und y noch subtrahiert werden müssen.

7 Grundlagen der Integralrechnung

7.1 Das unbestimmte Integral

Zu den meisten mathematischen Operationen lassen sich Umkehroperationen bestimmen, die den Rechenvorgang wieder rückgängig machen.

Beispielsweise ist die Umkehroperation zur Addition die Subtraktion, zur Multiplikation ist es die Division und zur Potenzrechnung ist es die Wurzelrechnung.

Auch zur Differentialrechnung gibt es eine Umkehroperation, die Integralrechnung, die aus der differenzierten Funktion (der ersten Ableitung) wieder die Ursprungsfunktion erzeugt.

Die Integralrechnung hat in den Wirtschaftswissenschaften nur eine geringe Bedeutung, und die Anwendungsmöglichkeiten sind begrenzt.

Aus diesem Grund erfolgt hier eine Beschränkung auf die elementaren Grundlagen der Integralrechnung und die Integration von einfachen Funktionen mit nur einer unabhängigen Variablen.

Wenn die erste Ableitung f einer Funktion F bekannt ist ($F'(x) = f(x)$) und die Funktion F gesucht ist, so läßt sich dieses Problem mit Hilfe der Integralrechnung lösen.

Definition:

> Man bezeichnet F als **Stammfunktion** der gegebenen Funktion f, wenn die erste Ableitung von F die Funktion f ergibt.
>
> $$F'(x) = f(x)$$

Beispiel:

> Gegeben ist eine Funktion $f(x) = x^3$
> Wie lautet die zugehörige Stammfunktion, deren erste Ableitung die Funktion f ergibt?
>
> $$F(x) = \frac{1}{4} x^4$$
>
> $F(x) = \frac{1}{4} x^4$ ist eine Stammfunktion zu $f(x) = x^3$, da die erste Ableitung von F wieder f ergibt.

Bei der gefundenen Funktion F handelt es sich um eine, aber nicht um die einzige Stammfunktion zu f.

Weitere Stammfunktionen sind zum Beispiel:

$$F(x) = \frac{1}{4}\,x^4 + 18 \qquad\qquad F\,'(x) = x^3 = f(x)$$

$$F(x) = \frac{1}{4}\,x^4 - 308.700 \qquad F\,'(x) = x^3 = f(x)$$

Diese Beispiele zeigen, daß es keine eindeutige Lösung gibt.
Jede Funktion hat **mehrere Stammfunktionen**. Addiert man zu einer gefundenen Stammfunktion eine beliebige Konstante, erhält man eine weitere Stammfunktion, da jede Konstante beim Differenzieren wegfällt.

Anders ausgedrückt: Wenn F eine Stammfunktion zu f ist, ist auch F + C eine Stammfunktion zu f. C ist eine beliebige Konstante (**Integrationskonstante**).

Die Stammfunktion wird mit der Integrationskonstanten angegeben.

Definition:

Das unbestimmte Integral entspricht allen Stammfunktionen von f.
Man schreibt:

$$F(x) + C = \int f(x)\ dx$$

Dabei ist $\int$ das Integralzeichen, f(x) der Integrand und x die Integrationsvariable.

Die Ermittlung von Stammfunktionen zu einer gegebenen Funktion, das Integrieren, erfordert wie das Differenzieren die Kenntnis der Integrale der elementaren Funktionen, mit deren Hilfe man die meisten Funktionen integrieren kann.

Stammfunktionen für einige wichtige elementare Funktionen :

$$\int 1\ dx = x + C$$

$$\int x^n\ dx = \frac{1}{n+1}\,x^{n+1} + C \qquad n \neq -1$$

$$\int \frac{1}{x}\ dx = \ln |x| + C \qquad\qquad \text{da } \ln x \text{ nur für } x > 0 \text{ definiert ist}$$

$$\int a^x\ dx = \frac{a^x}{\ln a} + C \qquad\qquad a \neq 1$$

$$\int e^x \, dx = e^x + C$$

Summenregel:

$$\int \left[f(x) + g(x) \right] dx = \int f(x) \, dx + \int g(x) \, dx = F(x) + G(x) + C$$

Zur Integration von komplexeren Funktionen kann auf Integrationsregeln zurückgegriffen werden, mit deren Hilfe diese Funktionen sich auf einfache Grundformen reduzieren lassen. Diese Regeln werden hier nicht behandelt; es soll eine Beschränkung auf das Integrieren von elementaren Funktionen erfolgen.

Die erste Ableitung einer Funktion läßt sich geometrisch als die Steigung dieser Funktion interpretieren. Für das unbestimmte Integral ist eine solche anschauliche Deutung nicht möglich. Es läßt sich nur als Umkehroperation zur Differentiation erklären.

Aufgaben:

7.1. Bestimmen Sie die Stammfunktion der folgenden Funktionen

1. $f(x) = x$
2. $f(x) = e^x + x^6$
3. $f(x) = 6x - 3$
4. $f(x) = \sqrt{x}$
5. $f(x) = \sqrt[7]{x} + 7$
6. $f(x) = \dfrac{1}{x^2}$
7. $f(x) = \dfrac{1}{\sqrt{x}}$
8. $f(x) = 5x^4 + 3x^2 - x + 2\sqrt{x} - 9$

7.2 Das bestimmte Integral

Neben dieser nicht sehr anschaulichen Interpretation der Integration als Umkehrung der Differentialrechnung gibt es eine zweite Aufgabe der Integralrechnung. Sie liegt in der Berechnung eines **Flächeninhaltes** in einem vorgegebenen Intervall unter einer Kurve, die durch eine Funktion beschrieben wird.

Ausgehend von der abgebildeten Funktion, die stetig ist und oberhalb der x-Achse verläuft, ist die Fläche zwischen der Kurve und der x-Achse im Intervall von a bis b gesucht (vgl. Abb. 7.2-1).

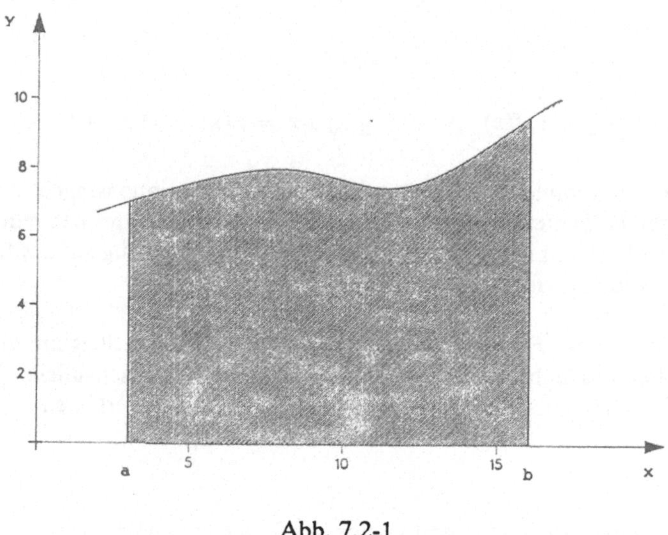

Abb. 7.2-1

Ohne auf die Herleitung des bestimmten Integrals über Rechteckzerlegung und Ober- und Untersummen einzugehen, soll das bestimmte Integral folgendermaßen definiert werden:

Definition:

$$\int_a^b f(x)\ dx$$ ist das **bestimmte Integral** der Funktion f in den Grenzen a und b.

a ist die untere und b die obere **Integrationsgrenze**.

Das bestimmte Integral entspricht der Fläche, die zwischen einer oberhalb der x-Achse liegenden Kurve und der Abszisse innerhalb des Intervalls (a,b) liegt.
Das bestimmte Integral läßt sich mit Hilfe von Stammfunktionen einfach ermitteln.

Es gilt:

$$\int_a^b f(x)\ dx = F(b) - F(a)$$

Diese Formel sagt aus, daß der Wert des bestimmten Integrals gleich der Differenz aus dem Wert einer Stammfunktion an der oberen Grenze und dem an der unteren Grenze ist.

Beispiel:

Berechnung der Fläche unter der Funktion $f(x) = 2x^2$ zwischen den Integrationsgrenzen 1 und 3.

$$\int 2x^2\,dx = \frac{2}{3}x^3 + C = F(x)$$

$$\int_1^3 2x^2\,dx = F(3) - F(1) = \frac{54}{3} + C - \left[\frac{2}{3} + C\right] = \frac{54}{3} - \frac{2}{3} = \frac{52}{3} = 17,\overline{33}$$

Das Beispiel zeigt, daß die Integrationskonstante bei der Berechnung wegfällt, so daß von einer beliebigen Stammfunktion (mit beliebiger Integrationskonstante) ausgegangen werden kann.

Für das bestimmte Integral sind folgende Schreibweisen üblich:

$$\int_a^b f(x)\,dx = \left[\,F(x)\,\right]_a^b = F(b) - F(a)$$

Aufgaben:

7.2. Berechnen Sie folgende bestimmte Integrale

1. $\displaystyle\int_1^6 x^2\,dx$

2. $\displaystyle\int_0^4 \left(\frac{1}{2}x^4\right)\,dx$

3. $\displaystyle\int_0^1 e^x\,dx$

4. $\displaystyle\int_{-3}^3 x^2\,dx$

Zu Beginn des Kapitels wurde zur Vereinfachnung festgelegt, daß die Kurve der Funktion in dem betrachteten Intervall oberhalb der x-Achse verlaufen soll.

Wenn f unterhalb der x-Achse liegt, dann ist das Integral negativ.

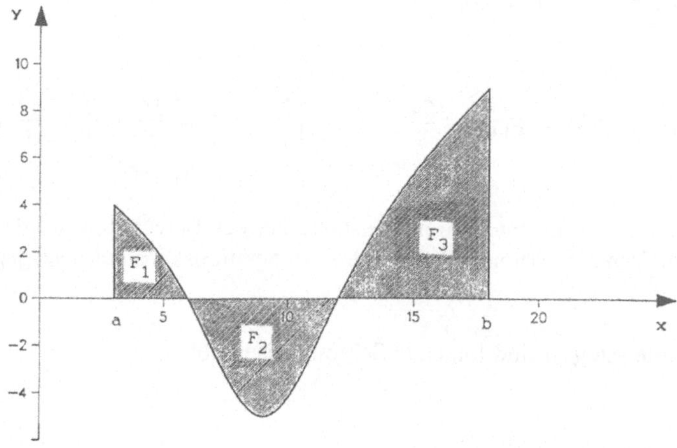

Abb. 7.2-2

Eine Integration der Funktion aus Abb. 7.2-2 von der unteren Integrationsgrenze a bis zur oberen b würde dazu führen, daß die Fläche zu klein ausgewiesen würde, da die Fläche oberhalb der x-Achse ($F_1 + F_3$) um den Wert der Fläche unterhalb vermindert würde:

$$F = F_1 - F_2 + F_3.$$

Aus diesem Grund ist es notwendig, zunächst zu überprüfen, ob die Funktion in dem angegebenen Intervall Nullstellen hat.
Dann teilt man das Intervall (a,b) in Teilintervalle auf, die jeweils bis zur nächsten Nullstelle reichen. Die Integrale über die Teilintervalle werden betragsmäßig erfaßt.

Beispiel:

Berechnen Sie die Fläche von $f(x) = x$ im Intervall $(-4;4)$

Die Funktion hat eine Nullstelle bei $x = 0$.

$$\left| \int_{-4}^{0} x\ dx \right| + \left| \int_{0}^{4} x\ dx \right| = \left| \left[\frac{x^2}{2} \right]_{-4}^{0} \right| + \left| \left[\frac{x^2}{2} \right]_{0}^{4} \right|$$

$$= \left| 0 - \frac{16}{2} \right| + \left| \frac{16}{2} - 0 \right|$$

$$= 8 + 8 = 16$$

Dagegen hat das Integral im Intervall $(-4,4)$ den Wert Null, da die beiden Flächenteile unterhalb und oberhalb der x-Achse gleich groß sind und sich gegenseitig aufheben.

Aufgaben:

7.2.5. Berechnen Sie die Fläche zwischen x-Achse und der Funktion innerhalb der angegebenen Grenzen. Beachten Sie dabei, ob Nullstellen innerhalb des Intervalls liegen.
Fertigen Sie zur Kontrolle eine Skizze an.

a) $f(x) = 3x + 2 \qquad a = 0 \qquad b = 4$

b) $f(x) = 3x^2 - 6x \qquad a = -1 \quad b = 3$

6. Diskutieren Sie die Funktion $f(x) = 2x^3 - 4x^2 + 2x$
Skizzieren Sie die Funktion und berechnen Sie die Gesamtfläche, die von den Nullstellen eingeschlossen wird.

7.3 Wirtschaftswissenschaftliche Anwendungen

Die Bedeutung der Integralrechnung für wirtschaftliche Probleme liegt in den beiden beschriebenen Aufgabenstellungen.
Zum einen erlaubt die Integration die Umkehrung der Differentiation; also den Schluß vom Grenzverhalten einer ökonomischen Größe auf die Funktion selbst.
Zum anderen erlaubt sie die Berechnung von Flächen, die von ökonomischen Funktionen begrenzt werden.

Schluß von der Grenzkostenfunktion auf die Gesamtkostenfunktion

Aus dem Änderungsverhalten der Kosten bei alternativen Produktionsmengen lassen sich Rückschlüsse auf die Kostenfunktion ziehen.

Beispiel:

Gegeben ist eine Kostenfunktion

$$K(x) = 3x^2 - 2x + 180$$

Diese Kostenfunktion setzt sich zusammen aus einem Bestandteil, der die variablen Kosten beschreibt

$$K_v(x) = 3x^2 - 2x$$

und den Fixkosten in Höhe von $K_f = 180$.

Die Grenzkostenfunktion lautet: $K'(x) = 6x - 2$

Der Versuch, aus dieser Grenzkostenfunktion durch Integration wieder zur Gesamtkostenfunktion zu gelangen, führt zu dem Ergebnis:

$$K(x) = \int K'(x)\ dx = \int (6x - 2)\ dx = 3x^2 - 2x + C = K_v(x) + C$$

Die Integrationskonstante entspricht den Fixkosten.

Das Beispiel zeigt: aus der Kenntnis der Grenzkostenfunktion allein ist die Bestimmung der Gesamtkostenfunktion mit Hilfe der Integration nicht möglich. Zusätzlich ist es notwendig, die Höhe der Fixkosten zu kennen.

Schluß von der Grenzumsatzfunktion auf die Gesamtumsatzfunktion

Da in der Umsatzfunktion keine fixen Bestandteile enthalten sind, die bei der Berechnung der ersten Ableitung verloren gingen, kann die Gesamtumsatzfunktion $U(x)$ durch Integration aus der Grenzumsatzfunktion $U'(x)$ ermittelt werden.

$$U(x) = \int U'(x)\ dx$$

Aufgabe:

7.3.1. Berechnen Sie die gewinnmaximale Absatzmenge mittels der folgenden Angaben.

$$K'(x) = 3x^2 - 6x + 3$$
$$K_f = 3$$
$$U'(x) = 16 - 4x$$

Wie hoch ist der Gewinn, der dann erzielt wird, und welcher Preis gilt unter diesen Voraussetzungen?

Bestimmung der Konsumentenrente

Neben der Bestimmung von Stammfunktionen findet die Integralrechnung für die Wirtschaftswissenschaften eine weitere wichtige Anwendung bei der Bestimmung der sogenannten Konsumenten- und Produzentenrente.

Auf einem Markt stellt sich durch Gegenüberstellung von Angebots- und Nachfragefunktion ein Gleichgewichtspreis ein, der durch den Schnittpunkt der beiden Funktionen bestimmt ist.

Manche Konsumenten wären aber auch bereit, einen höheren Preis als den Gleichgewichtspreis für das Produkt zu zahlen. Dadurch, daß sie das Produkt zu einem niedrigeren Preis erwerben können, sparen sie einen bestimmten Betrag, der **Konsumentenrente** genannt wird.

Ebenso wären auch einige Produzenten bereit, das Produkt zu einem niedrigeren Preis zu veräußern. Sie erzielen durch den Gleichgewichtspreis eine Mehreinnahme, die **Produzentenrente**.

Beispiel:

Die Nachfrage nach einem bestimmten Gut ergibt sich aus der Nachfragefunktion:

$$p = 200 - \frac{1}{2}x$$

Die Angebotsfunktion lautet: $p = \frac{3}{4}x + 50$

Durch Gleichsetzen der Geradengleichungen ergibt sich der Schnittpunkt, der Gleichgewichtspreis und -menge angibt.

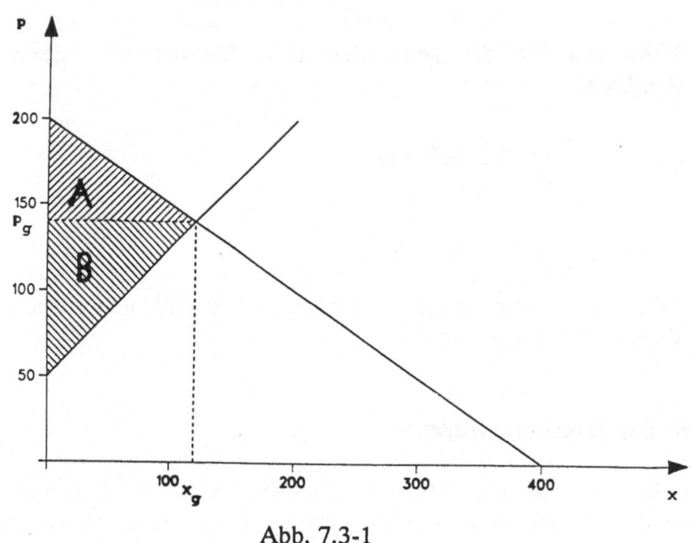

Abb. 7.3-1

Bei einem Preis von p_g = 140 gleichen sich Angebot und Nachfrage aus.

Die abgesetzte Menge beträgt dann x_g = 120.

Einige der Käufer wären aber auch bei einem höheren Preis zum Kauf des Produktes bereit; bis zu einem Maximalpreis von 200 DM könnte ein zusätzlicher Umsatz erzielt werden.

Die Käufer sparen also einen Betrag, die Konsumentenrente, die der Fläche A in Abb. 7.3.-1 entspricht.

Auf der anderen Marktseite wären auch einige Produzenten bereit, ihre Produkte zu einem niedrigeren Preis zu verkaufen. Bis zu einem Minimalpreis von 50 DM finden sich angebotene Güter.

Die Anbieter erzielen Mehreinnahmen (die Produzentenrente) in Höhe der Fläche B.

Die Bestimmung der Flächen ist in diesem Beispiel noch durch geometrische Berechnungen möglich, aber bei nichtlinearen Funktionen ist dazu die Integralrechnung notwendig.

$$A = 120 \cdot (200 - 140) \cdot \frac{1}{2} = 3.600$$

$$B = 120 \cdot (140 - 50) \cdot \frac{1}{2} = 5.400$$

oder

$$A = \int_0^{120} \left[200 - \frac{1}{2} x \right] \, dx - 120 \cdot 140$$

166

Wobei $120 \cdot 140$ dem Rechteck entspricht, das durch x_g und p_g begrenzt wird. Dieses Rechteck gibt den erzielten Umsatz an.

$$A = \left[200x - \frac{1}{4}x^2\right]_0^{120} - 120 \cdot 140$$

$$= (24.000 - 3.600) - 0 - 16.800$$
$$= 3.600$$

$$B = 120 \cdot 140 - \int_0^{120} \left[\frac{3}{4}x + 50\right] dx$$

$$= 120 \cdot 140 - \left[\frac{3}{8}x^2 + 50x\right]_0^{120}$$

$$= 16.800 - ((5.400 + 6.000) - 0)$$
$$= 5.400$$

Aufgabe:

7.3.2. Die Nachfragefunktion für ein Produkt lautet:

$$p = 10 - 0{,}005 \cdot x^2$$

Auf dem Markt gelte ein Preis von $p = 8$.
Ermitteln Sie die Konsumentenrente.

8 Matrizenrechnung

8.1 Bedeutung der Matrizenrechnung

Die Matrizenrechnung - als Teil der Linearen Algebra - hat für die Wirtschaftswissenschaften eine sehr große Bedeutung.

Mit Hilfe der Matrizenrechnung lassen sich größere Datenblöcke, wie sie in der Ökonomie häufig vorkommen, kompakt verarbeiten.
Beziehungen zwischen verschiedenen Blöcken von Daten können mit der Matrizenrechnung sehr übersichtlich - wie in einer Kurzschrift - dargestellt werden.

In allen Bereichen der Wirtschaftswissenschaften, beispielsweise im Rechnungswesen, Controlling oder in der Kostenrechnung, beruhen viele Verfahren auf der Verarbeitung von Datenblöcken.
In der Volkswirtschaftslehre basiert die Input-Output-Analyse, die die Verflechtung zwischen den verschiedenen Sektoren einer Volkswirtschaft untersucht, auf der Matrizenrechnung.
Die Methoden der Linearen Optimierung im Operations Research dienen einer Entscheidungsfindung zur Lösung betrieblicher Probleme mittels mathematischer Verfahren. Auch sie gehen auf Methoden der Matrizenrechnung zurück.

Gefördert durch das Vordringen der EDV, die die rationelle Verarbeitung von großen Datenmassen ermöglicht, breitete sich die Anwendung von Methoden der Matrizenrechnung in der betrieblichen Praxis schnell aus.

8.2 Der Begriff der Matrix

Eine **Matrix** ist eine rechteckige Anordnung von Elementen. Diese Elemente stellen im allgemeinen reelle Zahlen dar; in der höheren Matrizenrechnung können die Elemente der Matrix aber auch Funktionen oder selbst wieder Matrizen sein.

$$\begin{pmatrix} a_{11} & a_{12} & a_{13} & \ldots & a_{1n} \\ a_{21} & a_{22} & a_{23} & \ldots & a_{2n} \\ \cdot & \cdot & \cdot & \cdots & \cdot \\ \cdot & \cdot & \cdot & \cdots & \cdot \\ a_{m1} & a_{m2} & a_{m3} & \cdots & a_{mn} \end{pmatrix}$$

Diese Matrix besteht aus **m Zeilen** und **n Spalten**. Sie hat m · n Elemente und wird auch als **mxn-Matrix** bezeichnet.

Die einzelnen Zahlen in der Matrix - die Elemente der Matrix - werden mit einem doppelten Index gekennzeichnet: a_{ij}

Der erste Index i gibt die Zeile an, in der das Element steht. Der Index j bezeichnet die entsprechende Spalte.

Das Element a_{34} steht beispielsweise in der 3. Zeile der 4. Spalte.

Es ist üblich, Matrizen mit Großbuchstaben des lateinischen Alphabets zu kennzeichnen (**A, B, C, ...**).

Beispiel:

Eine wichtige Aufgabe der Volkswirtschaftslehre besteht darin, die Außenhandelsbeziehungen zwischen verschiedenen Ländern zu analysieren. Vor allem bei einer größeren Zahl von Ländern ist es nur mit Hilfe der Matrizenrechnung möglich, die relevanten Zahlen übersichtlich darzustellen.

Die Außenhandelsbeziehungen der fünf Länder A, B, C, D, E innerhalb eines Jahres lassen sich wie folgt angeben:

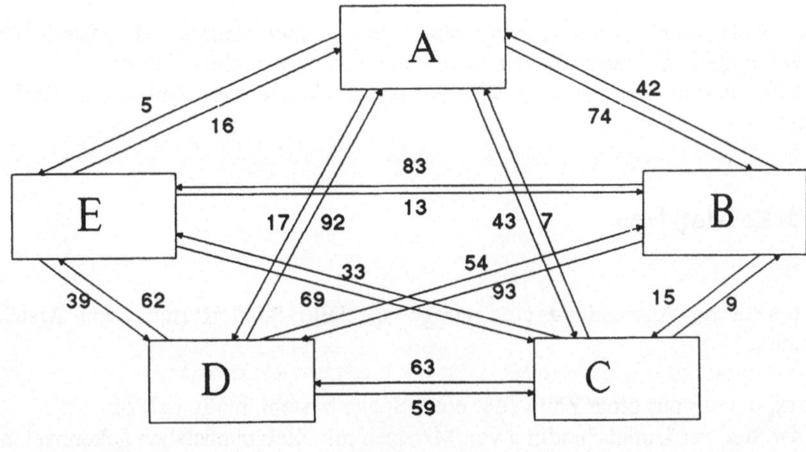

Abb. 8.2-1

In der Abbildung werden alle Exporte und Importe zwischen den fünf Ländern dargestellt. Das Land D exportiert zum Beispiel für 54 Geldeinheiten (z.B. Milliarden US-Dollar) an das Land B und importiert im gleichen Jahr für 93 Geldeinheiten Güter aus diesem Land.

Die Abbildung 8.2-1 ist sehr unübersichtlich; die Außenhandelsbeziehungen lassen sich durch eine tabellarische Darstellung folgendermaßen angeben:

Importe von Land

		A	B	C	D	E
Exporte	A	0	42	7	92	16
	B	74	0	9	54	13
in	C	43	15	0	59	69
	D	17	93	63	0	39
Land	E	5	83	33	62	0

Matrizen werden ohne die Kopfzeile und Kopfspalte geschrieben, in denen die erklärenden Kennzeichnungen stehen.

Die Außenhandelsbeziehungen zwischen den fünf Ländern lassen sich dann in Matrixschreibweise angeben:

$$A = \begin{pmatrix} 0 & 42 & 7 & 92 & 16 \\ 74 & 0 & 9 & 54 & 13 \\ 43 & 15 & 0 & 59 & 69 \\ 17 & 93 & 63 & 0 & 39 \\ 5 & 83 & 33 & 62 & 0 \end{pmatrix}$$

Die Außenhandelsbeziehungen sind jetzt übersichtlich dargestellt; weitere Berechnungen mit diesen Zahlen lassen sich nun einfach durchführen.

Es handelt sich hier um eine 5x5-Matrix, da sie aus fünf Zeilen und fünf Spalten besteht.

8.3 Spezielle Matrizen

Für die praktische Anwendung sind einige spezielle Sonderformen von Matrizen zu unterscheiden.

Eine Matrix, die nur aus einer Zeile oder einer Spalte besteht, heißt **Vektor**.
Vektoren werden zur Unterscheidung von Matrizen mit Kleinbuchstaben gekennzeichnet.

Die Matrix

$$a = \begin{pmatrix} a_1 \\ a_2 \\ a_3 \\ . \\ . \\ a_n \end{pmatrix}$$

besteht aus einer einzigen Spalte; es handelt sich um einen **Spaltenvektor**.

Die Matrix

$$\mathbf{b'} = (b_1 \; b_2 \; b_3 \; \ldots \; b_n)$$

heißt **Zeilenvektor**, da sie nur aus einer Zeile besteht.

Im neueren Schrifttum ist es üblich, Zeilenvektoren mit apostrophierten Kleinbuchstaben ($\mathbf{b'}$) zu bezeichnen, um den Unterschied zu den Spaltenvektoren auf den ersten Blick deutlich zu machen.

Eine nxn-Matrix, deren Spalten- und Zeilenanzahl gleich ist (m=n), heißt **quadratische Matrix.**
Die Elemente mit dem gleichen Index für Zeile und Spalte bilden die **Hauptdiagonale** (a_{11}, a_{22}, a_{33}, ..., a_{nn}).

Die 5x5-Matrix zur Darstellung der Außenhandelsbeziehungen von fünf Ländern ist eine quadratische Matrix.
Auf der Hauptdiagonalen stehen nur Nullen, da kein Land Güter zu sich selbst exportieren oder von sich selbst importieren kann.
$$a_{11} = a_{22} = a_{33} = a_{44} = a_{55} = 0$$

Eine **Diagonalmatrix** ist eine quadratische Matrix, bei der alle Elemente außerhalb der Hauptdiagonalen gleich Null sind.

Beispiel:

$$D = \begin{bmatrix} 5 & 0 & 0 & 0 \\ 0 & 3 & 0 & 0 \\ 0 & 0 & 1 & 0 \\ 0 & 0 & 0 & 8 \end{bmatrix}$$

Eine Diagonalmatrix, bei der alle Hauptdiagonalelemente gleich 1 sind, heißt **Einheitsmatrix.**

Beispiel:

$$E = \begin{bmatrix} 1 & 0 & 0 & 0 \\ 0 & 1 & 0 & 0 \\ 0 & 0 & 1 & 0 \\ 0 & 0 & 0 & 1 \end{bmatrix}$$

Eine quadratische Matrix, bei der entweder alle Elemente unterhalb oder oberhalb der Hauptdiagonalen den Wert Null haben, wird **obere** bzw. **untere Dreiecksmatrix** genannt.

Beispiel: Obere Dreiecksmatrix

$$A = \begin{pmatrix} 3 & 3 & 6 & 1 \\ 0 & 5 & 8 & 0 \\ 0 & 0 & 4 & 1 \\ 0 & 0 & 0 & 7 \end{pmatrix}$$

Eine Matrix, deren sämtliche Elemente den Wert Null haben, wird **Nullmatrix** genannt. Wenn diese Matrix nur eine Zeile oder eine Spalte enthält, handelt es sich um einen **Nullvektor**.

8.4 Matrizenoperationen

8.4.1 Gleichheit von Matrizen

Zwei Matrizen **A** und **B** heißen gleich (**A** = **B**), wenn alle einander entsprechenden Elemente in den Matrizen gleich sind
$(a_{ij} = b_{ij})$.

Dazu müssen **A** und **B** beide mxn-Matrizen sein, das heißt sie müssen die gleiche Spalten- und Zeilenzahl besitzen.

8.4.2 Transponierte von Matrizen

Wenn man in einer Matrix **A** vom Typ mxn die Zeilen und Spalten vertauscht, entsteht die transponierte Matrix, die mit einem hochgestellten Index T oder mit einem Apostroph versehen wird(A^T oder **A'**).
Aus a_{ij} wird dann in der transponierten Matrix a_{ji}.

A^T hat dann n Zeilen und m Spalten. Beim Transponieren ändert sich also der Typ der Matrix.

Beispiel:

$$A = \begin{pmatrix} 3 & 2,5 & 4 & 0 \\ 4,5 & 0 & 1,2 & 5 \end{pmatrix}$$

$$
\mathbf{A}^T = \begin{bmatrix} 3 & 4{,}5 \\ 2{,}5 & 0 \\ 4 & 1{,}2 \\ 0 & 5 \end{bmatrix}
$$

Die Transponierte der transponierten Matrix ergibt wieder die Ursprungsmatrix.

8.4.3 Addition von Matrizen

Addition und Subtraktion sind nur möglich, wenn die Matrizen vom gleichen Typ (von gleicher Ordnung) sind, das heißt die gleiche Zeilen- und Spaltenzahl besitzen.
Matrizen werden addiert, indem man die entsprechenden Elemente addiert.
Die Subtraktion erfolgt analog.

Beispiel:

$$
\mathbf{A} = \begin{bmatrix} a_{11} & a_{12} & a_{13} \\ a_{21} & a_{22} & a_{23} \end{bmatrix}
\qquad
\mathbf{B} = \begin{bmatrix} b_{11} & b_{12} & b_{13} \\ b_{21} & b_{22} & b_{23} \end{bmatrix}
$$

$$
\mathbf{A} + \mathbf{B} = \begin{bmatrix} a_{11}+b_{11} & a_{12}+b_{12} & a_{13}+b_{13} \\ a_{21}+b_{21} & a_{22}+b_{22} & a_{23}+b_{23} \end{bmatrix}
$$

Beispiel:

Die Lieferungen in Tonnen der Waschmittelabteilung eines Großhändlers an seine Kunden (vier Einzelhändler) sind für das erste Halbjahr eines Jahres in der folgenden Tabelle angegeben. Dabei werden vier Marken unterschieden.

Lieferungen in t im 1. Halbjahr

Marke	Kunde 1	Kunde 2	Kunde 3	Kunde 4
A	10	8	14	9
B	5	5	8	6
C	18	14	26	16
D	12	10	19	10

Im zweiten Halbjahr ergeben sich folgende Liefermengen:

Lieferungen in t im 2. Halbjahr

Marke	Kunde 1	Kunde 2	Kunde 3	Kunde 4
A	11	9	13	8
B	7	5	10	8
C	16	15	22	17
D	11	12	21	12

In Matrizenschreibweise lassen sich die beiden Tabellen vereinfacht darstellen.

$$A = \begin{bmatrix} 10 & 8 & 14 & 9 \\ 5 & 5 & 8 & 6 \\ 18 & 14 & 26 & 16 \\ 12 & 10 & 19 & 10 \end{bmatrix}$$

$$B = \begin{bmatrix} 11 & 9 & 13 & 8 \\ 7 & 5 & 10 & 8 \\ 16 & 15 & 22 & 17 \\ 11 & 12 & 21 & 12 \end{bmatrix}$$

Die Jahresliefermengen je Abnehmer und je Marke lassen sich durch die Addition der Lieferungen der beiden Halbjahre ermitteln.

Gesamtlieferung des Jahres: $C = A + B$

$$C = A + B = \begin{bmatrix} 21 & 17 & 27 & 17 \\ 12 & 10 & 18 & 14 \\ 34 & 29 & 48 & 33 \\ 23 & 22 & 40 & 22 \end{bmatrix}$$

8.4.4 Multiplikation einer Matrix mit einem Skalar

Unter einem Skalar versteht man eine beliebige reelle Zahl, also eine 1x1-Matrix. Eine Matrix A wird mit einem Skalar multipliziert, indem man jedes Element der Matrix mit dieser Zahl multipliziert.

Beispiel:

Die Waschmittel, die der Großhändler an die Einzelhändler liefert, werden nur in 10 kg-Paketen gehandelt, so daß jede Tonne aus 100 Paketen besteht.
Insgesamt wurde im betrachteten Jahr folgende Anzahl von Waschmittelpaketen verkauft:

$$D = 100 \cdot C$$

Die Zahl 100 stellt hier den Skalar dar.

Gesamtlieferung des Jahres in Paketen:

$$\mathbf{D} = 100 \cdot \mathbf{C} = \begin{bmatrix} 2.100 & 1.700 & 2.700 & 1.700 \\ 1.200 & 1.000 & 1.800 & 1.400 \\ 3.400 & 2.900 & 4.800 & 3.300 \\ 2.300 & 2.200 & 4.000 & 2.200 \end{bmatrix}$$

8.4.5 Skalarprodukt von Vektoren

Die Multiplikation eines Zeilenvektors mit einem Spaltenvektor, die beide die gleiche Anzahl von Elementen enthalten, ergibt einen Skalar.

Zeilenvektor $\quad \mathbf{a'} = (a_1 \; a_2 \; a_3 \; \dots \; a_n)$

Spaltenvektor $\quad \mathbf{b} = \begin{bmatrix} b_1 \\ b_2 \\ b_3 \\ \cdot \\ \cdot \\ b_n \end{bmatrix}$

Das Skalarprodukt $\mathbf{a'} \cdot \mathbf{b}$ errechnet sich durch Summation der Produkte $a_i \cdot b_i$.

$$\mathbf{a'} \cdot \mathbf{b} = (a_1 \; a_2 \; a_3 \; \dots \; a_n) \begin{bmatrix} b_1 \\ b_2 \\ b_3 \\ \cdot \\ \cdot \\ b_n \end{bmatrix}$$

$$= a_1 \cdot b_1 + a_2 \cdot b_2 + a_3 \cdot b_3 + \dots + a_n \cdot b_n = \sum_{i=1}^{n} a_i \cdot b_i$$

Die Berechnung des Skalarproduktes ist nur bei Vektoren mit gleicher Elementanzahl möglich.

Beispiel:

Aus der Matrix C des Beispiels zu den Waschmittelverkäufen eines Großhändlers läßt sich die gesamte Absatzmenge in Tonnen der einzelnen Waschmittelmarken durch Summation über die vier Kunden errechnen.

Von Marke A wurden vom Großhändler insgesamt 82 t verkauft, von B 54 t, von C 144 t und von D 107 t.

Die Verkaufsmengen lassen sich als Zeilenvektor darstellen:

$$x' = (82 \quad 54 \quad 144 \quad 107)$$

Die Deckungsbeiträge, die der Großhändler aus jeder Tonne bezieht, betragen bei Marke A 110,- DM, bei B 190,- DM, bei C 130,- DM und bei D 95,- DM.

Als Spaltenvektor dargestellt ergibt sich der Vektor d.

$$d = \begin{bmatrix} 110 \\ 190 \\ 130 \\ 95 \end{bmatrix}$$

Durch die Berechnung des Skalarproduktes ist es möglich, den insgesamt erreichten Deckungsbeitrag zu ermitteln.

$$x' \cdot d = (82 \quad 54 \quad 144 \quad 107) \cdot \begin{bmatrix} 110 \\ 190 \\ 130 \\ 95 \end{bmatrix}$$

$$= 82 \cdot 110 + 54 \cdot 190 + 144 \cdot 130 + 107 \cdot 95$$
$$= 48.165$$

Insgesamt erzielt der Großhändler durch den Verkauf der vier Waschmittel an die vier Kunden einen Deckungsbeitrag von 48.165 DM.

Die Multiplikation eines Spaltenvektors mit einem Zeilenvektor ($b \cdot a'$) ergibt dagegen eine Matrix und nicht einen Skalar (vgl. Multiplikation von Matrizen).

Eine Vertauschung der Vektoren bei der Multiplikation führt also nicht zum gleichen Ergebnis.

8.4.6 Multiplikation von Matrizen

Die Multiplikation von Matrizen soll anhand eines Beispiels erläutert werden.

Beispiel:

Eine Krankenhausverwaltung mit fünf angeschlossenen Krankenhäusern sucht Bäckereien zur Belieferung mit Brot, Brötchen und Kuchen. Durch eine Ausschreibung soll der günstigste Lieferant gefunden werden.
Vier Firmen (B_1, B_2, B_3, B_4) bewerben sich um die Belieferung der Krankenhäuser.
Die Preise, die die Bäckereien verlangen, sind in folgender Tabelle zusammengestellt (in DM):

Bäckerei	Brot (Sorte G)	Brötchen (einfach)	Kuchen (Sorte S)
B_1	1,90	0,20	0,45
B_2	1,85	0,21	0,44
B_3	2,00	0,18	0,50
B_4	1,93	0,20	0,43

Die Krankenhausverwaltung benötigt die folgenden Mengen für die fünf Krankenhäuser (K_1, K_2, K_3, K_4, K_5):

	K_1	K_2	K_3	K_4	K_5
Brot (Sorte G)	190	150	170	250	90
Brötchen (einfach)	1400	1000	800	1250	800
Kuchen (Sorte S)	600	300	300	500	200

Zum Vergleich der Angebote durch die vier Lieferanten lassen sich die Gesamtpreise pro Bäckerei für den Bedarf eines jeden Krankenhauses ermitteln. Durch Multiplikation der Preise der jeweiligen Lieferanten mit den Bedarfsmengen der einzelnen Produkte für jedes Krankenhaus ergeben sich die Gesamtkosten.

Für das Krankenhaus K_1 beispielsweise entstehen bei Belieferung durch die Bäckerei B_1 Gesamtkosten in Höhe von:

$$190 \cdot 1{,}90 + 1.400 \cdot 0{,}20 + 600 \cdot 0{,}45 = 911 \text{ DM}$$

Es werden also die Elemente der ersten Zeile von der ersten Tabelle mit den entsprechenden Elementen der ersten Spalte aus der zweiten Tabelle multipliziert und aufsummiert.

Entsprechend lassen sich die übrigen Gesamtkosten berechnen.

Bäckerei	K_1	K_2	K_3	K_4	K_5
B_1	911	620	618	950	421
B_2	909,5	619,5	614,5	945	422,5
B_3	932	630	634	975	424
B_4	904,7	618,5	617,1	947,5	419,7

Die Krankenhausverwaltung sollte die Krankenhäuser K_1, K_2 und K_5 von der Bäckerei B_4 und die anderen beiden K_3 und K_4 von B_2 beliefern lassen, um die Gesamtkosten zu minimieren.

Die Berechnung der Kostentabelle für jedes Krankenhaus und jeden Lieferanten entspricht der **Multiplikation von zwei Matrizen.**

Wenn man die Tabellen als Matrizen auffaßt, sind die Elemente der Gesamtkostenmatrix **Skalarprodukte** der Zeilen der ersten Matrix mit den Spalten der zweiten Matrix.

$$A = \begin{bmatrix} 1,90 & 0,20 & 0,45 \\ 1,85 & 0,21 & 0,44 \\ 2,00 & 0,18 & 0,50 \\ 1,93 & 0,20 & 0,43 \end{bmatrix}$$

$$B = \begin{bmatrix} 190 & 150 & 170 & 250 & 90 \\ 1400 & 1000 & 800 & 1250 & 800 \\ 600 & 300 & 300 & 500 & 200 \end{bmatrix}$$

$$C = A \cdot B = \begin{bmatrix} 911 & 620 & 618 & 950 & 421 \\ 909,5 & 619,5 & 614,5 & 945 & 422,5 \\ 932 & 630 & 634 & 975 & 424 \\ 904,7 & 618,5 & 617,1 & 947,5 & 419,7 \end{bmatrix}$$

Beispielsweise ergibt sich der Wert $c_{34} = 975$ als Skalarprodukt der dritten Zeile von A (Preise der Bäckerei B_3) mit der vierten Spalte von B (Bedarfsmengen des Krankenhauses K_4):

$$a_{31} \cdot b_{14} + a_{32} \cdot b_{24} + a_{33} \cdot b_{34} = c_{34}$$

Allgemein berechnet sich c_{ik}:

$$c_{ij} = \sum_{k=1}^{n} a_{ik} \cdot b_{kj}$$

C hat die Zeilenzahl von **A** und die Spaltenzahl von **B**.

Das Produkt **C** aus den Matrizen **A** und **B** ist nur definiert, wenn die Spaltenzahl der ersten Matrix mit der Zeilenzahl der zweiten übereinstimmt.

Mit Hilfe des **Falkschen Schemas** wird eine anschauliche Berechnung von Matrizenmultiplikationen möglich und die Gefahr von Fehlern durch das Vertauschen von Zeilen und Spalten verringert.

$$\mathbf{A} = \begin{bmatrix} a_{11} & a_{12} \\ a_{21} & a_{22} \\ a_{31} & a_{32} \\ a_{41} & a_{42} \end{bmatrix}$$

$$\mathbf{B} = \begin{bmatrix} b_{11} & b_{12} & b_{13} \\ b_{21} & b_{22} & b_{23} \end{bmatrix}$$

Falksches Schema zur Berechnung von $\mathbf{C} = \mathbf{A} \cdot \mathbf{B}$

$$\begin{bmatrix} b_{11} & b_{12} & b_{13} \\ b_{21} & b_{22} & b_{23} \end{bmatrix}$$

$$\begin{bmatrix} a_{11} & a_{12} \\ a_{21} & a_{22} \\ a_{31} & a_{32} \\ a_{41} & a_{42} \end{bmatrix} \quad \begin{bmatrix} c_{11} & c_{12} & c_{13} \\ c_{21} & c_{22} & c_{23} \\ c_{31} & c_{32} & c_{33} \\ c_{41} & c_{42} & c_{43} \end{bmatrix}$$

A und **B** sind multiplizierbar, da die Spaltenzahl von **A** mit der Zeilenzahl von **B** übereinstimmt.

Durch die Anordnung der Matrizen nach obigem Schema wird deutlich, daß c_{32} das Skalarprodukt der dritten Zeile von **A** und der zweiten Spalte von **B** darstellt.

$$c_{32} = a_{31} \cdot b_{12} + a_{32} \cdot b_{22}$$

Beispiel:

$$A = \begin{bmatrix} 3 & 4 \\ 1 & 6 \\ 7 & 5 \\ 0 & 3 \end{bmatrix} \qquad B = \begin{bmatrix} 3 & 8 & 7 \\ 1 & 7 & 5 \end{bmatrix}$$

$$C = A \cdot B$$

$$\begin{bmatrix} 3 & 8 & 7 \\ 1 & 7 & 5 \end{bmatrix}$$

$$\begin{bmatrix} 3 & 4 \\ 1 & 6 \\ 7 & 5 \\ 0 & 3 \end{bmatrix} \qquad \begin{bmatrix} 13 & 52 & 41 \\ 9 & 50 & 37 \\ 26 & 91 & 74 \\ 6 & 21 & 15 \end{bmatrix}$$

c_{22} errechnet sich z.B. als

$$c_{22} = 1 \cdot 8 + 6 \cdot 7 = 50$$

In diesem Beispiel ist die Multiplikation von **B** · **A** nicht definiert.

Die Matrizenmultiplikation ist nicht kommutativ. Es kommt im Gegensatz zur Multiplikation von reellen Zahlen auf die Reihenfolge an.

$$A \cdot B \neq B \cdot A$$

Beispiel:

Die Kostentabelle für jedes Krankenhaus nach den Angeboten der Lieferanten soll nun durch Matrizenmultiplikation mit Hilfe des Falkschen Schemas berechnet werden.

$$A = \begin{bmatrix} 1{,}90 & 0{,}20 & 0{,}45 \\ 1{,}85 & 0{,}21 & 0{,}44 \\ 2{,}00 & 0{,}18 & 0{,}50 \\ 1{,}93 & 0{,}20 & 0{,}43 \end{bmatrix}$$

$$B = \begin{pmatrix} 190 & 150 & 170 & 250 & 90 \\ 1400 & 1000 & 800 & 1250 & 800 \\ 600 & 300 & 300 & 500 & 200 \end{pmatrix}$$

$$\begin{pmatrix} 190 & 150 & 170 & 250 & 90 \\ 1400 & 1000 & 800 & 1250 & 800 \\ 600 & 300 & 300 & 500 & 200 \end{pmatrix}$$

$$\begin{pmatrix} 1{,}90 & 0{,}20 & 0{,}45 \\ 1{,}85 & 0{,}21 & 0{,}44 \\ 2{,}00 & 0{,}18 & 0{,}50 \\ 1{,}93 & 0{,}20 & 0{,}43 \end{pmatrix} \begin{pmatrix} 911 & 620 & 618 & 950 & 421 \\ 909{,}5 & 619{,}5 & 614{,}5 & 945 & 422{,}5 \\ 932 & 630 & 634 & 975 & 424 \\ 904{,}7 & 618{,}5 & 617{,}1 & 947{,}5 & 419{,}7 \end{pmatrix}$$

In den Wirtschaftswissenschaften wird die Matrizenrechnung häufig zur Analyse von zweistufigen Produktionsprozessen benötigt.

Beispiel: Analyse von zweistufigen Produktionsprozessen

In einem Unternehmen werden aus drei Rohstoffen vier verschiedene Zwischenprodukte gefertigt, die wieder der Herstellung von zwei verschiedenen Endprodukten dienen.

Rohstoffe	Rohstoffbedarf für Zwischenprodukte			
	Z_1	Z_2	Z_3	Z_4
R_1	2	4	4	3
R_2	2	0	1	5
R_3	1	3	0	2

Um eine Einheit von Z_3 zu fertigen, werden vier Einheiten R_1 und eine Einheit R_2 benötigt.

In Matrizenschreibweise ergibt sich:

$$A = \begin{pmatrix} 2 & 4 & 4 & 3 \\ 2 & 0 & 1 & 5 \\ 1 & 3 & 0 & 2 \end{pmatrix}$$

Wie groß ist der Rohstoffverbrauch pro Mengeneinheit der Endprodukte, wenn:

Zwischenprodukte	Zwischenproduktbedarf für Endprodukte	
	E_1	E_2
Z_1	5	0
Z_2	1	2
Z_3	0	4
Z_4	2	3

$$B = \begin{pmatrix} 5 & 0 \\ 1 & 2 \\ 0 & 4 \\ 2 & 3 \end{pmatrix}$$

Durch folgenden Gozintographen läßt sich die Situation darstellen:

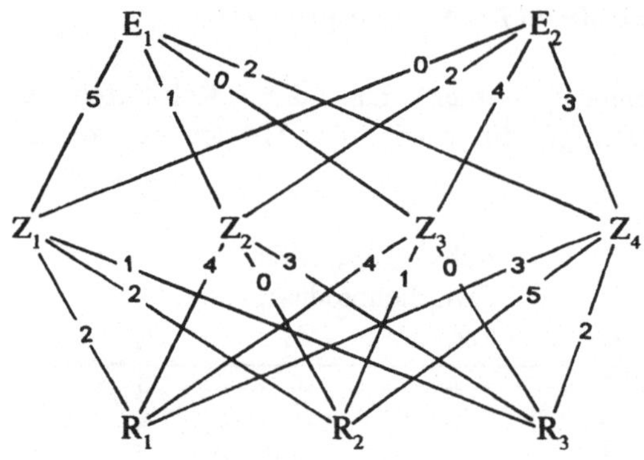

Durch Multiplikation der Matrizen läßt sich der Rohstoffverbrauch pro Mengeneinheit der Endprodukte ermitteln.

$$A \cdot B = C$$

$$\begin{pmatrix} 2 & 4 & 4 & 3 \\ 2 & 0 & 1 & 5 \\ 1 & 3 & 0 & 2 \end{pmatrix} \cdot \begin{pmatrix} 5 & 0 \\ 1 & 2 \\ 0 & 4 \\ 2 & 3 \end{pmatrix} = \begin{pmatrix} 20 & 33 \\ 20 & 19 \\ 12 & 12 \end{pmatrix}$$

Rohstoffe	Rohstoffbedarf für Endprodukt	
	E_1	E_2
R_1	20	33
R_2	20	19
R_3	12	12

Zur Produktion einer Mengeneinheit des Endproduktes E_1 werden also 20 Mengeneinheiten des Rohstoffs R_1, ebenfalls 20 Einheiten R_2 sowie 12 Mengeneinheiten von R_3 benötigt.

Wieviel Geld muß das Unternehmen für die einzelnen Endprodukte für Rohstoffe pro Zeitperiode bezahlen, wenn:

Rohstoff	Preis (in DM)
R_1	20,-
R_2	15,-
R_3	35,-

$$(20\ \ 15\ \ 35) \begin{pmatrix} 20 & 33 \\ 20 & 19 \\ 12 & 12 \end{pmatrix} = (1120\ \ 1365)$$

Das Unternehmen muß für die Produktion von jeweils einer Einheit von Endprodukt E_1 DM 1.120,- und für das Endprodukt E_2 DM 1.365,- pro Zeitperiode bezahlen.

8.4.7 Inverse einer Matrix

Eine quadratische Matrix A^{-1}, die mit der quadratischen Matrix A multipliziert die Einheitsmatrix ergibt, heißt **inverse Matrix**. Dabei ist es gleichgültig, ob die Multiplikation von rechts oder links erfolgt.

$$A \cdot A^{-1} = A^{-1} \cdot A = E$$

Die Inverse ist nur für quadratische Matrizen definiert.
Allerdings existiert nicht für jede quadratische Matrix eine Inverse.

Beispiel:

$$A = \begin{pmatrix} 1 & 3 \\ -2 & -2 \end{pmatrix}$$

$$A^{-1} = \begin{pmatrix} -0{,}5 & -0{,}75 \\ 0{,}5 & 0{,}25 \end{pmatrix}$$

$$A \cdot A^{-1} = \begin{pmatrix} 1 & 0 \\ 0 & 1 \end{pmatrix} = A^{-1} \cdot A$$

Praktisches Verfahren zur Berechnung einer Inversen:

1. Bildung einer erweiterten Matrix
   (Anhängen der entsprechenden Einheitsmatrix an die Matrix **A**, zu der die Inverse gebildet werden soll)

2. Umformung der Matrix **A** in die Einheitsmatrix ausschließlich durch folgende Zeilenumformungen:
   - **Multiplikation** (Division) einer Zeile mit einer Konstanten (ungleich Null)
   - **Addition** (Subtraktion) einer Zeile zu einer anderen Zeile
   - **Vertauschen** von zwei Zeilen
   wobei jeweils dieselben Umformungen an der entsprechenden Zeile der angehängten Einheitsmatrix vorgenommen werden müssen.

3. Gelingt die Umformung von **A** in die Einheitsmatrix, so ist die angehängte Matrix die Inverse A^{-1}.

   Gelingt die Umformung nicht, existiert zu **A** keine Inverse A^{-1}.

Beispiel:

$$A = \begin{pmatrix} 3 & 1 \\ 5 & 0 \end{pmatrix}$$

1. $\begin{pmatrix} 3 & 1 & \vline & 1 & 0 \\ 5 & 0 & \vline & 0 & 1 \end{pmatrix}$

2. $\begin{pmatrix} 3 & 1 & \vline & 1 & 0 \\ 5 & 0 & \vline & 0 & 1 \end{pmatrix}$ Vertauschen der beiden Zeilen

$\begin{pmatrix} 5 & 0 & \vline & 0 & 1 \\ 3 & 1 & \vline & 1 & 0 \end{pmatrix}$ 1. Zeile: Division durch 5

$$\begin{pmatrix} 1 & 0 & \bigm| & 0 & 0{,}2 \\ 3 & 1 & \bigm| & 1 & 0 \end{pmatrix}, \qquad \text{1. Zeile: Multiplikation mit (-3) und Addition zur 2. Zeile}$$

$$\begin{pmatrix} 1 & 0 & \bigm| & 0 & 0{,}2 \\ 0 & 1 & \bigm| & 1 & -0{,}6 \end{pmatrix}$$

3.   Die Umformung von **A** zur Einheitsmatrix ist gelungen. Also existiert die Inverse $\mathbf{A}^{-1}$ und

$$\mathbf{A}^{-1} = \begin{pmatrix} 0 & 0{,}2 \\ 1 & -0{,}6 \end{pmatrix}$$

Probe: Zu zeigen ist, daß $\mathbf{A} \cdot \mathbf{A}^{-1} = \mathbf{A}^{-1} \cdot \mathbf{A} = \mathbf{E}$

$$\begin{pmatrix} 3 & 1 \\ 5 & 0 \end{pmatrix} \cdot \begin{pmatrix} 0 & 0{,}2 \\ 1 & -0{,}6 \end{pmatrix} = \begin{pmatrix} 1 & 0 \\ 0 & 1 \end{pmatrix}$$

$$\begin{pmatrix} 0 & 0{,}2 \\ 1 & -0{,}6 \end{pmatrix} \cdot \begin{pmatrix} 3 & 1 \\ 5 & 0 \end{pmatrix} = \begin{pmatrix} 1 & 0 \\ 0 & 1 \end{pmatrix}$$

8.4.8 Input-Output-Analyse

Bei der Input-Output-Analyse wird eine sektoral verflochtene Einheit (z.B. eine Volkswirtschaft) untersucht. Die Produktionsmenge eines Sektors (Output) wird zum Teil in die eigene Produktion, zum Teil an die übrigen Sektoren (endogener Input) geliefert und der Rest steht der externen Nachfrage (z.B. zum Verkauf) zur Verfügung; zusätzlich werden (unabhängig vom endogenen Input) verschiedene Rohstoffe für die Produktion benötigt (exogener Input).

Folgende Symbole werden verwandt:

E_I : endogener Input, endogener Verbrauch
X : Gesamtproduktionsvektor, Output
Y : Endnachfrage
A : Produktionskoeffizientenmatrix
R : Rohstoffverbrauchskoeffizientenmatrix
r : Rohstoffverbrauchsvektor, exogener Input

Neben der Analyse der aktuellen Situation erlaubt die Input-Output-Analyse die Beantwortung folgender Problemstellungen:

1. Wenn die Produktionsdaten für die einzelnen Sektoren vorgegeben sind:
   Welcher Endverbrauch und welcher Rohstoffverbrauch ergibt sich dann?

2. Wenn eine bestimmte Endnachfrage befriedigt werden soll:
   Wie hoch ist die erforderliche Gesamtproduktion der einzelnen Sektoren und der jeweilige Rohstoffverbrauch?

3. Wenn die Rohstoffmengen vorgegeben sind:
   Wie hoch ist die Gesamtproduktion der einzelnen Sektoren und was steht für die Endnachfrage zur Verfügung?

Beispiel:

Ein Unternehmen bestehe aus drei produzierenden Abteilungen A, B, C und verwendet zwei Rohstoffe R_1 und R_2. In einem Berichtszeitraum ergaben sich folgende Daten:

	(endogener Verbrauch) empfangende Abteilung			Endnachfrage
Abteilung	A	B	C	
A	2	5	10	3
B	5	6	6	13
C	8	4	12	16
Rohstoff in Mengeneinheit	A	B	C	
R_1	40	30	40	
R_2	30	50	20	

Als Gesamtproduktion ergibt sich für die einzelnen Sektoren:

$$\text{Gesamtproduktion} = \text{Endogener Verbrauch} + \text{Endnachfrage}$$
$$X = E_I + Y$$

$$X = \begin{pmatrix} 17 \\ 17 \\ 24 \end{pmatrix} + \begin{pmatrix} 3 \\ 13 \\ 16 \end{pmatrix} = \begin{pmatrix} 20 \\ 30 \\ 40 \end{pmatrix}$$

Die Matrix $\begin{pmatrix} 2 & 5 & 10 \\ 5 & 6 & 6 \\ 8 & 4 & 12 \end{pmatrix}$ gibt an,

wieviel Einheiten der Gesamtproduktion einer Abteilung für den endogenen Verbrauch benötigt werden. Ändert sich die Produktion, ändert sich auch die Matrix.

Gibt man dagegen den endogenen Input bezogen auf den Output an (d.h. wieviele Mengeneinheiten der Produkte benötigt jede Abteilung von sich und den anderen Abteilungen, um eine Einheit des eigenen Produktes herzustellen), so erhält man die Produktionskoeffizientenmatrix A, die unabhängig von der tatsächlichen Produktion die Verflechtungen des endogenen Verbrauchs angibt.

Die Produktionskoeffizientenmatrix errechnet sich folgendermaßen:

$$
\begin{pmatrix} 2 & 5 & 10 \\ 5 & 6 & 6 \\ 8 & 4 & 12 \end{pmatrix}
\xrightarrow{\text{Input bezogen auf Output}}
\begin{pmatrix} \frac{2}{20} & \frac{5}{30} & \frac{10}{40} \\ \frac{5}{20} & \frac{6}{30} & \frac{6}{40} \\ \frac{8}{20} & \frac{4}{30} & \frac{12}{40} \end{pmatrix}
\longrightarrow
\begin{pmatrix} 0,1 & 0,1\overline{6} & 0,25 \\ 0,25 & 0,2 & 0,15 \\ 0,4 & 0,1\overline{3} & 0,3 \end{pmatrix}
$$

Produktionskoef-
fizientenmatrix A

Zum Beispiel bedeutet die Zahl 0,25 in der 1. Spalte und 2. Zeile von A, daß die Abteilung A von der Abteilung B 0,25 Einheiten von Produkt B benötigt, um eine Mengeneinheit des Produktes A herzustellen.

Die Produktionskoeffizientenmatrix A multipliziert mit dem jeweils geltenden Gesamtproduktionsvektor X, gibt den tatsächlichen endogenen Input E_I bei einer bestimmten Produktionslage an:

$$E_I = A \cdot X$$
$$X = A \cdot X + Y$$

Ebenso kann der benötigte Rohstoffverbrauch bezogen auf eine Produktionseinheit der Abteilungen A, B, C mit Hilfe der Rohstoffverbrauchskoeffizientenmatrix angegeben werden.

$$
\begin{pmatrix} 40 & 30 & 40 \\ 30 & 50 & 20 \end{pmatrix}
\xrightarrow{\substack{\text{Rohstoffverbrauch} \\ \text{bezogen auf Output}}}
\begin{pmatrix} \frac{40}{20} & \frac{30}{30} & \frac{40}{40} \\ \frac{30}{20} & \frac{50}{30} & \frac{20}{40} \end{pmatrix}
\longrightarrow
\begin{pmatrix} 2 & 1 & 1 \\ 1,5 & 1,\overline{6} & 0,5 \end{pmatrix}
$$

Rohstoffverbrauchs-
koeffizientenmatrix R

Sie gibt für die jeweilige Abteilung an, wieviel Einheiten der Rohstoffe R_1 und R_2 gebraucht werden, um eine Einheit des eigenen Produktes herzustellen.

Die Rohstoffverbrauchskoeffizientenmatrix R multipliziert mit dem jeweils geltenden Gesamtproduktionsvektor X ergibt den tatsächlichen Rohstoffverbrauch r.

$$r = R \cdot X$$

1. Problemstellung: Welcher Endverbrauch und welcher Rohstoffverbrauch ergibt sich bei einer Produktionsvorgabe von:

$$X = \begin{pmatrix} 20 \\ 40 \\ 20 \end{pmatrix}$$

Endverbrauch: $X = A \cdot X + Y$
$$Y = X - A \cdot X$$
$$= E \cdot X - A \cdot X$$
$$= (E - A) \cdot X$$

$$= \left[\begin{pmatrix} 1 & 0 & 0 \\ 0 & 1 & 0 \\ 0 & 0 & 1 \end{pmatrix} - \begin{pmatrix} 0{,}1 & 0{,}1\overline{6} & 0{,}25 \\ 0{,}25 & 0{,}2 & 0{,}15 \\ 0{,}4 & 0{,}1\overline{3} & 0{,}3 \end{pmatrix} \right] \cdot \begin{pmatrix} 20 \\ 40 \\ 20 \end{pmatrix}$$

$$= \begin{pmatrix} 0{,}9 & -0{,}1\overline{6} & -0{,}25 \\ -0{,}25 & 0{,}8 & -0{,}15 \\ -0{,}4 & -0{,}1\overline{3} & 0{,}7 \end{pmatrix} \cdot \begin{pmatrix} 20 \\ 40 \\ 20 \end{pmatrix}$$

$$= \begin{pmatrix} 6{,}\overline{3} \\ 24 \\ 0{,}\overline{6} \end{pmatrix}$$

Für den Endverbrauch stehen $6{,}\overline{3}$ Mengeneinheiten von Produkt A, 24 von Produkt B und $0{,}\overline{6}$ von Produkt C zur Verfügung.

Rohstoffverbrauch: $r = R \cdot X$

$$r = \begin{pmatrix} 2 & 1 & 1 \\ 1{,}5 & 1{,}\overline{6} & 0{,}5 \end{pmatrix} \cdot \begin{pmatrix} 20 \\ 40 \\ 20 \end{pmatrix}$$

$$= \begin{pmatrix} 100 \\ 106{,}\overline{6} \end{pmatrix}$$

Es werden 100 Mengeneinheiten von Rohstoff R_1 und $106{,}\overline{6}$ von Rohstoff R_2 benötigt.

2. Problemstellung: Folgende Endnachfrage soll befriedigt werden:

$$Y = \begin{pmatrix} 10 \\ 30 \\ 20 \end{pmatrix}$$

Wie hoch ist die erforderliche Gesamtproduktion der einzelnen Sektoren und der jeweilige Rohstoffverbrauch?

$$X = A \cdot X + Y$$
$$Y = X - A \cdot X$$
$$Y = (E - A) \cdot X$$
$$(E - A)^{-1} \cdot Y = (E - A)^{-1} \cdot (E - A) \cdot X = X$$

$$X = (E - A)^{-1} \cdot Y$$

$$X = \begin{pmatrix} 1,5062 & 0,4184 & 0,6276 \\ 0,6555 & 1,4783 & 0,5509 \\ 0,9855 & 0,5206 & 1,8921 \end{pmatrix} \cdot \begin{pmatrix} 10 \\ 30 \\ 20 \end{pmatrix}$$

$$= \begin{pmatrix} 40,167 \\ 61,924 \\ 63,319 \end{pmatrix}$$

$$r = R \cdot X$$

$$r = \begin{pmatrix} 2 & 1 & 1 \\ 1,5 & 1,\overline{6} & 0,5 \end{pmatrix} \cdot \begin{pmatrix} 40,167 \\ 61,924 \\ 63,319 \end{pmatrix} = \begin{pmatrix} 205,57 \\ 195,11 \end{pmatrix}$$

3. Problemstellung: Die Rohstoffe sind auf folgende Mengen beschränkt: $R_1 = 220$ ME und $R_2 = 200$ ME. Wie hoch ist die mögliche Gesamtproduktion der einzelnen Sektoren und welche Endnachfrage kann befriedigt werden?

$$r = R \cdot X$$
$$R^{-1} \cdot r = X$$

Da R keine invertierbare Matrix ist (sie ist nicht quadratisch) ist die letzte Gleichung bei diesem Beispiel nicht nutzbar.

Aus der 1. Gleichung ergibt sich aber folgendes Gleichungssystem:

$$220 = \begin{pmatrix} 2 & 1 & 1 \end{pmatrix} \begin{pmatrix} x_1 \\ x_2 \\ x_3 \end{pmatrix} = 2x_1 + x_2 + x_3$$

$$200 = \begin{pmatrix} 1,5 & 1,\overline{6} & 0,5 \end{pmatrix} \begin{pmatrix} x_1 \\ x_2 \\ x_3 \end{pmatrix} = 1,5x_1 + 1,\overline{6}\,x_2 + 0,5x_3$$

Durch Umformungen ergibt sich folgender Zusammenhang:

$x_1 = 180 - 2,\overline{3}\,x_2$

$x_3 = -140 + 3,\overline{6}\,x_2$

Dieses Gleichungssystem hat viele Lösungen z.B. $x_3 = 60$ ME.
Daraus folgt für $x_1 = 52,73$ ME $x_2 = 54,\overline{54}$ ME.
Bei dieser Produktion ergibt sich eine Nachfrage von:

$$Y = X - AX = (E - A) \cdot X = \begin{pmatrix} 0,9 & -0,1\overline{6} & -0,25 \\ -0,25 & 0,8 & -0,15 \\ -0,4 & -0,1\overline{3} & 0,7 \end{pmatrix} \begin{pmatrix} 52,73 \\ 54,\overline{54} \\ 60 \end{pmatrix} = \begin{pmatrix} 23,36 \\ 21,45 \\ 13,64 \end{pmatrix}$$

Es stehen also bei einer vorgegebenen Menge von 220 ME von Rohstoff R_1 und 200 ME von Rohstoff R_2 und von einer gewählten Produktionszahl von Abteilung C von 60 Einheiten maximal 23,36 Einheiten von Produkt A, 21,45 Einheiten von Produkt B und 13,64 Einheiten von Produkt C für die Nachfrage zur Verfügung.

Aufgaben:

8.4.1. Führen Sie folgende Matrizenoperationen durch, oder begründen Sie, warum das nicht möglich ist.

$$\text{a)} \begin{pmatrix} 1 & 7 \\ 8 & 3 \\ 2 & 8 \end{pmatrix} \cdot \begin{pmatrix} 5 \\ 6 \\ 3 \end{pmatrix}$$

$$\text{b)} \begin{pmatrix} 9 & 6 & -2 \end{pmatrix} \cdot \begin{pmatrix} 1 & 0 & -3 & 2 \\ 3 & 7 & 5 & 0 \\ 3 & 9 & 6 & -6 \end{pmatrix}$$

$$\text{c)} \begin{pmatrix} 8 & 6 \\ 8 & -4 \\ 6 & 4 \end{pmatrix} \cdot \begin{pmatrix} 5 & -5 & 3 \\ 7 & 0 & -5 \end{pmatrix}$$

d) $\begin{pmatrix} 6 & 8 & 9 \\ 8 & 4 & 9 \\ 5 & 4 & 9 \end{pmatrix} - \begin{pmatrix} 6 & 4 & 5 \\ 8 & 4 & 5 \\ 4 & 4 & 0 \end{pmatrix}$

e) $\begin{pmatrix} 1 \\ -3 \\ 6 \end{pmatrix} \cdot (1 \quad 8)$

f) $(9 \quad 5 \quad 0) \cdot \begin{pmatrix} 8 \\ 6 \\ 2 \end{pmatrix}$

g) $\begin{pmatrix} 6 & 6 \\ 1 & 9 \end{pmatrix} \cdot \begin{pmatrix} -4 & -3 \\ -9 & -4 \end{pmatrix}$

und Multiplikation in umgekehrter Reihenfolge

h) $\begin{pmatrix} 0 & -8 & 5 \\ 6 & 3 & -2 \end{pmatrix} + \begin{pmatrix} 5 & 4 \\ -3 & 0 \end{pmatrix}$

i) $\begin{pmatrix} 1 & -6 & 2 \\ -7 & 3 & 2 \\ 8 & 0 & -6 \end{pmatrix} \cdot \begin{pmatrix} 1 & 0 & 0 \\ 0 & 1 & 0 \\ 0 & 0 & 1 \end{pmatrix}$

8.4.2. Ein Unternehmen stellt drei Produkte her (P_1, P_2, P_3) und benötigt für die Produktion drei Maschinen (M_1, M_2, M_3).

Die notwendigen Maschinenzeiten sind in der folgenden Tabelle aufgeführt:

	Maschinenzeiten in Min.		
	M_1	M_2	M_3
P_1	2	8	6
P_2	5	8	5
P_3	4	6	6

Für die beiden Halbjahre eines Jahres sind folgende Absatzmengen geplant:

	1. Halbj.	2. Halbj.
P_1	80	100
P_2	100	90
P_3	50	40

a) Welche Maschinenzeiten bei den drei Maschinen werden zur Herstellung der für das erste Halbjahr geplanten Mengen benötigt?

b) Die Preise für die drei Produkte werden in beiden Halbjahren gleich sein:

	Preis
P_1	40
P_2	60
P_3	70

Wie hoch sind die gesamten Umsätze in den beiden Halbjahren?

c) Welche Betriebskosten werden durch die Produktion im ersten Halbjahr verursacht, wenn eine Betriebsstunde bei M_1 30 DM, bei M_2 54 DM und bei M_3 66 DM kostet?

d) Zu den Betriebskosten kommen im ersten Halbjahr nur noch Kosten für Einzelteile in folgender Höhe pro Mengeneinheit der Endprodukte hinzu:

	Kosten für Einzelteile
P_1	24
P_2	28
P_3	15

Wie hoch wird der Gewinn des ersten Halbjahres sein?

8.4.3. Die Matrizenrechnung findet in der Ökonomie eine wichtige Anwendung, wenn die Materialverflechtungen in einem mehrstufigen Produktionsprozeß analysiert werden sollen.

Ein Unternehmen stellt in einem mehrstufigen Produktionsprozeß aus den Rohstoffen R_1, R_2 und R_3 die Halbfertigfabrikate H_1, H_2 und H_3 her.
Daraus werden die Einzelteile E_1, E_2 und E_3 montiert, aus denen dann in der letzten Stufe die Endprodukte P_1 und P_2 montiert werden.
Für eine Mengeneinheit der Halbfertigfabrikate werden folgende Rohstoffmengen verbraucht:

	H_1	H_2	H_3
R_1	2	4	2
R_2	5	8	8
R_3	5	3	2

Der Verbrauch der Halbfertigfabrikate für die Einzelteile ist:

	E_1	E_2	E_3
H_1	2	5	0
H_2	7	5	4
H_3	3	4	7

In der letzten Stufe werden dann folgende Mengen der Einzelteile für die
Endprodukte benötigt:

	P_1	P_2
E_1	9	8
E_2	6	4
E_3	1	8

Stellen Sie die Matrix auf, die den Gesamtverbrauch an Rohstoffen für die
Endprodukte angibt.

8.5 Lineare Gleichungssysteme

8.5.1 Problemstellung und ökonomische Bedeutung

Gleichungssysteme treten in vielen Bereichen der Wirtschaftswissenschaften auf;
beispielsweise bei Schnittpunktbestimmungen, bei der Ermittlung des Cournotschen Punktes
und bei der linearen Optimierung.
Wie im zweiten Kapitel beschrieben, treten die Variablen in einer linearen Gleichung nur in
der ersten Potenz auf.

Eine lineare Gleichung mit mehreren Variablen hat allgemein die Form:

$$a_1 \cdot x_1 + a_2 \cdot x_2 + \ldots + a_n \cdot x_n = b \qquad \text{bzw.} \qquad \sum_{i=1}^{n} a_i \, x_i = b$$

Beispiel:

$$7 \cdot x_1 + 5 \cdot x_2 - 2 \cdot x_3 = 6$$

Das Beispiel zeigt, daß eine einzelne lineare Gleichung mit mehreren unabhängigen Variablen nicht eindeutig lösbar ist.
Einige Lösungen der Beispielsfunktion sind:

$$x_1 = 1 \qquad x_2 = 1 \qquad x_3 = 3$$
$$x_1 = 1 \qquad x_2 = 2 \qquad x_3 = 5{,}5$$
$$x_1 = 130 \qquad x_2 = -18 \qquad x_3 = 407$$

Im allgemeinen hat eine lineare Gleichung mit mehreren Variablen unendlich viele Lösungen.
Meistens stehen zur Lösung ökonomischer Probleme mehrere lineare Gleichungen zur Verfügung, die die gleichen Variablen enthalten.
Man spricht dann von einem **linearen Gleichungssystem.**

Lineare Gleichungssysteme werden in der Praxis sehr häufig genutzt, da viele ökonomische Beziehungen linear sind; die einzelnen Größen verhalten sich also proportional zueinander.
Komplexe und umfangreiche Probleme werden zudem oft durch Vereinfachung auf lineare Modelle reduziert. Auch wenn die zugrunde liegenden Funktionsformen nicht linear sind, werden diese durch lineare Funktionen approximiert, um den Rechenaufwand in vertretbarem Rahmen zu halten.

Aufgrund der gestiegenen Möglichkeiten der EDV konnten in den letzten Jahrzehnten die linearen Modelle in der Praxis auf immer komplexere Problemstellungen angewandt werden. Modelle, die aus mehreren tausend Gleichungen bestehen, sind keine Seltenheit.
Da derart komplexe mathematische Modelle nur noch mit Hilfe von elektronischen Datenverarbeitungsanlagen lösbar sind, wofür auch leistungsfähige Programme zur Verfügung stehen, sollen hier nur die elementaren mathematischen Grundlagen der linearen Gleichungssysteme behandelt werden.

8.5.2 Lineare Gleichungssysteme in Matrizenschreibweise

Mehrere lineare Gleichungen, die dieselben Variablen betreffen, bilden ein lineares Gleichungssystem.

Ein lineares Gleichungssystem mit m Gleichungen und n Variablen $(x_1, x_2, ..., x_n)$ hat allgemein die Form:

$$
\begin{aligned}
a_{11} \cdot x_1 + a_{12} \cdot x_2 + ... + a_{1n} \cdot x_n &= b_1 \\
a_{21} \cdot x_1 + a_{22} \cdot x_2 + ... + a_{2n} \cdot x_n &= b_2 \\
&\ \ \vdots \\
a_{m1} \cdot x_1 + a_{m2} \cdot x_2 + ... + a_{mn} \cdot x_n &= b_m
\end{aligned}
$$

Für die Lösung des Gleichungssystems ist eine Darstellung in Matrizenschreibweise sinnvoll.

Die Matrix **A** ist eine Koeffizientenmatrix; sie umfaßt die Vorzahlen der n Variablen.

$$
A = \begin{pmatrix}
a_{11} & a_{12} & ... & a_{1n} \\
a_{21} & a_{22} & ... & a_{2n} \\
. & . & ... & . \\
. & . & ... & . \\
a_{m1} & a_{m2} & ... & a_{mn}
\end{pmatrix}
$$

Das Produkt dieser Matrix **A** mit dem Spaltenvektor **x**

$$
x = \begin{pmatrix}
x_1 \\
x_2 \\
. \\
. \\
x_n
\end{pmatrix}
$$

ergibt den Spaltenvektor **b**, der die rechte Seite des Gleichungssystems bildet.

$$
b = \begin{pmatrix}
b_1 \\
b_2 \\
. \\
. \\
b_n
\end{pmatrix}
$$

$$
\begin{pmatrix}
a_{11} & a_{12} & \dots & a_{1n} \\
a_{21} & a_{22} & \dots & a_{2n} \\
\cdot & \cdot & \dots & \cdot \\
\cdot & \cdot & \dots & \cdot \\
a_{m1} & a_{m2} & \dots & a_{mn}
\end{pmatrix}
\cdot
\begin{pmatrix}
x_1 \\ x_2 \\ \cdot \\ \cdot \\ x_n
\end{pmatrix}
=
\begin{pmatrix}
b_1 \\ b_2 \\ \cdot \\ \cdot \\ b_n
\end{pmatrix}
$$

In Kurzform lautet das Gleichungssystem nun:

$$A \cdot x = b$$

Beispiel:

Darstellung des folgenden Gleichungssystems in Matrizenschreibweise:

$$7x + 2y - 7z = 2$$
$$-6x - 3y + z = 3$$
$$x - 5y \quad\;\; = 7$$

$$
\begin{pmatrix}
7 & 2 & -7 \\
-6 & -3 & 1 \\
1 & -5 & 0
\end{pmatrix}
\cdot
\begin{pmatrix}
x \\ y \\ z
\end{pmatrix}
=
\begin{pmatrix}
2 \\ 3 \\ 7
\end{pmatrix}
$$

Wenn alle Elemente des Vektors **b** den Wert Null haben, so wird das Gleichungssystem **homogen** genannt: $A \cdot x = 0$

Wenn wenigstens ein Element von Null verschieden ist, liegt ein **inhomogenes Gleichungssystem** vor: $A \cdot x = b$

Die wichtigste Aufgabe der Matrizenrechnung liegt in der Lösung von inhomogenen linearen Gleichungssystemen.

Während sich ein Gleichungssystem mit drei bis vier Unabhängigen und der gleichen Anzahl von Variablen noch leicht ohne die Hilfe der Matrizenrechnung lösen läßt, bietet diese bei komplexeren Problemen entscheidende Vereinfachungen.

Um ein lineares Gleichungssystem lösen zu können, ist es zunächst notwendig, die **lineare Abhängigkeit** von Vektoren und den **Rang** einer Matrix zu definieren.

8.5.3 Lineare Abhängigkeit von Vektoren

Eine Gleichung mit zwei Unbekannten läßt sich nicht eindeutig lösen.
Die Gleichung $2x + y = 4$ hat unendlich viele Lösungen. Diese liegen graphisch alle auf einer Geraden.

Um eine eindeutige Lösung bestimmen zu können, ist eine zweite Gleichung notwendig,

beispielsweise: $10x - 11y = 4$

Durch Auflösen der ersten Gleichung nach y und Einsetzen in die zweite Gleichung findet man schnell die Lösung:

$$x = 1{,}5 \quad y = 1$$

Wenn die zweite Gleichung nun aber: $6x + 3y = 12$ gelautet hätte, wäre das Gleichungssystem

$$2x + y = 4$$
$$6x + 3y = 12$$

nicht eindeutig lösbar gewesen, wie leicht überprüft werden kann. Nach Auflösen der ersten Gleichung nach y und Einsetzen in die zweite erhält man: $0 = 0$

Der Grund dafür liegt darin, daß die zweite Gleichung genau das dreifache der ersten darstellt, und somit keine neuen Informationen hinzukommen.
Die beiden Gleichungen sind **linear abhängig** und damit nicht eindeutig lösbar.

Die beiden Gleichungen kann man als Zeilenvektoren schreiben, dabei steht der senkrechte Strich in den Vektoren für das Gleichheitszeichen.

$$3 \cdot (2 \quad 1 \,|\, 4) - (6 \quad 3 \,|\, 12) = (0 \quad 0 \,|\, 0)$$

Wenn man die erste Gleichung mit drei multipliziert und davon die zweite subtrahiert, erhält man einen Nullvektor.

Wenn sich Vielfache von Vektoren so additiv verknüpfen lassen, daß das Ergebnis einen Nullvektor darstellt, heißen diese Vektoren linear abhängig.

Definition:

> Unter einer **Linearkombination** von Vektoren versteht man die lineare Verknüpfung von Vektoren, die mit Skalaren gewichtet sind.

Beispiel:

$$a = \begin{bmatrix} 5 \\ 3 \\ 9 \end{bmatrix} \qquad\qquad b = \begin{bmatrix} 4 \\ 0 \\ 2 \end{bmatrix}$$

Der Vektor $c = \begin{bmatrix} 17 \\ 15 \\ 41 \end{bmatrix}$ ist eine Linearkombination von a und b, da:

$$c = 5 \cdot a - 2 \cdot b = \begin{bmatrix} 17 \\ 15 \\ 41 \end{bmatrix}$$

Definition:

Die Vektoren a_1, a_2, ..., a_n sind **linear abhängig**, wenn es möglich ist, eine Linearkombination zu finden, die einen Nullvektor ergibt. Die Skalare, mit denen multipliziert wird, dürfen **nicht alle** gleich Null sein.

Beispiel:

Die Vektoren

$$a_1 = \begin{bmatrix} 4 \\ 2 \\ 2 \end{bmatrix} \qquad a_2 = \begin{bmatrix} 7 \\ 3 \\ 0 \end{bmatrix} \qquad a_3 = \begin{bmatrix} 6 \\ 6 \\ 4 \end{bmatrix} \qquad a_4 = \begin{bmatrix} 6 \\ 4 \\ 5 \end{bmatrix}$$

sind linear abhängig, da folgende Linearkombination zu einem Nullvektor als Ergebnis führt:

$$8a_1 - 2a_2 + a_3 - 4a_4 = 8 \cdot \begin{bmatrix} 4 \\ 2 \\ 2 \end{bmatrix} - 2 \cdot \begin{bmatrix} 7 \\ 3 \\ 0 \end{bmatrix} + \begin{bmatrix} 6 \\ 6 \\ 4 \end{bmatrix} - 4 \cdot \begin{bmatrix} 6 \\ 4 \\ 5 \end{bmatrix} = \begin{bmatrix} 0 \\ 0 \\ 0 \end{bmatrix}$$

Die Tatsache, daß bei linear abhängigen Vektoren mindestens einer keine wesentlichen Zusatzinformationen bringt, ist für die Lösung von linearen Gleichungssystemen von entscheidender Bedeutung.

8.5.4 Rang einer Matrix

Die Lösbarkeit eines linearen Gleichungssystems

$$A \cdot x = b$$

hängt davon ab, ob die Zeilen und Spalten der Matrix **A**, die man auch als Vektoren betrachten kann, linear abhängig sind.

Wenn eine bestimmte Anzahl von Vektoren vorliegt, kann daraus eine maximale Anzahl von linear unabhängigen Vektoren bestimmt werden.

Definition:

> Der **Rang** eines Vektorensystems bezeichnet die **Maximalzahl** linear unabhängiger Vektoren.

In jeder Matrix ist die maximale Anzahl von linear unabhängigen Zeilen gleich der der linear unabhängigen Spalten.

Definition:

> Der **Rang einer Matrix** gibt die Maximalzahl linear unabhängiger Zeilen bzw. Spalten einer Matrix an.

Der Rang einer Matrix ist wichtig für die Überprüfung der Lösbarkeit von linearen Gleichungssystemen.

8.5.5 Lösung linearer Gleichungssysteme

Anhand eines einfachen Beispiels soll die Technik der Lösung linearer Gleichungssysteme gezeigt werden.

Beispiel:

Ein Betrieb stellt drei Produkte X_1, X_2 und X_3 her. Die Preise dafür betragen p_1, p_2 und p_3.

Im Januar eines Jahres wurden zwei Einheiten von X_1, eine von X_2 und drei von X_3 verkauft. Damit wurde ein Umsatz von 23 Geldeinheiten erzielt.

Es gilt: $2 \cdot p_1 + 1 \cdot p_2 + 3 \cdot p_3 = 23$

Für die beiden folgenden Monate gilt:

$$1 \cdot p_1 + 3 \cdot p_2 + 2 \cdot p_3 = 19$$
$$2 \cdot p_1 + 4 \cdot p_2 + 1 \cdot p_3 = 19$$

Wie hoch sind die Preise der Produkte?

Durch Auflösung des Gleichungssystems lassen sich die drei Preise ermitteln.

$$\text{I} \qquad 2p_1 + 1p_2 + 3p_3 = 23$$
$$\text{II} \qquad 1p_1 + 3p_2 + 2p_3 = 19$$
$$\text{III} \qquad 2p_1 + 4p_2 + 1p_3 = 19$$

$$\text{I} - 2 \cdot \text{II} \qquad -5p_2 - 1p_3 = -15$$
$$p_3 = 15 - 5p_2$$

$$\text{III} - 2 \cdot \text{II} \qquad -2p_2 - 3p_3 = -19$$
$$2p_2 + 3p_3 = 19$$

$$2p_2 + 3(15 - 5p_2) = 19$$

$$2p_2 + 45 - 15p_2 = 19$$

$$-13p_2 = -26$$
$$\mathbf{p_2 = 2}$$

$$p_3 = 15 - 5 \cdot 2$$
$$\mathbf{p_3 = 5}$$

$$\text{II} \qquad p_1 + 3p_2 + 2p_3 = 19$$
$$p_1 + 6 + 10 = 19$$
$$\mathbf{p_1 = 3}$$

Eine Überprüfung der gefundenen Lösung ist durch Einsetzen der Lösungswerte in die Gleichungen möglich.

Für den Fall eines inhomogenen linearen Gleichungssystems mit gleicher Anzahl von Variablen und Gleichungen lautet die Matrizenschreibweise:

$$\begin{bmatrix} 2 & 1 & 3 \\ 1 & 3 & 2 \\ 2 & 4 & 1 \end{bmatrix} \cdot \begin{bmatrix} p_1 \\ p_2 \\ p_3 \end{bmatrix} = \begin{bmatrix} 23 \\ 19 \\ 19 \end{bmatrix}$$

Für die Lösung des Gleichungssystems wird die erweiterte Matrix $(\mathbf{A}|\mathbf{b})$ gebildet, die aus der

Matrix **A** und dem Spaltenvektor **b** besteht.

$$(A|b) = \begin{bmatrix} 2 & 1 & 3 & | & 23 \\ 1 & 3 & 2 & | & 19 \\ 2 & 4 & 1 & | & 19 \end{bmatrix}$$

Bei der Lösung des linearen Gleichungssystems ohne Hilfe der Matrizenrechnung konnten folgende **äquivalente Umformungen** durchgeführt werden, die keinen Einfluß auf die Lösung hatten:

- Umformung einzelner Gleichungen durch Multiplikation (Division) mit einer beliebigen Zahl außer Null

- Addition (Subtraktion) eines Vielfachen einer Gleichung zu einer anderen

- Vertauschung von zwei Gleichungen

Die gleichen äquivalenten Umformungen werden auch auf die erweiterte Koeffizientenmatrix angewendet. Dabei ist das Ziel, die Matrix (A|b) so umzuformen, daß an der Stelle von **A** eine Einheitsmatrix steht.

Die erweiterte Matrix **(A|b)**

$$(A|b) = \begin{bmatrix} a_{11} & a_{12} & ... & a_{1n} & | & b_1 \\ a_{21} & a_{22} & ... & a_{2n} & | & b_2 \\ . & . & ... & . & | & . \\ . & . & ... & . & | & . \\ a_{m1} & a_{m2} & ... & a_{mn} & | & b_m \end{bmatrix}$$

soll umgeformt werden zu:

$$(E|b^*) = \begin{bmatrix} 1 & 0 & ... & 0 & | & b_1^* \\ 0 & 1 & ... & 0 & | & b_2^* \\ . & . & ... & . & | & . \\ . & . & ... & . & | & . \\ 0 & 0 & ... & 1 & | & b_m^* \end{bmatrix}$$

Die letzte Spalte stellt dann die gesuchten Lösungswerte für die Variablen dar.

Bei der Umformung von (A|b) sind folgende **Zeilenoperationen** zulässig:

- **Multiplikation** einer Zeile mit einer Konstanten (ungleich Null)

- **Addition** (Subtraktion) eines Vielfachen einer Zeile zu einer anderen

- **Vertauschung** von zwei Zeilen

Beispiel:

Zur Berechnung der Preise für die drei Produkte, die das Unternehmen herstellt, ergibt sich die erweiterte Matrix:

$$(A|b) = \begin{bmatrix} 2 & 1 & 3 & | & 23 \\ 1 & 3 & 2 & | & 19 \\ 2 & 4 & 1 & | & 19 \end{bmatrix}$$

Durch Umformung soll sich daraus ergeben:

$$(E|b^*) = \begin{bmatrix} 1 & 0 & 0 & | & b_1^* \\ 0 & 1 & 0 & | & b_2^* \\ 0 & 0 & 1 & | & b_3^* \end{bmatrix}$$

Lösung:

$$\begin{bmatrix} 2 & 1 & 3 & | & 23 \\ 1 & 3 & 2 & | & 19 \\ 2 & 4 & 1 & | & 19 \end{bmatrix}$$

Zeile 1 mit 0,5 multipliziert:

$$\begin{bmatrix} 1 & 0,5 & 1,5 & | & 11,5 \\ 1 & 3 & 2 & | & 19 \\ 2 & 4 & 1 & | & 19 \end{bmatrix}$$

Zeile 1 mit (−1) multipliziert und zur 2. addiert; sowie Zeile 1 mit (−2) multipliziert und zur 3. addiert:

$$\begin{bmatrix} 1 & 0,5 & 1,5 & | & 11,5 \\ 0 & 2,5 & 0,5 & | & 7,5 \\ 0 & 3 & -2 & | & -4 \end{bmatrix}$$

Zeile 2 durch 2,5 dividiert:

$$\begin{bmatrix} 1 & 0,5 & 1,5 & | & 11,5 \\ 0 & 1 & 0,2 & | & 3 \\ 0 & 3 & -2 & | & -4 \end{bmatrix}$$

Zeile 2 mit (−0,5) multipliziert und zur 1. addiert; sowie Zeile 2 mit (−3) multipliziert und zur 3. addiert:

$$\begin{pmatrix} 1 & 0 & 1{,}4 \\ 0 & 1 & 0{,}2 \\ 0 & 0 & -2{,}6 \end{pmatrix} \left| \begin{matrix} 10 \\ 3 \\ -13 \end{matrix} \right)$$

Zeile 3 durch (–2,6) dividiert:

$$\begin{pmatrix} 1 & 0 & 1{,}4 \\ 0 & 1 & 0{,}2 \\ 0 & 0 & 1 \end{pmatrix} \left| \begin{matrix} 10 \\ 3 \\ 5 \end{matrix} \right)$$

Zeile 3 mit (–1,4) multipliziert und zur 1. addiert; sowie Zeile 3 mit (–0,2) multipliziert und zur 2. addiert:

$$\begin{pmatrix} 1 & 0 & 0 \\ 0 & 1 & 0 \\ 0 & 0 & 1 \end{pmatrix} \left| \begin{matrix} 3 \\ 2 \\ 5 \end{matrix} \right)$$

Damit ist das Ziel erreicht, und die Lösung kann abgelesen werden.
Das zugehörige Gleichungssystem lautet:

$$\begin{aligned} p_1 &= 3 \\ p_2 &= 2 \\ p_3 &= 5 \end{aligned}$$

Beispiel:

Ein Unternehmen stellt aus drei Rohstoffen R_1, R_2 und R_3 drei Endprodukte E_1, E_2 und E_3 her.

Für eine Mengeneinheit der Endprodukte sind folgende Mengeneinheiten der Rohstoffe notwendig:

	E_1	E_2	E_3
R_1	6	6	3
R_2	2	2	7
R_3	2	3	1

Insgesamt stehen von den Rohstoffen folgende Mengeneinheiten zur Verfügung:

$$R_1 : 840$$
$$R_2 : 520$$
$$R_3 : 350$$

Wieviele Einheiten der Endprodukte (x_1, x_2, x_3) können mit diesen Rohstoffmengen hergestellt werden?

$$\begin{bmatrix} 6 & 6 & 3 \\ 2 & 2 & 7 \\ 2 & 3 & 1 \end{bmatrix} \cdot \begin{bmatrix} x_1 \\ x_2 \\ x_3 \end{bmatrix} = \begin{bmatrix} 840 \\ 520 \\ 350 \end{bmatrix}$$

$$\left[\begin{array}{ccc|c} 6 & 6 & 3 & 840 \\ 2 & 2 & 7 & 520 \\ 2 & 3 & 1 & 350 \end{array} \right]$$

Zeile 1 durch 6 dividiert:

$$\left[\begin{array}{ccc|c} 1 & 1 & 0,5 & 140 \\ 2 & 2 & 7 & 520 \\ 2 & 3 & 1 & 350 \end{array} \right]$$

Zeile 1 mit (–2) multipliziert und zur 2. und 3. addiert:

$$\left[\begin{array}{ccc|c} 1 & 1 & 0,5 & 140 \\ 0 & 0 & 6 & 240 \\ 0 & 1 & 0 & 70 \end{array} \right]$$

Jetzt ist ein Vertauschen der 2. und 3. Zeile sinnvoll:

$$\left[\begin{array}{ccc|c} 1 & 1 & 0,5 & 140 \\ 0 & 1 & 0 & 70 \\ 0 & 0 & 6 & 240 \end{array} \right]$$

Zeile 2 von Zeile 1 subtrahieren:

$$\left[\begin{array}{ccc|c} 1 & 0 & 0,5 & 70 \\ 0 & 1 & 0 & 70 \\ 0 & 0 & 6 & 240 \end{array} \right]$$

Zeile 3 durch 6 dividieren:

$$\left[\begin{array}{ccc|c} 1 & 0 & 0,5 & 70 \\ 0 & 1 & 0 & 70 \\ 0 & 0 & 1 & 40 \end{array} \right]$$

Zeile 3 mit (–0,5) multiplizieren und zur 1. addieren:

$$
\left[
\begin{array}{ccc|c}
1 & 0 & 0 & 50 \\
0 & 1 & 0 & 70 \\
0 & 0 & 1 & 40
\end{array}
\right]
$$

Die Lösung, die durch Einsetzen in das Gleichungssystem leicht überprüft werden kann, lautet:

$$x_1 = 50$$

$$x_2 = 70$$

$$x_3 = 40$$

Neben dieser Methode der Lösung von linearen Gleichungssystemen mit Hilfe von Basistransformationen existieren weitere Verfahren, die hier nicht besprochen werden sollen:

– Lösung mit Hilfe des Gaußschen Algorithmus

– Lösung mit Hilfe der Inversen

– Lösung mit Hilfe von Determinanten

8.5.6 Lösbarkeit eines linearen Gleichungssystems

Lineare Gleichungssysteme $A \cdot x = b$ müssen nicht in jedem Fall lösbar sein; und wenn sie lösbar sind, heißt das noch nicht, daß eine eindeutige Lösung existiert.
Die Lösbarkeit hängt von dem Rang der Matrix A ab.

Allgemein gilt:

1. Ein lineares Gleichungssystem $A \cdot x = b$ besitzt dann eine **eindeutige Lösung**, wenn der Rang der Matrix A mit der Zahl der Variablen n übereinstimmt. Außerdem muß der Rang von A genauso groß sein wie der der erweiterten Matrix $(A|b)$.

2. Wenn die Rangzahl von A und $(A|b)$ zwar gleich aber kleiner als die Zahl der Variablen ist, ist das Gleichungssystem zwar lösbar aber **nicht eindeutig lösbar.** Das bedeutet, es existieren dann mehrere Lösungen.

3. Wenn der Rang der Matrix A ungleich (also kleiner) als der Rang von $(A|b)$ ist, bedeutet dies, daß das Gleichungssystem **nicht lösbar** ist. Es existiert dann keine Lösung.

Das bedeutet für das Lösungsverfahren bei linearen Gleichungssystemen A · x = b, wenn A sich in eine Einheitsmatrix transformieren läßt, ist das Gleichungssystem **eindeutig lösbar** (Fall 1).

Wenn dagegen in einer Zeile oder in mehreren Zeilen von (A|b) nur Nullen auftreten, so daß keine Einheitsmatrix erzeugt werden kann, ist das Gleichungssystem **mehrdeutig lösbar** (Fall2).

Wenn dagegen eine Zeile entsteht, die mit Ausnahme des Elementes in der Spalte **b** nur Nullen enthält, ist das Gleichungssystem **nicht lösbar** (Fall 3).

Beispiel:

$$\left[\begin{array}{ccc|c} 1 & 4 & 2 & 8 \\ 2 & 2 & -1 & 6 \\ -3 & 0 & 4 & -4 \end{array} \right]$$

$$\left[\begin{array}{ccc|c} 1 & 4 & 2 & 8 \\ 0 & -6 & -5 & -10 \\ 0 & 12 & 10 & 20 \end{array} \right]$$

$$\left[\begin{array}{ccc|c} 1 & 4 & 2 & 8 \\ 0 & 1 & 0{,}83 & 1{,}67 \\ 0 & 12 & 10 & 20 \end{array} \right]$$

$$\left[\begin{array}{ccc|c} 1 & 0 & -1{,}33 & 1{,}33 \\ 0 & 1 & 0{,}83 & 1{,}67 \\ 0 & 0 & 0 & 0 \end{array} \right]$$

Die letzte Zeile enthält nur Nullen, das Gleichungssystem ist **mehrdeutig** lösbar.
Der Grund dafür liegt darin, daß der Rang der Matrix zwei ist, da die drei Zeilenvektoren nicht linear unabhängig voneinander sind.
Die dritte Zeile ergibt sich durch Subtraktion der zweifachen zweiten Zeile von der ersten Zeile.

Beispiel:

$$\left[\begin{array}{ccc|c} 1 & 2 & 3 & 12 \\ 0 & 4 & 4 & 14 \\ 2 & 2 & 4 & 12 \end{array} \right]$$

$$\left[\begin{array}{ccc|c} 1 & 2 & 3 & 12 \\ 0 & 4 & 4 & 14 \\ 0 & -2 & -2 & -12 \end{array} \right]$$

$$\left[\begin{array}{ccc|c} 1 & 2 & 3 & 12 \\ 0 & 1 & 1 & 3,5 \\ 0 & -2 & -2 & -12 \end{array} \right]$$

$$\left[\begin{array}{ccc|c} 1 & 0 & 1 & 5 \\ 0 & 1 & 1 & 3,5 \\ 0 & 0 & 0 & -5 \end{array} \right]$$

Die letzte Zeile enthält bis auf das Element der letzten Spalte nur Nullen. Das Gleichungssystem ist **nicht lösbar**.

Die Matrix A hat einen kleineren Rang als die Matrix $(A|b)$.

Die dritte Spalte von A ergibt sich durch Addition der ersten beiden, so daß A einen Rang von zwei hat. Die erweiterte Matrix $(A|b)$ hat dagegen einen Rang von drei.

Aufgaben:

8.5.6.1. Lösen Sie die Gleichungssysteme

a)
$$\begin{aligned}
4x_1 - 2x_2 + 6x_3 &= -148 \\
x_1 + x_2 &= 110 \\
x_1 + 2x_2 + 20x_3 &= 250
\end{aligned}$$

b)
$$\left[\begin{array}{cccc|c} 10 & 20 & 1 & 10 & 120 \\ 0 & 2 & 2 & 10 & 118 \\ 20 & 10 & 10 & 20 & 520 \\ 2 & 0 & 0 & 4 & 0 \end{array} \right]$$

8.5.6.2. Ein Unternehmen fertigt die Produkte P_1, P_2, P_3 und P_4 auf vier Anlagen A_1, A_2, A_3 und A_4.

Die Fertigungszeiten in Stunden sind in der folgenden Tabelle aufgeführt:

	P_1	P_2	P_3	P_4
A_1	0,5	1	3	0
A_2	1	0	3	1
A_3	2	0	4	0
A_4	0	1	1	1

Welche Mengen der vier Produkte können gefertigt werden, wenn alle Anlagen 40 Stunden in der Woche im Einsatz sind?

Stellen Sie das Gleichungssystem auf und lösen Sie das Problem mit Hilfe der Matrizenrechnung.

8.5.6.3. Ein Student benötigt für die Aufrüstung seines Computers 17 Chips Typ A
und 13 Chips Typ B.
In einem Elektronikgeschäft werden diese Chips in zwei Packungseinheiten
angeboten:
Packung 1 enthält 4 Chips Typ A und 2 Chips Typ B.
Packung 2 enthält 3 Chips Typ A und 3 Chips Typ B.
Wieviele Packungen von jeder Sorte muß der Student kaufen?
Stellen Sie das Gleichungssystem auf und lösen Sie das Problem mit Hilfe
der Matrizenrechnung.

8.5.7 Innerbetriebliche Leistungsverrechnung

Schon die Aufgaben des letzten Kapitels haben praktische Anwendungsmöglichkeiten von
linearen Gleichungssystemen in den Wirtschaftswissenschaften gezeigt.
Einer der wichtigsten Problemkreise innerhalb der Betriebswirtschaftslehre, der sich mit
Hilfe von linearen Gleichungssystemen bearbeiten läßt, ist die innerbetriebliche Leistungs-
verrechnung.

Anhand eines einfachen Beispiels soll die ökonomische Problemstellung und die
Lösungsmethode vorgestellt werden.

Ein Unternehmen unterhält drei Abteilungen (P, Q, R) mit getrennten Kostenstellen, die
unterschiedliche Leistungen (z.B. Heizung, Reinigung, Instandhaltung) für sich selbst und
die anderen Abteilungen erbringen.
Alle Abteilungen sind durch gegenseitigen Leistungsaustausch miteinander verflochten.
In jeder Abteilung fallen **Primärkosten** - wie Löhne, Rohstoffe, Abschreibungen - für die
Erstellung der Leistungen an.
Zusätzlich sind auch die Kosten zu berücksichtigen, die durch die Leistungsabgaben der
anderen Abteilungen an die betrachtete Abteilung entstehen. Die Lieferungen von anderen
Kostenstellen werden durch die **Sekundärkosten** erfaßt.

Beispiel:

Die Tabelle zeigt die Primärkosten, die erstellten Leistungen und die Liefermengen an
die anderen Kostenstellen für die Abteilungen P, Q und R.

Abteilung	Primärkosten (Geld-einheiten)	erstellte Leistung (Leistungs-einheiten)	Leistungslieferung an Abteilung (Leistungseinheiten)		
			P	Q	R
P	950	80	--	10	5
Q	150	50	20	--	10
R	550	50	30	10	--

Abteilung P hat also in der betrachteten Periode 80 Einheiten seiner Leistung erstellt, wovon 10 an Q und 5 an R abgegeben wurden. Der Rest von 65 Einheiten wird nach außen (an den Markt) gegeben. Bei Abteilung P entstanden Primärkosten in Höhe von 950 Geldeinheiten.

Eine graphische Darstellung dieser Daten führt zu der folgenden Abbildung:

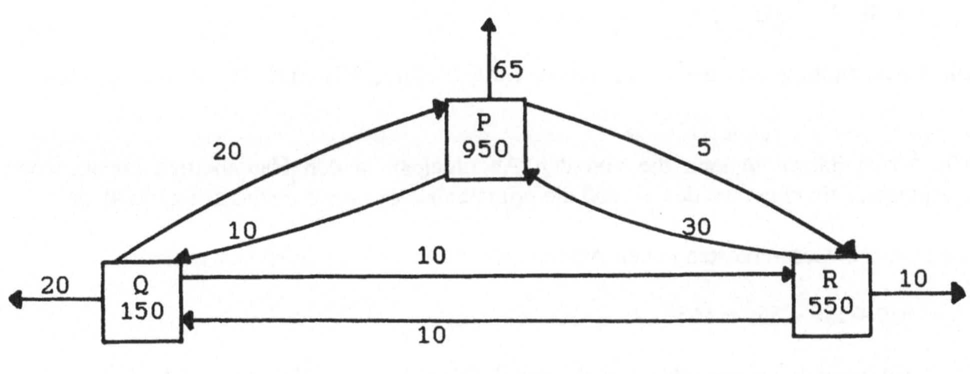

Abb. 8.5.7-1

Dabei sind die Primärkosten in den jeweiligen Rechtecken angegeben.

Insgesamt erstellt die Abteilung P 80 Leistungseinheiten. Dafür fallen Primärkosten in Höhe von 950 Geldeinheiten an und Sekundärkosten durch die Leistungslieferungen von Q und R.

Um die **Gesamtkosten** - die **Verrechnungspreise** - von P zu ermitteln, müßten zunächst die von Q und R bekannt sein, damit auch die Sekundärkosten berücksichtigt werden können. Die Verrechnungspreise von Q und R lassen sich wiederum nicht ermitteln, ohne daß die beiden anderen bekannt sind.

Es ist unmöglich, die Verrechnungspreise der Abteilungen nacheinander zu berechnen. Mit Hilfe der Matrizenrechnung wird jedoch eine gleichzeitige Bestimmung aller Verrechnungspreise ermöglicht. Auf diese Weise können die Gesamtkosten jeder Abteilung, die Verrechnungspreise für die untereinander ausgetauschten Leistungen sowie die Kosten der am Markt angebotenen Leistungen ermittelt werden.

Das Gleichungssystem dafür lautet:

$$80p - 20q - 30r = 950$$
$$-10p + 50q - 10r = 150$$
$$-5p - 10q + 50r = 550$$

Dabei sind p, q und r die Verrechnungspreise für P, Q und R.

$$\begin{pmatrix} 80 & -20 & -30 & | & 950 \\ -10 & 50 & -10 & | & 150 \\ -5 & -10 & 50 & | & 550 \end{pmatrix}$$

Die Lösung dieses linearen Gleichungssystems führt zu dem Ergebnis:

$$\begin{pmatrix} 1 & 0 & 0 & | & 20 \\ 0 & 1 & 0 & | & 10 \\ 0 & 0 & 1 & | & 15 \end{pmatrix}$$

Die Verrechnungspreise betragen demnach für P 20, für Q 10 und für R 15 Geldeinheiten.

Mit diesen Sätzen müssen die von den Abteilungen an den Hauptbetrieb abgegebenen Leistungen verrechnet werden, so daß die primären Kosten der Abteilungen gedeckt sind.

Die primären Gesamtkosten in den Abteilungen P, Q und R belaufen sich auf:

950 + 150 + 550 = 1650 GE

Die Leistungslieferung von den Abteilungen P, Q und R an den Hauptbetrieb beträgt:

P : 65 ME multipliziert mit dem Verrechnungspreis 20 GE : 1300 GE
Q : 20 ME multipliziert mit dem Verrechnungspreis 10 GE : 200 GE
R : 10 ME multipliziert mit dem Verrechnungspreis 15 GE : 150 GE

____

1650 GE

Die Summe der Leistungslieferungen von P, Q und R deckt genau die primären Gesamtkosten der Abteilungen.

Auch die primären Kosten jeder Abteilung sind gedeckt. Z.B. für die Abteilung P ergibt sich folgende Rechnung:

primäre Kosten: 950 GE
erstellte Leistung: 80 LE x 20 GE = 1600 GE
bezogene Leistung von Abt. Q: 20 LE x 10 GE = 200 GE -
bezogene Leistung von Abt. R: 30 LE x 15 GE = 450 GE -

____

950 GE

Die erstellte Leistung einer Abteilung vermindert um die bezogene Leistung der anderen Abteilungen deckt genau die primären Kosten dieser Abteilung.

9 Lineare Optimierung

9.1 Ungleichungen

Ungleichungen beschreiben die Beziehungen zwischen zwei mathematischen Ausdrücken, die nicht gleich sind.
Folgende Ungleichheitszeichen sind relevant:

$<$	kleiner	$a < b$	a kleiner b
$\leq$	kleiner gleich	$a \leq b$	a kleiner b oder a gleich b
$>$	größer	$a > b$	a größer b
$\geq$	größer gleich	$a \geq b$	a größer b oder a gleich b
$\neq$	ungleich	$a \neq b$	a ungleich b

Ungleichheitszeichen sind aus der Angabe des Definitionsbereiches bekannt, z.B.
$\mathbb{D} = \{x \in \mathbb{R} \mid x \geq 0\}$.

Regeln für das Rechnen mit Ungleichungen (a, b, c, d $\in \mathbb{R}$)

1. $a < b, b < c \; \rightarrow \; a < c$

2. $a < b \qquad \rightarrow a \pm c < b \pm c$ Beidseitiges Addieren (Subtrahieren) einer Zahl ändert den Sinn der Ungleichung nicht; entspricht dem Rechnen mit Gleichungen.

3a. $a < b, c > 0 \; \rightarrow \; a \cdot c < b \cdot c$ Beidseitiges Multiplizieren mit einer positiven Zahl ändert den Sinn der Ungleichung nicht; entspricht dem Rechnen mit Gleichungen.

3b. $a < b, c < 0 \; \rightarrow \; a \cdot c > b \cdot c$ Beidseitiges Multiplizieren mit einer negativen Zahl ändert den Sinn der Ungleichung; entspricht **nicht** dem Rechnen mit Gleichungen.

4a. $a < b, d > 0 \; \rightarrow \; \dfrac{a}{d} < \dfrac{b}{d}$ Beidseitiges Dividieren durch eine positive Zahl ändert den Sinn derUngleichung nicht; entspricht dem Rechnen mit Gleichungen.

4b. $a < b, d < 0 \; \rightarrow \; \dfrac{a}{d} > \dfrac{b}{d}$ Beidseitiges Dividieren durch eine negative Zahl ändert den Sinn der Ungleichung; entspricht **nicht** dem Rechnen mit Gleichungen.

Die Regeln 4a. und 4b. ergeben sich aus den Regeln 3a. und 3b., wenn für $c = \frac{1}{d}$ geschrieben wird.

Ungleichungen lassen sich also ebenso umformen wie Gleichungen, nur bei der Multiplikation bzw. Division mit negativen Zahlen ändert sich der Sinn der Ungleichung; das Ungleichheitszeichen dreht sich um.

5. $a < b \quad\rightarrow\quad -a > -b$ Diese Regel leitet sich aus 3b. ab, Multiplikation mit (-1)

6. $0 < a < b,\ z > 0 \quad\rightarrow\quad a^z < b^z$ z.B. $z = 2 \quad 0 < a < b \quad a^2 < b^2$

$$z = \frac{1}{2} \quad 0 < a < b \quad \sqrt{a} < \sqrt{b}$$

Ungleichungen mit Unbekannten

Mit Hilfe der Rechenregeln lassen sich Ungleichungssysteme auf analoge Weise wie Gleichungssysteme lösen, mit Ausnahme der Multiplikation bzw. Division mit negativen Zahlen.

Beispiel:

Für welche x gilt die Ungleichung: $50 - 16x < 2$?

$$
\begin{aligned}
50 - 16x \;&<\; 2 &&\mid -50 \\
-16x \;&<\; -48 &&\mid :(-16) \\
x \;&>\; 3
\end{aligned}
$$

Für alle $x > 3$ gilt diese Ungleichung.

Beispiel:

$$
\begin{aligned}
\frac{4x-3}{2} - 2 \;&<\; \frac{9x-5}{5} + 4 &&\mid +2 \\[2mm]
\frac{4x-3}{2} \;&<\; \frac{9x-5}{5} + 6 = \frac{9x-5+30}{5} = \frac{9x+25}{5} &&\mid \text{Hauptnenner} \\[2mm]
\frac{20x-15}{10} \;&<\; \frac{18x+50}{10} &&\mid \cdot 10 \\[2mm]
20x - 15 \;&<\; 18x + 50 &&\mid +15 \mid -18x \\
2x \;&<\; 65 \\
x \;&<\; 32{,}5
\end{aligned}
$$

Für alle $x < 32{,}5$ gilt diese Ungleichung.

Lineare Ungleichungen mit mehreren Variablen

In diesem Buch sollen nur **lineare** Ungleichungen mit mehreren Variablen vorgestellt werden.

Lineare Ungleichungen sind ebenso wie lineare Gleichungen Relationen, bei denen alle Variablen nur in der ersten Potenz und keine Produkte von Variablen miteinander auftreten. Die linearen Ungleichungen haben dann die Form:

$$a_1 x_1 + a_2 x_2 + a_3 x_3 + \ldots + a_n x_n \leq c$$

$$a_1, \ldots, a_n, c \in \mathbb{R} \qquad \text{und} \qquad x_1, \ldots, x_n \quad \text{unabh. Variablen}$$

Dieses Kapitel beschränkt sich auf die Untersuchung von linearen Ungleichungen mit zwei Variablen.

Beispiel:

Ein Textilunternehmen benutzt zur Herstellung zweier Exklusivstoffe S_1 und S_2 eine Spezialmaschine, die in der Woche maximal 120 Stunden zur Verfügung steht. Die Herstellung von 1 m^2 des Stoffes S_1 dauert 12 Minuten, die Herstellung von 1 m^2 S_2 8 Minuten. Die wöchentlichen Produktionsmengen sollen mit s_1 für den Stoff S_1 und s_2 für S_2 bezeichnet werden.

Für die Herstellung von s_1 Metern von Stoff S_1 wird die Maschine $12 \cdot s_1$ Minuten und für s_2 Meter von S_2 $8 \cdot s_2$ Minuten benutzt.

Für die wöchentlichen Produktionsmengen gilt folgende Beschränkung:

$$12 \cdot s_1 + 8 \cdot s_2 \leq 60 \cdot 120 = 7.200 \text{ Minuten}$$

Diese Beschränkung ergibt sich aus der begrenzten Maschinenzeit. Die obige Ungleichung wird deshalb **Kapazitätsbeschränkung** bzw. **-bedingung** genannt.

Da s_1 und s_2 nicht negativ sein können, ergeben sich die sogenannten **Nichtnegativitätsbedingungen** $s_1 \geq 0$ und $s_2 \geq 0$.

Alle Mengenkombinationen von s_1 und s_2, die die Kapazitäts- und Nichtnegativitätsbedingungen erfüllen, sind mögliche wöchentliche Produktionsmengen des Textilunternehmens.

Graphische Darstellung von Ungleichungen

Eine lineare Ungleichung der Form $a_1x_1+a_2x_2 \leq b$ wird folgendermaßen in einem zweidimensionalen Koordinatensystem dargestellt:

Auf den Achsen werden die beiden Variablen x_1 und x_2 abgetragen. Die möglichen Kombinationen (Lösungen) für x_1 und x_2 aus der Ungleichung sind die einzelnen Punkte in diesem Koordinatensystem mit den Koordinaten $(x_1;x_2)$. Begrenzt wird die Lösungsmenge von oben durch die Gerade $a_1x_1+a_2x_2=b$ (von unten für eine Ungleichung $a_1x_1+a_2x_2 \geq b$). Zuerst wird in das Koordinatensystem die Gerade $a_1x_1+a_2x_2=b$ eingezeichnet, und dann das entsprechende Feld unterhalb (bzw. oberhalb) der Gerade markiert.
Oft wird die Lösungsmenge außerdem von unten durch die Nichtnegativitätsbedingungen beschränkt.

Beispiel: Weiterführung des Beispiels "Textilunternehmen"

– Einzeichnung der Geraden: $12s_1 + 8s_2 = 7.200$ wobei s_1 der Abszisse und s_2 der Ordinate entsprechen soll (die Zuordnung der Koordinatenachsen zu s_1 und s_2 ist willkürlich).
  Für die Berechnung der notwendigen zwei Punkte eignen sich besonders die Schnittpunkte der Geraden mit den Achsen:

– Berechnung des Schnittpunktes mit der s_1-Achse:

$$s_2 = 0 \text{ und } s_1 = \frac{7.200}{12} = 600$$

– Berechnung des Schnittpunktes mit der s_2-Achse:

$$s_1 = 0 \text{ und } s_2 = \frac{7.200}{8} = 900$$

– Schraffur des Feldes unterhalb der Geraden, wobei das Feld durch die Nichtnegativitätsbedingungen von unten begrenzt wird.

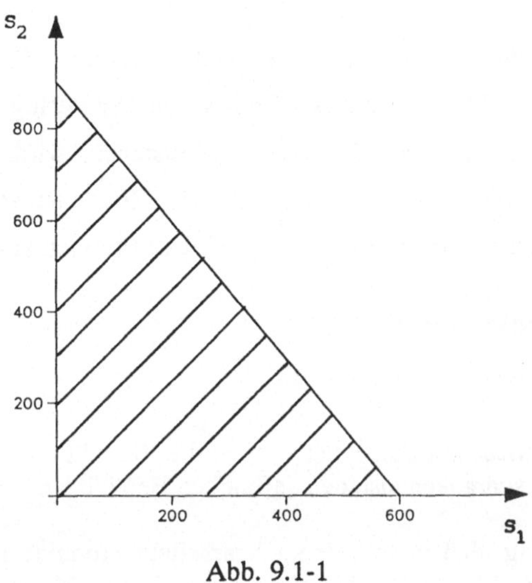

Abb. 9.1-1

Die Punkte auf der Geraden stellen alle Mengenkombinationen dar, bei denen die Maschine voll ausgelastet wird.
Die übrigen Lösungen der Ungleichung werden durch den schraffierten Bereich dargestellt; dabei treten für die Maschine Leerzeiten auf.

9.2 Graphische Methode der linearen Optimierung

In diesem Kapitel sollen Extremwerte von linearen Funktionen bestimmt werden, wobei Nebenbedingungen zu beachten sind.
Diese Nebenbedingungen, die oft Kapazitätsbeschränkungen ausdrücken, lassen sich in der Form von linearen Ungleichungen darstellen. Wenn dabei nicht mehr als zwei Variablen zu beachten sind, läßt sich dieses Problem graphisch lösen, wie anhand eines Beispiels gezeigt wird. Sind mehr als zwei Variablen zu berücksichtigen, muß ein analytisches Lösungsverfahren gewählt werden, zum Beispiel die Simplex-Methode.

Beispiel:

Ein Unternehmen stellt zwei Produkte X_1 und X_2 her.

Beide Produkte durchlaufen vier Maschinentypen I, II, III und IV. Die Anzahl der maximal herstellbaren Produkte wird durch die Maschinenausstattung begrenzt, da diese Kapazität nicht kurzfristig verändert werden kann. Die wöchentliche Arbeitszeit in dem Unternehmen beträgt 40 Stunden; es wird also nur eine Schicht gefahren.

Die Maschine I benötigt 20 Minuten für die Herstellung einer Einheit von X_1 und ebenfalls 20 Minuten für X_2. Das Unternehmen verfügt über fünf Maschinen dieses

Typs.

Maschine II braucht 7,5 Minuten für X_1 und 30 Minuten für die Herstellung einer Einheit von X_2. Drei Maschinen dieses Typs stehen zur Verfügung.

Maschine III, von der zwei Exemplare bereitstehen, wird nur von Produkt X_1 beansprucht. Eine Maschine kann in einer Stunde 7 Einheiten von X_1 bearbeiten.

Maschine IV ist nur einmal vorhanden. Sie wird 12 Minuten von X_2 beansprucht.

x_1 : Produktionsmenge von X_1

x_2 : Produktionsmenge von X_2

Durch die vorhandene Maschinenkapazität werden die Produktionsmöglichkeiten begrenzt. Die Nebenbedingungen schränken also den definierten Bereich ein.

Unter der Voraussetzung, daß unvollständig bearbeitete Produkte nicht zwischengelagert werden können, sind die Mengenkombinationen von X_1 und X_2 zu suchen, die von allen vier Anlagen bearbeitet werden können.

Die Kapazitätsbeschränkungen lassen sich tabellarisch darstellen:

Maschine	pro Einheit beanspruchte Zeit in Std.		Anzahl Anlagen	Kapazität in Std. pro Woche
	X_1	X_2		
I	$\frac{1}{3}$	$\frac{1}{3}$	5	200
II	$\frac{1}{8}$	$\frac{1}{2}$	3	120
III	$\frac{1}{7}$	0	2	80
IV	0	$\frac{1}{5}$	1	40

Die Maschine I benötigt $\frac{1}{3}$ Stunde (20 Minuten), um eine Einheit von X_1 zu bearbeiten. Das bedeutet, daß sie insgesamt $\frac{1}{3} x_1$ Stunden an der Herstellung des ersten Produktes arbeitet. Zusätzlich benötigt sie $\frac{1}{3} x_2$ Stunden für Produkt X_2.

Insgesamt können die Maschinen des Typs I pro Woche nicht länger als 200 Stunden in Anspruch genommen werden. Die möglichen Produktionsmengen von X_1 und X_2 werden durch folgende Ungleichung begrenzt:

$$\frac{1}{3}x_1 + \frac{1}{3}x_2 \leq 200$$

Wenn das Gleichheitszeichen gilt, sind die Maschinen voll ausgelastet.

Bei Formulierung der übrigen Ungleichungen erhält man:

Maschine I $\qquad \frac{1}{3}x_1 + \frac{1}{3}x_2 \leq 200$

Maschine II $\qquad \frac{1}{8}x_1 + \frac{1}{2}x_2 \leq 120$

Maschine III $\qquad \frac{1}{7}x_1 \qquad\quad \leq 80$

Maschine IV $\qquad\qquad \frac{1}{5}x_2 \leq 40$

Da negative Produktionsmengen betriebswirtschaftlich nicht relevant sind, sind zusätzlich die Nichtnegativitätsbedingungen zu beachten:

$$x_1 \geq 0$$
$$x_2 \geq 0$$

Durch eine graphische Darstellung der Ungleichungen ist das Produktionsprogramm, das von allen Maschinen bearbeitet werden kann, optisch darstellbar.

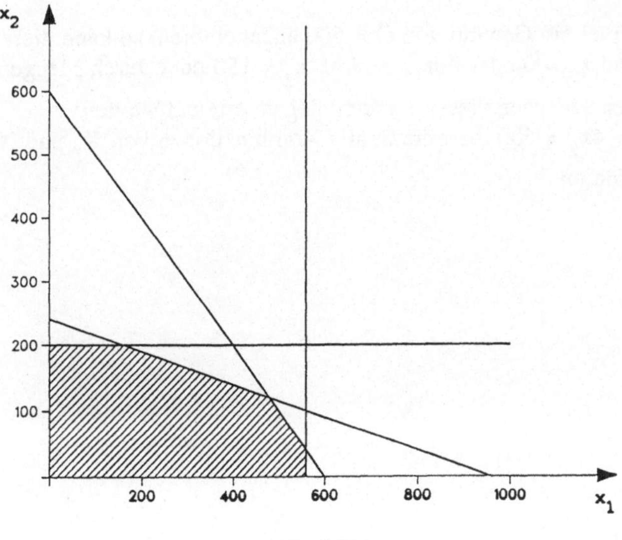

Abb. 9.2-1

Die Nichtnegativitätsbedingungen schließen die anderen Quadranten des Koordinatensystems aus.

Der zulässige Bereich liegt innerhalb des schraffierten Sechsecks, da die potentiellen Mengenkombinationen allen Ungleichungen gleichzeitig genügen müssen.

Das tatsächlich realisierte Produktionsprogramm soll so festgelegt werden, daß der Gewinn des Unternehmens maximiert wird.

Eine Mengeneinheit von X_2 erbringt einen Gewinn von 4 DM, X_1 erzielt pro Stück einen Gewinn in Höhe von 2 DM.

Die Gewinnfunktion lautet:

$$G = 2x_1 + 4x_2$$

Die Gewinnfunktion besitzt einen linearen Verlauf, sie soll maximiert werden. Diese zu optimierende Funktion wird bei der linearen Optimierung als **Zielfunktion** bezeichnet.

Damit lautet die Aufgabenstellung allgemein:

Optimiere die Zielfunktion bei Beachtung von Nebenbedingungen.

Im vorliegenden Beispiel handelt es sich bei der zu optimierenden Zielfunktion um eine Gewinnfunktion, deren Maximum gesucht ist. Die Nebenbedingungen sind die Kapazitätsbeschränkungen durch die gegebene Maschinenausstattung.

Die Zielfunktion ist eine Funktion mit drei Variablen. Durch Festlegen des Gewinns erhält man **Isogewinngeraden**, die in die graphische Darstellung des Ungleichungssystems eingetragen werden können.

Wird in dem Beispiel ein Gewinn von $G = 600$ angenommen, so kann dieser beispielsweise durch $x_1 = 300$ und $x_2 = 0$ oder durch $x_1 = 0$, $x_2 = 150$ oder durch Mengenkombinationen, die auf der Geraden zwischen diesen Punkten liegen, erreicht werden.

Die Gerade $2x_1 + 4x_2 = 600$ beschreibt alle Kombinationen von X_1 und X_2, die zu einem Gewinn von 600 führen.

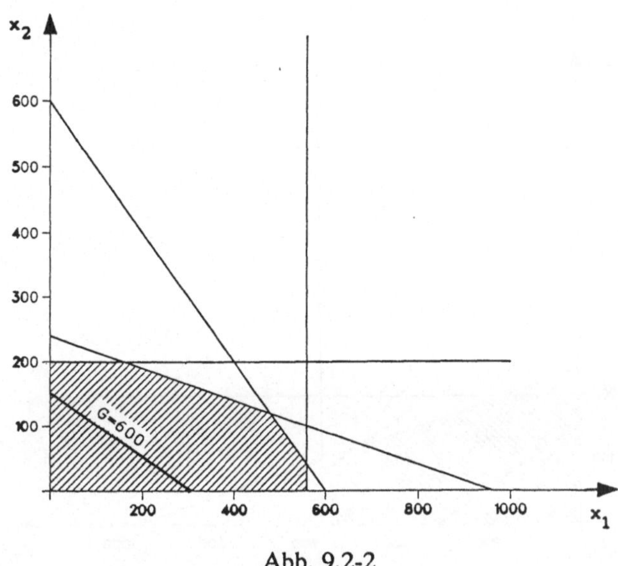

Abb. 9.2-2

Wenn man weitere Isogewinngeraden, zum Beispiel die für G = 800 in die Abbildung einträgt, erkennt man, daß alle Isogewinngeraden parallel zueinander verlaufen. Die Steigung ist gleich, da sie durch das Verhältnis der Stückgewinne bestimmt wird.
Der Gewinn wird umso größer, je weiter die Isogewinngerade vom Koordinatenursprung entfernt ist.

Zur **Ermittlung des Gewinnmaximums** muß eine beliebige Isogewinngerade eingezeichnet werden. Diese wird dann parallel verschoben, bis sie am weitesten vom Nullpunkt entfernt ist, aber den durch die Nebenbedingungen definierten Bereich gerade noch berührt.

In dem Beispiel führt eine Parallelverschiebung der Isogewinngeraden zu dem Punkt, in dem sich die Kapazitätsgrenzen von Maschine I und II schneiden.

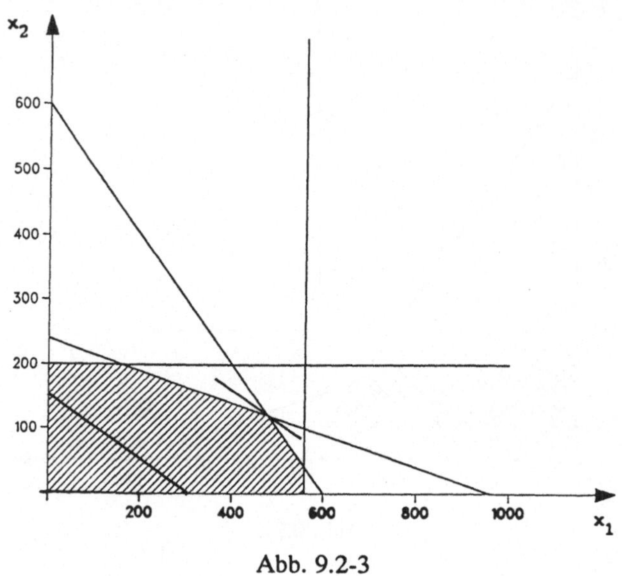

Abb. 9.2-3

Ermittlung des Schnittpunktes:

$$\frac{1}{3}x_1 + \frac{1}{3}x_2 = 200 \quad | \cdot 3$$

$$\frac{1}{8}x_1 + \frac{1}{2}x_2 = 120 \quad | \cdot 8$$

$$x_1 + x_2 = 600 \quad | -$$

$$x_1 + 4x_2 = 960 \quad |$$

$$3x_2 = 360$$

$$x_2 = 120$$

$$x_1 = 480$$

Der Gewinn wird maximal, wenn das Unternehmen 480 Einheiten von X_1 und 120 Einheiten von X_2 produziert.

Der Gewinn beträgt dann:

$$G = 2 \cdot 480 + 4 \cdot 120 = 1.440$$

In diesem Beispiel ergab sich eine eindeutige Lösung. Es gibt Fälle, bei denen mehrdeutige auftreten.

Beispiel:

Wenn die Stückgewinne im obigen Beispiel sich so ändern, daß gilt: $G = 3x_1 + 3x_2$
verlaufen die Isogewinngeraden parallel zu der Kapazitätsbegrenzung von Maschine I.
Durch Parallelverschiebung erkennt man, daß alle Punkte auf der
Kapazitätsbegrenzung von I zwischen dem Schnittpunkt mit Maschine II und III den
gleichen Gewinn erbringen.

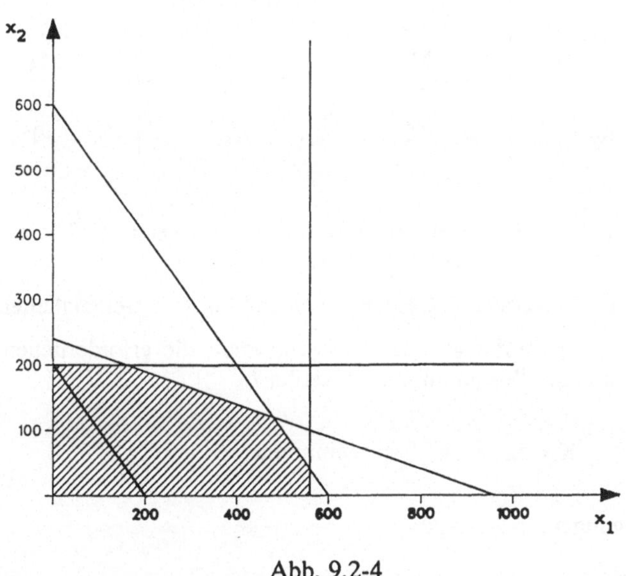

Abb. 9.2-4

Allgemeine Vorgehensweise:

1. Einzeichnen aller Nebenbedingungen in ein Koordinatensystem

2. Festlegung des zulässigen Bereiches.

3. Für einen beliebig festgelegten Funktionswert Eintragung der Zielfunktion.

4. Bestimmung des Extremwertes durch Parallelverschiebung.
   Wenn ein Maximum gesucht ist, wird die Zielfunktion so lange nach oben verschoben,
   bis der zulässige Bereich gerade noch berührt wird.
   Bei der Bestimmung eines Minimums wird die Gerade möglichst nah an den
   Koordinatenursprung geschoben.

5. Berechnung des graphisch ermittelten Punktes.

6. Wenn zwei benachbarte Punkte und damit auch alle Punkte auf deren
   Verbindungsstrecke Lösungen sind, ist die Lösung mehrdeutig.

221

Beispiel:

Ein Unternehmen, das eine Marktlücke in der Produktion von Spezialdünger gefunden hat, benötigt für einen Orchideen-Dünger zwei Rohstoffe R_1 und R_2. Diese Rohstoffe enthalten drei verschiedene Mineralien M_1, M_2 und M_3. Die Tabelle zeigt, wieviele Mengeneinheiten der Mineralien in einer Einheit von R_1 und R_2 enthalten sind.

| | Mineralien | | |
Rohstoffe	M_1	M_2	M_3
R_1	50	100	20
R_2	50	10	50

Der Dünger soll in seiner endgültigen Mischung mindestens 300 Mengeneinheiten des Minerals M_1, 100 von M_2 und 200 von M_3 enthalten.

Die Kosten für R_1 betragen 5 Geldeinheiten und für R_2 4 Geldeinheiten.

Wie sollen die Rohstoffe gemischt werden, damit die erforderlichen Mineralien im Dünger sind und die Kosten minimiert werden?

Zielfunktion: $K = 5x_1 + 4x_2 \rightarrow$ Minimum

Nebenbedingungen:

$$
\begin{array}{llll}
50x_1 & + & 50x_2 & \geq 300 \qquad (M_1) \\
100x_1 & + & 10x_2 & \geq 100 \qquad (M_2) \\
20x_1 & + & 50x_2 & \geq 200 \qquad (M_3) \\
& x_1 \geq 0 & & x_2 \geq 0
\end{array}
$$

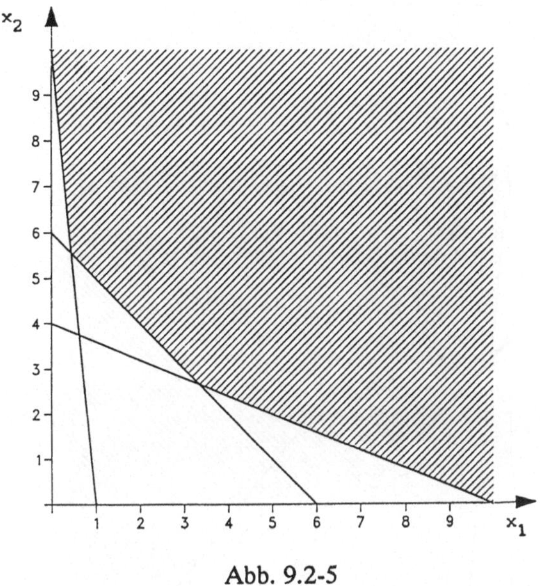

Abb. 9.2-5

Da es sich in diesem Beispiel um eine **Minimierungsaufgabe** mit zu beachtenden Untergrenzen handelt, ist hier der Bereich oberhalb der eingezeichneten Kapazitätsbeschränkungen relevant.

Die Zielfunktion wird mittels einer beliebigen Isokostengerade eingezeichnet.

$$z.B. \quad 40 = 5x_1 + 4x_2$$

Durch Parallelverschiebung wird die Gerade bestimmt, die möglichst nah am Koordinatenursprung liegt, aber die zulässige Fläche gerade noch berührt.

Das Optimum liegt im Schnittpunkt der Nebenbedingungen zu M_1 und M_2.

$$
\begin{array}{rcrcll}
50x_1 & + & 50x_2 & = & 300 & \\
100x_1 & + & 10x_2 & = & 100 & |\cdot 5 \\[6pt]
500x_1 & + & 50x_2 & = & 500 & |- \\
50x_1 & + & 50x_2 & = & 300 & \\[6pt]
& & 450x_1 & = & 200 & \\
& & x_1 & = & 0,44444 & \\
& & x_2 & = & 5,55555 &
\end{array}
$$

Die Lösung ist nicht ganzzahlig, aber dennoch ökonomisch möglich und sinnvoll, da die Rohstoffe nach dem Gewicht in Mengeneinheiten (z.B. Tonnen) gemessen werden. Um den Dünger zu mischen, sollten 0,4444 Mengeneinheiten des Rohstoffes R_1 und 5,5555 von R_2 verwendet werden.

Die Kosten betragen dann $K = 24,4444$

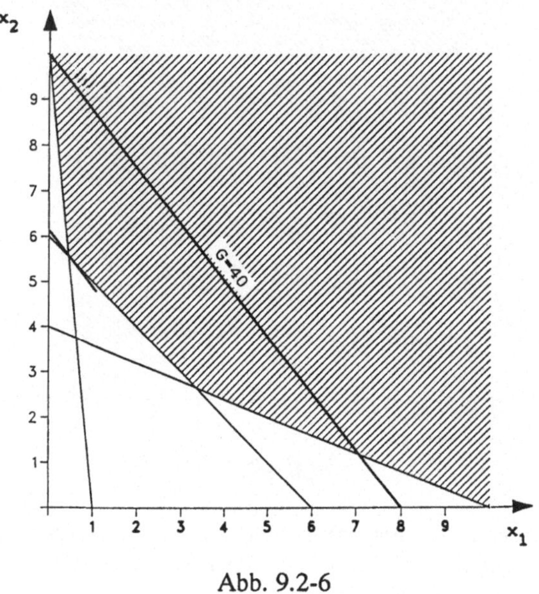

Abb. 9.2-6

Aufgaben:

9.2.1. Ein Unternehmen stellt CD-Player und Videorecorder her.

Beide Produkte durchlaufen bei der Produktion eine Anlage I, die der Vormontage dient. Für die Vormontage eines CD-Players sind 10 Minuten und für einen Videorecorder 15 Minuten erforderlich. Das Unternehmen verfügt über drei derartige Anlagen, die jeweils 40 Stunden pro Woche eingesetzt werden können.

Zur Endmontage durchlaufen die Geräte eine Anlage II, wobei an einem CD-Player 12 Minuten und an einem Videorecorder 30 Minuten gearbeitet wird. Im Unternehmen sind fünf Anlagen des Typs II für die Endmontage mit je 40 Wochenstunden im Einsatz.

Der Endkontrolleur beschäftigt sich mit jedem CD-Player 3 Minuten und mit jedem Videorecorder 5 Minuten. Er arbeitet 37 Stunden pro Woche.

Der Deckungsbeitrag für das Unternehmen beträgt bei einem CD-Player 30 DM und bei einem Videorecorder 60 DM.

Wieviele der Geräte muß das Unternehmen herstellen, um den Gewinn zu optimieren?

9.2.2. Ein Autohändler bezieht von seinem Großhändler zwei PKW-Modelle, wobei er eine Mindestabnahmeverpflichtung eingegangen ist. In einer bestimmten Periode muß er mindestens 30 PKWs vom Typ A und 20 vom Typ B kaufen.
Auf seinem Firmengelände kann der Händler maximal 65 PKWs A und 45 PKWs B unterbringen.
Für Typ A gilt ein Einkaufspreis von 20.000 DM und ein Verkaufspreis von 25.100 DM. Typ B kostet im Einkauf 25.000 DM und erbringt einen Verkaufserlös von 31.000 DM.
Maximal stehen dem Händler 2 Mio. DM für den Einkauf zur Verfügung.
Um den Verkauf des Typs B anzuregen, hat der Großhändler den Händler verpflichtet, mindestens für drei bestellte PKWs vom Typ A einen vom Typ B abzunehmen.
Welche Mengen der beiden Autotypen soll der Autohändler bestellen, um seinen Gewinn zu maximieren?

9.3 Analytische Methode der linearen Optimierung

9.3.1 Simplex-Methode

Die graphische Lösung eines Problems der linearen Optimierung ist bei zwei Variablen leicht möglich. Bei drei Variablen müßte eine Darstellung im dreidimensionalen Raum erfolgen, und bei einer noch größeren Anzahl ist die graphische Methode nicht mehr anwendbar. Da die in der Praxis auftretenden Probleme weit komplizierter sind und oft Hunderte von Variablen beinhalten, sind mathematische Verfahren zur Lösung notwendig.

Die lineare Optimierung ist ein wichtiges Verfahren der Unternehmensforschung (**Operations Research**). Das bekannteste analytische Lösungsverfahren der linearen Optimierung ist die Simplex-Methode, deren Grundlagen in diesem Kapitel besprochen werden. Dabei werden sich die Ausführungen auf den Fall mit nur zwei Variablen beschränken.
Bei einer größeren Zahl von Variablen ändert sich die Methode nicht, sie ist nur mit einem erheblich höheren Rechenaufwand verbunden. Solche Fälle werden im allgemeinen mit Computer-Programmen gelöst.

Die Vorgehensweise bei der Lösung eines Problems der linearen Optimierung mittels der Simplex-Methode soll anhand der Aufgabe 1 des letzten Kapitels demonstriert werden.

Beispiel:

Im Maximierungsbeispiel der Aufgabe 9.2.1. sucht ein Unternehmen die gewinnmaximale Kombination der Produkte X_1 (CD-Player) und X_2 (Videorecorder), wobei die Kapazitätsbeschränkungen in drei verschiedenen Fertigungsstufen beachtet werden mussen.

Die analytische Problemstellung lautet:

Zu maximierende Zielfunktion (Gewinnfunktion):

$$G = 30x_1 + 60x_2$$

Nebenbedingungen:

$$\frac{1}{6}x_1 + \frac{1}{4}x_2 \leq 120$$

$$\frac{1}{5}x_1 + \frac{1}{2}x_2 \leq 200$$

$$\frac{1}{20}x_1 + \frac{1}{12}x_2 \leq 37$$

$$x_1 \geq 0 \quad x_2 \geq 0$$

Die graphische Lösung führte zu einem Gewinnmaximum in Höhe von $G = 25.320$ DM bei einer Produktionsmenge von $x_1 = 220$ und $x_2 = 312$, wie Abb. 9.3-1 zeigt.

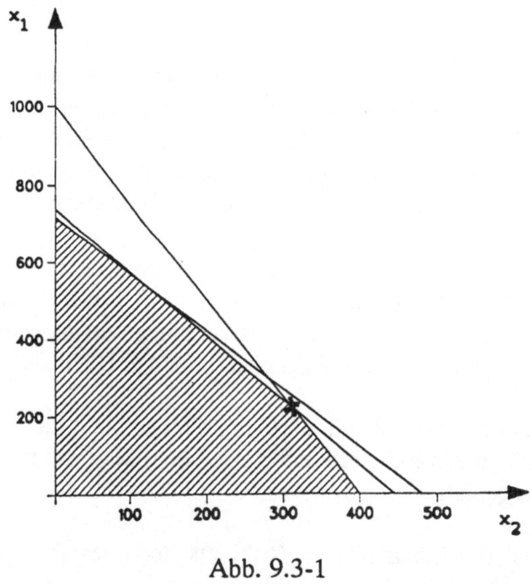

Abb. 9.3-1

Die Simplex-Methode ist ein analytisches Verfahren zur Lösung von linearen Optimierungsaufgaben, das in mehreren Schritten zur gesuchten Lösung führt.
Dabei wird ein Eckpunkt des zugelassenen Bereiches berechnet und daraufhin geprüft, ob er das Optimum darstellt. Wenn das Optimum noch nicht erreicht ist, berechnet die Simplex-Methode eine weitere Lösung (Eckpunkt), die natürlich auch wieder im zulässigen Bereich liegt und eine Verbesserung des Ergebnisses bedeutet. Dieses Verfahren wird so lange wiederholt, bis das gesuchte Optimum ermittelt ist.

Um das Rechnen zu vereinfachen, werden die Ungleichungen in Gleichungen umgewandelt. Die Kapazitätsbeschränkungen im obigen Beispiel besagen, daß die vorhandene Maschinenkapazität nicht überschritten werden darf. Durch die Erweiterung der Ungleichungen um die **Schlupfvariablen** ist eine Darstellung in Gleichungsform möglich. Diese Schlupfvariablen Y_1, Y_2 und Y_3 stellen die nicht ausgenutzte Kapazität der Anlagen dar.
Die Nebenbedingungsgleichungen besagen, daß die Summe aus genutzter und nicht genutzter Zeit genau der Kapazität der Anlage entsprechen muß.

Die Aufgabenstellung lautet nun:

Maximiere $\qquad G = 30x_1 + 60x_2$

unter Beachtung der Nebenbedingungen:

$$\frac{1}{6}x_1 + \frac{1}{4}x_2 + y_1 = 120$$

$$\frac{1}{5}x_1 + \frac{1}{2}x_2 + y_2 = 200$$

$$\frac{1}{20}x_1 + \frac{1}{12}x_2 + y_3 = 37$$

$$x_1 \geq 0 \quad x_2 \geq 0 \quad y_1 \geq 0 \quad y_2 \geq 0 \quad y_3 \geq 0$$

Die Gewinnfunktion wird umgeformt zu:

$$-30x_1 - 60x_2 + G = 0$$

Der Rechenaufwand zur Lösung des Gleichungssystems läßt sich durch eine Schematisierung verringern.

Die linearen Funktionen werden in das sogenannte **Simplex-Tableau** (oder Simplex-Tabelle) eingetragen. Dabei enthält das Tableau nur die Koeffizienten der Gleichungen (ähnlich der Matrizenschreibweise), und die Variablen werden zur Interpretationsvereinfachung in der Kopfzeile aufgeführt.
Häufig wird die letzte Spalte durch einen Doppelstrich von den übrigen getrennt, um das Gleichheitszeichen zu symbolisieren.
Die Gewinnfunktion in der letzten Zeile wird ebenfalls von den Nebenbedingungen durch eine Strich getrennt.

Simplex-Tableau

X_1	X_2	Y_1	Y_2	Y_3	G	
$\frac{1}{6}$	$\frac{1}{4}$	1	0	0	0	120
$\frac{1}{5}$	$\frac{1}{2}$	0	1	0	0	200
$\frac{1}{20}$	$\frac{1}{12}$	0	0	1	0	37
-30	-60	0	0	0	1	0

Das Simplex-Tableau stellt eine verkürzte Schreibweise des Gleichungssystems dar. In jeder Zeile ist eine der Gleichungen enthalten.

Diese Ausgangstabelle wird als Basislösung bezeichnet.
In dieser Lösung nehmen von den fünf Variablen X_1, X_2, Y_1, Y_2, Y_3 drei Variablen einen Wert an, der ungleich Null ist. Es handelt sich dabei um die Variablen, in deren Spalten ein Einheitsvektor steht (eine 1 sonst 0). Diese Variablen befinden sich in der Lösung. Bei drei Beschränkungen können sich höchstens drei Variablen in der Lösung befinden.

Die Lösung des Ausgangstableaus lautet:
$$y_1 = 120$$
$$y_2 = 200$$
$$y_3 = 37$$

Diese Lösung kann anhand der fettgedruckten Werte in der Tabelle abgelesen werden:

X_1	X_2	Y_1	Y_2	Y_3	G	
$\frac{1}{6}$	$\frac{1}{4}$	1	0	0	0	**120**
$\frac{1}{5}$	$\frac{1}{2}$	0	1	0	0	**200**
$\frac{1}{20}$	$\frac{1}{12}$	0	0	1	0	37
-30	-60	0	0	0	1	**0**

Die Variablen X_1 und X_2 gehören nicht zur Lösung und haben somit den Wert Null.

Diese Basislösung läßt sich so interpretieren, daß die nicht ausgeschöpfte Kapazität (d.h. die Schlupfvariablen) der ganzen zur Verfügung stehenden Kapazität entspricht. Beide Produkte werden nicht produziert.
In der Abbildung entspricht diese Basislösung dem Koordinatenursprung.
Der Gewinn läßt sich in dem rechten Feld der letzten Zeile ablesen; er beträgt 0.

Daß diese Lösung nicht optimal ist, ist unmittelbar einsichtig. Das Optimum ist dann gefunden, wenn in der letzten Zeile keine negativen Werte mehr auftreten.

Es muß eine neue, bessere Lösung gesucht werden.
Im **zweiten Schritt** wird eine Variable (X_1 oder X_2) in die Lösung aufgenommen; dafür muß eine der anderen herausfallen. Welche Variable aufgenommen wird, kann anhand der letzten Zeile der Tabelle entschieden werden.
Zunächst wird die Variable ausgewählt, der in der letzten Zeile der kleinste Wert zugeordnet ist. Das ist dann die Variable mit dem höchsten Deckungsbeitrag pro Stück. Diese Auswahlmethode wird **"Steepest-Unit-Ascent-Version"** genannt.

Im Beispiel ist X_2 zunächst in die Lösung hineinzuwählen, da –60 der kleinste Wert in der untersten Zeile ist.
Eine Aufnahme von X_2 erreicht man dadurch, daß ein Einheitsvektor in der betreffenden Spalte erzeugt wird. Diese Spalte wird **Pivot-Spalte** genannt.
Dazu ist zunächst die Frage zu beantworten, an welcher Stelle die 1 zu plazieren ist.

Die Ziffer 1 steht in der Zeile, die die produzierbare Stückzahl einschränkt.
Man berechnet für alle drei Fertigungsstufen, wieviele Einheiten von X_2 jeweils bearbeitet werden können. Diese Berechnung erfolgt durch Division der Werte in der letzten Spalte durch die entsprechenden der X_2-Spalte.

Anlage I   : $\qquad 120 : \frac{1}{4} = 480$

Anlage II : $\qquad 200 : \frac{1}{2} = 400$

Endkontrolle: $\qquad 37 : \frac{1}{12} = 444$

Die Anlage II kann nur 400 Einheiten von X_2 bearbeiten und begrenzt damit die Produktionsmenge. Dabei wird unterstellt, daß die Produkte vollständig bearbeitet werden müssen und Zwischenprodukte nicht gelagert werden können. Die zweite Zeile ist in dem Beispiel die sogenannte **Pivot-Zeile**.

Damit steht fest, daß die Ziffer 1 innerhalb des Einheitsvektors in der zweiten Zeile der zweiten Spalte stehen soll. Dieses Element wird als **Pivot-Element** bezeichnet.

Für das Simplex-Tableau lassen sich die Rechenregeln anwenden, die auch für lineare Gleichungssysteme gelten.
Die 1 läßt sich an der gewünschten Stelle durch Multiplikation der zweiten Zeile mit 2 erreichen.

X_1	X_2	Y_1	Y_2	Y_3	G	
$\frac{1}{6}$	$\frac{1}{4}$	1	0	0	0	120
$\frac{2}{5}$	1	0	2	0	0	400
$\frac{1}{20}$	$\frac{1}{12}$	0	0	1	0	37
-30	-60	0	0	0	1	0

Um an Stelle der übrigen Elemente der zweiten Spalte Nullen zu erzeugen, können Vielfache der zweiten Zeile, der Pivot-Zeile, zu den übrigen addiert werden.

Man addiert

– zur 1. Zeile das $(-\frac{1}{4})$ -fache der 2. Zeile

– zur 3. Zeile das $(-\frac{1}{12})$ -fache der 2. Zeile

– zur 4. Zeile das 60-fache der 2. Zeile und erhält die zweite Lösung.

X_1	X_2	Y_1	Y_2	Y_3	G	
$\frac{1}{15}$	0	1	$-\frac{1}{2}$	0	0	20
$\frac{2}{5}$	1	0	2	0	0	400
$\frac{1}{60}$	0	0	$-\frac{1}{6}$	1	0	$\frac{11}{3}$
-6	0	0	120	0	1	24.000

Nun befinden sich die Variablen X_2, Y_1 und Y_3 in der Lösung mit den Werten, die sich in der letzten Spalte an der Stelle ablesen lassen, an der die jeweilige 1 steht.

$$x_2 = 400$$

$$y_1 = 20$$

$$y_3 = \frac{11}{3}$$

Das Produkt X_1 wird nicht produziert, von X_2 werden 400 Einheiten hergestellt. Die Anlage zur Vormontage hat Leerzeiten in Höhe von 20 Stunden, der Endkontrolleur ist in 3,67 Stunden nicht ausgelastet. Die Anlage zur Endmontage hat keine Leerzeiten.
Der Gewinn beträgt 24.000 DM, wie rechts unten in der Tabelle abgelesen werden kann.
Graphisch liegt diese Lösung im Schnittpunkt der Kapazitätsbeschränkung II mit der X_2-Achse.

Da in der letzten Zeile immer noch ein negativer Wert steht (–6), ist die Optimallösung noch nicht erreicht.

Die nächste, weiter verbesserte Lösung wird durch die gleiche Rechenmethode gefunden. **Pivotspalte** ist die erste, da dort der einzige negative Wert steht.

$$\text{Anlage I} \quad : \quad 20 : \frac{2}{30} = 300$$

$$\text{Anlage II} \quad : \quad 400 : \frac{2}{5} = 1000$$

$$\text{Endkontrolle:} \quad \frac{11}{3} : \frac{1}{60} = 220$$

Das **Pivotelement** befindet sich in der dritten Zeile der ersten Spalte. Die Endkontrolle beschränkt die maximale Produktionsmenge von X_1.

An dieser Stelle wird eine 1 durch Multiplikation der ganzen Zeile mit 60 erzeugt.

X_1	X_2	Y_1	Y_2	Y_3	G	
$\frac{1}{15}$	0	1	$-\frac{1}{2}$	0	0	20
$\frac{2}{5}$	1	0	2	0	0	400
1	0	0	-10	60	0	220
-6	0	0	120	0	1	24.000

Durch Addition des

$$- \left(-\frac{1}{15}\right) \text{-fachen der 3. Zeile zur 1.}$$

$$- \left(-\frac{2}{5}\right) \text{-fachen der 3. Zeile zur 2.}$$

- 6-fachen der 3. Zeile zur 4. ergibt sich:

X_1	X_2	Y_1	Y_2	Y_3	G	
0	0	1	$\frac{1}{6}$	-4	0	$\frac{16}{3}$
0	1	0	6	-24	0	312
1	0	0	-10	60	0	220
0	0	0	60	360	1	25.320

In der neuen Lösung befinden sich X_1, X_2 und Y_1.

Die Werte sind wieder in der letzten Spalte ablesbar.

$$x_1 = 220$$

$$x_2 = 312$$

$$y_1 = \frac{16}{3}$$

Das Unternehmen stellt von X_1 220 Einheiten und von X_2 312 Einheiten her und nimmt dabei auf der Anlage I (Vormontage) Leerzeiten von 5,33 Stunden in Kauf. Die anderen Anlagen und der Endkontrolleur sind voll ausgelastet.

Der Gewinn beträgt G = 25.320 DM.

Daran daß in der letzten Zeile keine negativen Werte stehen, kann man erkennen, daß das Optimum erreicht ist.

Die gefundene Lösung stimmt mit der graphisch ermittelten überein.

Neben dieser Bestimmung des Optimums lassen sich aus dem Tableau Informationen darüber ablesen, ob eine Kapazitätssteigerung bei den voll ausgelasteten Anlagen sinnvoll ist.

In der letzten Zeile zu den Variablen, die nicht zur Lösung gehören, befinden sich Werte, die Auskunft über die sogenannten **Schattenpreise** geben.

Der Schattenpreis von Y_2 ist 60. Dieser sagt aus, daß der Gewinn um 60 DM gesteigert werden könnte, wenn die Kapazität der zugehörigen Anlage (Endmontage) um eine Einheit (hier eine Stunde) gesteigert würde.

Zu Y_3 gehört ein Wert von 360. Eine Kapazitätssteigerung der Endkontrolle um eine Stunde würde eine Gewinnsteigerung von 360 DM mit sich bringen.

Neben den Schattenpreisen lassen sich auch die übrigen Koeffizienten, die nicht in den Einheitsvektoren auftreten, interpretieren. Die Koeffizienten beziehen sich immer auf die Variable in deren Einheitsvektor gleichzeilig die "1" steht. Dies soll beispielhaft für die Koeffizienten der Spalte der Schlupfvariablen Y_2 erfolgen:

Eine Vergrößerung der Leerzeit von Anlage II um eine Stunde (eine Einheit) hat zur Folge:

- eine Verringerung der Leerzeit (Y_1) von Anlage I um $\frac{1}{6}$ Stunden

  ($\frac{1}{6}$ in 1. Zeile; Variable Y_1 hat eine "1" in der 1. Zeile)

- eine Verringerung der Produktionsmenge (X_2) der Videorecorder um 6 Stück

- eine Erhöhung der Produktionsmenge (X_1) der CD-Player um 10 Stück

- eine Gewinnschmälerung um 60 DM.

Analog ist eine Vergrößerung der Leerzeit der Endkontrolle (Y_3) zu interpretieren.

Die Werte gelten natürlich nur so lange, bis durch die Kapazitätsausweitung die Beschränkungen anderer Maschinen erreicht werden.

Schema zur Simplex-Methode:

1. Aufstellung des Simplex-Tableaus.

2. Tritt mindestens ein negativer Wert in der letzten Zeile auf, ist das Optimum noch nicht gefunden.

3. Pivotspalte: Spalte, in der der kleinste Wert der letzten Zeile auftritt.

4. Pivotzeile: Division der Werte der letzten Spalte durch die entsprechenden der Pivotspalte.
Der kleinste Quotient bestimmt die Pivotzeile.

5. Pivotelement: Gemeinsames Element der Pivotzeile und -spalte.
Erzeugung der 1 an dieser Stelle durch Umformung (Multiplikation) der Pivotzeile.

6. Erzeugung eines Einheitsvektors in der Pivotspalte:
Addition eines Vielfachen der Pivotzeile zu den übrigen Zeilen.

7. Tritt mindestens ein negativer Wert in der letzten Zeile auf, weiter mit Punkt 3.

8. Tritt kein negativer Wert in der letzten Zeile auf, ist das Optimum gefunden.
Die Lösung für die einzelnen Variablen und den Zielfunktionswert kann in der letzten Spalte abgelesen werden.

9.3.2 Verkürztes Simplex-Tableau

Im folgenden soll eine weitere Variante der Simplex-Methode vorgestellt werden, da diese in der Praxis weitaus gebräuchlicher ist. Weil sie mit einem verkürzten Simplex-Tableau arbeitet, ist sie für Computerprogramme schneller zu bewältigen.
Leider ist hierbei die Begründung der Vorgehensweise kompliziert und geht über das für die Wirtschaftswissenschaften benötigte mathematische Basiswissen hinaus.
Deshalb soll an dieser Stelle auf die mathematische Begründung der notwendigen Rechenregeln verzichtet werden und nur die **Methode des verkürzten Simplex-Tableaus** vorgestellt werden.
Die Interpretationsmöglichkeiten von beiden Methoden sind gleichwertig.

Die "Methode des verkürzten Simplex-Tableaus" soll an dem gleichen Beispiel (Maximierungsbeispiel der Aufgabe 9.2.1) wie das der Simplex-Methode erläutert werden, um einen Vergleich zu ermöglichen.

Die analytische Problemstellung lautet:

Zu maximierende Zielfunktion (Gewinnfunktion):

$$G = 30x_1 + 60x_2$$

Nebenbedingungen:

$$\frac{1}{6}x_1 + \frac{1}{4}x_2 \leq 120$$

$$\frac{1}{5}x_1 + \frac{1}{2}x_2 \leq 200$$

$$\frac{1}{20}x_1 + \frac{1}{12}x_2 \leq 37$$

$$x_1 \geq 0 \quad x_2 \geq 0$$

Genau wie bei der Simplex-Methode wird die Zielfunktion umformuliert, und unter Einführung von Schlupfvariablen werden die Nebenbedingungen in ein Gleichungssystem verwandelt:

Die Aufgabenstellung lautet nun:

Maximiere $\qquad G = 30x_1 + 60x_2$

unter Beachtung der Nebenbedingungen:

$$\frac{1}{6}x_1 + \frac{1}{4}x_2 + y_1 = 120$$

$$\frac{1}{5}x_1 + \frac{1}{2}x_2 + y_2 = 200$$

$$\frac{1}{20}x_1 + \frac{1}{12}x_2 + y_3 = 37$$

$$x_1 \geq 0 \quad x_2 \geq 0 \quad y_1 \geq 0 \quad y_2 \geq 0 \quad y_3 \geq 0$$

Die Gewinnfunktion wird umgeformt zu:

$$-30x_1 - 60x_2 + G = 0$$

Das Ausgangstableau wird nun folgendermaßen aufgestellt:
Es werden nur die Koeffizienten der Variablen (X_1, X_2) in der Tabelle aufgelistet. Dabei stehen in der Kopfzeile die sogenannten **Nichtbasisvariablen** (X_1, X_2). In der Vorspalte werden die **Basisvariablen** (Y_1, Y_2, Y_3, G) zur Kennzeichnung der entsprechenden Zeilen aufgeführt. Die letzte Spalte wird durch einen Strich getrennt, um das Gleichheitszeichen zu symbolisieren.

Nichtbasisvariablen

		X_1	X_2	
	Y_1	$\frac{1}{6}$	$\frac{1}{4}$	120
Basis-	Y_2	$\frac{1}{5}$	$\frac{1}{2}$	200
variablen	Y_3	$\frac{1}{20}$	$\frac{1}{12}$	37
	G	-30	-60	0

entspricht Gleichheitszeichen

Das verkürzte Simplex-Tableau (VST) wird folgendermaßen interpretiert:

−Alle Nichtbasisvariablen (alle Variablen der Kopfzeile) heben den Wert 0.

−Alle Basisvariablen (Variablen der Vorspalte) haben den Wert, der hinter dem als Gleichheitszeichen zu verstehenden Strich der entsprechenden Zeile steht.

Für obiges Ausgangstableau gilt also:

$X_1, X_2 = 0,$ d.h. keine Produktion

Y_1 = 120,   d.h. die Leerzeit der Anlage I beträgt 120 Stunden

Y_2 = 200,   d.h. die Leerzeit der Anlage II beträgt 200 Stunden

Y_3 = 37,   d.h. die Leerzeit der Endkontrolle beträgt 37 Stunden

G   = 0,   d.h. der Gewinn ist bei Nichtproduktion Null.

Dieses Ausgangstableau entspricht also - wie das Ausgangstableau der Simplex-Methode - in der Graphik dem Koordinatenursprung (s. Abb. 9.3.1).
Wie bei der Simplex-Methode ist die Lösung optimal, wenn in der Zielfunktionszeile keine negativen Werte mehr auftreten.

In der ersten verbesserten Lösung (1. Iteration) wird zuerst bestimmt, welche Nichtbasisvariable gegen welche Basisvariable ausgetauscht wird. D.h. mit anderen Worten für das Beispiel: die Produktionsmenge welchen Gutes soll als erstes berücksichtigt werden (d.h. Produktionsmenge X_i ungleich Null), und welche Anlage soll als erstes vollausgelastet werden (d.h. welche Schlupfvariable Y_i soll gleich Null sein).

Hierzu muß nach den gleichen Regeln wie bei der Simplex-Metholde das Pivotelement bestimmt werden. Auch hier soll wieder die **Steepest-Unit-Ascent-Version** zugrunde liegen. Für das Beispiel ergibt sich

$$
\begin{array}{c|cc|c}
 & X_1 & \overset{\text{Pivotspalte}}{X_2} & \\
\hline
Y_1 & \dfrac{1}{6} & \dfrac{1}{4} & 120 \\
Y_2 & \dfrac{1}{5} & \dfrac{1}{2} & 200 \quad \text{Pivotzeile}\\
Y_3 & \dfrac{1}{20} & \dfrac{1}{12} & 37 \\
G & -30 & -60 & 0
\end{array}
$$

X_2 wird in der 1. Iteration zur Basisvariablen (geht in die Lösung mit ein) und Y_2 zur Nichtbasisvariablen (Vollauslastung von Anlage II ; $Y_2 = 0$).

Durch diesen Basisvariablentausch ändert sich das gesamte Simplex-Tableau. Dieses veränderte Tableau wird nach folgenden **4 Rechenregeln** berechnet:

1. An die Stelle des Pivotelementes (PE) tritt der Reziprokwert des PE $\left(\dfrac{1}{PE}\right)$.

2. Die übrigen Elemente der Pivotzeile (PZ) werden durch das PE des Ausgangstableaus bzw. der vorhergehenden Iteration dividiert.

3. Die übrigen Elemente der Pivotspalte (PS) werden mit (-1) multipliziert und anschließend durch das PE des Ausgangstableaus bzw. der vorhergehenden Iteration dividiert.

4. Alle übrigen Elemente der verbesserten Lösung werden folgendermaßen gebildet:
   Element (Ausgangstableau) minus folgendem Produkt:
   gleichspaltiges Element der PZ (1.bzw. weitere Iteration) "mal"
   gleichzeiliges Element der PS (Ausgangstableau bzw. vorhergehende Iteration).

Fortführung des Beispiels:

$$
\begin{array}{c|cc|c}
 & X_1 & X_2 & \\
\hline
Y_1 & \dfrac{1}{6} & \dfrac{1}{4} & 120 \\
Y_2 & \dfrac{1}{5} & \dfrac{1}{2} & 200 \\
Y_3 & \dfrac{1}{20} & \dfrac{1}{12} & 37 \\
G & -30 & -60 & 0
\end{array}
$$

	X_1	Y_2	
Y_1	$\frac{1}{6} - \frac{2}{5} \cdot \frac{1}{4}$	$(-1) \cdot \frac{1}{4} \cdot 2$	$120 - 400 \cdot \frac{1}{4}$
X_2	$2 \cdot \frac{1}{5}$	2	$2 \cdot 200$
Y_3	$\frac{1}{20} - \frac{2}{5} \cdot \frac{1}{12}$	$(-1) \cdot \frac{1}{12} \cdot 2$	$37 - (400 \cdot \frac{1}{12})$
G	$-30 - \frac{2}{5} \cdot (-60)$	$(-1) \cdot (-60) \cdot 2$	$0 - (400 \cdot (-60))$

1. Iteration

	X_1	Y_2	
Y_1	$\frac{1}{15}$	$-\frac{1}{2}$	20
X_2	$\frac{2}{5}$	2	400
Y_3	$\frac{1}{60}$	$-\frac{1}{6}$	$\frac{11}{3}$
G	-6	120	24.000

Die Interpretation der 1. Iteration lautet:

- $X_1 = 0$ keine Produktion von CD-Playern

- $X_2 = 400$ es werden 400 Videorecorder produziert

- $Y_1 = 20$ Anlage I hat eine Leerzeit von 20 Stunden

- $Y_2 = 0$ Anlage II ist vollausgelastet

- $Y_3 = 3,\overline{6}$ Endkontrolle hat eine Leerzeit von 3,67 Stunden

- $G = 24.000$ Der Gewinn beträgt nun 24.000 DM.

Diese Lösung entspricht in der Abb. 9.3-1 dem Schnittpunkt der Kapazitätsbeschränkung II mit der x_2-Achse.

Da in der letzten Zeile noch ein negativer Wert (-6) auftritt, muß die Lösung in einer 2. Iteration verbessert werden. Sie berechnet sich nach den gleichen Regeln wie die 1. Iteration.

$$\text{1. Iteration}$$

	X_1	Y_2	
Y_1	$\frac{1}{15}$	$-\frac{1}{2}$	20
X_2	$\frac{2}{5}$	2	400
Y_3	$\frac{1}{60}$	$-\frac{1}{6}$	$\frac{11}{3}$
G	-6	120	24.000

$$\text{2. Iteration}$$

	Y_3	Y_2	
Y_1	-4	$\frac{1}{6}$	$\frac{16}{3}$
X_2	-24	6	312
X_1	60	-10	220
G	360	60	25.320

Interpretation:

Die Optimallösung ist erreicht, da sich keine negativen Werte in der Zielfunktionszeile befinden.

$- Y_2 = 0; \; Y_3 = 0$ Vollauslastung von Anlage II und der Endkontrolle

$- Y_1 = 5,\overline{3}$ nicht ausgenutzte Kapazität von Anlage I (5,33 Stunden)

$- X_1 = 220; \; X_2 = 312; \; G = 25.300 \text{ DM}.$

Bei einer produzierten Menge von 220 CD-Playern und 312 Videorecordern tritt der maximale Gewinn von 25.300 DM auf.

Graphisch entspricht dies dem Schnittpunkt der Kapazitätsbeschränkung II und III in der Abb. 9.3-1.

Vergleich der beiden Tableaus

Optimallösung Simplex (ST)

X_1	X_2	Y_1	Y_2	Y_3	G	
0	0	1	$\frac{1}{6}$	-4	0	$\frac{16}{3}$
0	1	0	6	-24	0	312
1	0	0	-10	60	0	220
0	0	0	60	360	1	25.320

Optimallösung des verkürzten Simplex-Tableaus (VST)

	Y_3	Y_2	
Y_1	-4	$\frac{1}{6}$	$\frac{16}{3}$
X_2	-24	6	312
X_1	60	- 10	220
G	360	60	25.320

Das verkürzte Simplex-Tableau (VST) ergibt sich aus dem Simplex-Tableau (ST), indem man die ersten 3 Spalten des ST wegläßt und die Variablen X_1, X_2, Y_1 als Spalte $\begin{bmatrix} Y_1 \\ X_2 \\ X_1 \end{bmatrix}$ entsprechend der Stelle der "1" im Einheitsvektor des ST vor die übriggebliebenen Spalten setzt.

Die weitergehende Interpretation (d.h. die Interpretation aller Koeffizienten einschließlich der Schattenpreise) des verkürzten Simplex-Tableaus verläuft analog der Interpretation der vorgenannten Methode (siehe dort).

Das Schema zur Simplex-Methode des vorigen Kapitels ändert sich nur in Punkt 1, 6 und 8 und lautet nun folgendermaßen:

Schema zur verkürzten Simplex-Methode

1. Aufstellung des verkürzten Simplex-Tableaus.

2. Tritt mindestens ein negativer Wert in der letzten Zeile auf, ist das Optimum noch nicht gefunden.

3. Pivotspalte: Spalte, in der der kleinste Wert der letzten Zeile auftritt.

4. Pivotzeile: Division der Werte der letzten Spalte durch die entsprechenden der Pivotspalte.
   Der kleinste Quotient bestimmt die Pivotzeile.

5. Pivotelement: Gemeinsames Element der Pivotzeile und -spalte.

6. Basisvariablentausch und Veränderung des Tableaus mit Hilfe der 4 Rechenregeln.

7. Tritt mindestens ein negativer Wert in der letzten Zeile auf, weiter mit Punkt 3.

8. Tritt kein negativer Wert in der letzten Zeile auf, ist das Optimum gefunden.
   Die Lösung für die Basisvariablen kann in der letzten Spalte abgelesen werden. Die Nichtbasisvariablen haben den Wert 0.

Aufgabe:

9.3.1. Ein Unternehmen stellt zwei Produkte X_1 und X_2 her.

Die Produkte durchlaufen drei Maschinentypen, deren Einsatzzeit begrenzt ist.
Von der Maschine I und III sind jeweils zwei Exemplare vorhanden, Maschine
II steht nur einmal zur Verfügung.
Die wöchentliche Arbeitszeit beträgt 40 Stunden.
Die Maschine I benötigt eine Stunde für die Herstellung einer Einheit von X_1
und doppelt so lange für X_2.

Maschine II braucht eine Stunde für X_1 und halb so lange für X_2.

Maschine III benötigt 1,6 Stunden für die Herstellung einer Einheit von X_1 und
genauso lange für das zweite Produkt.
Die Gewinnfunktion lautet: $G = 30x_1 + 50x_2$

Bestimmen Sie das Gewinnmaximum mit Hilfe der Simplex-Methode.

10 Finanzmathematik

10.1 Grundlagen der Finanzmathematik

10.1.1 Folgen

Ordnet man den Natürlichen Zahlen $\mathbb{N}$ = 1, 2, 3, 4, ... durch eine beliebige Vorschrift je genau eine reelle Zahl zu, so entsteht eine Zahlenfolge a_1, a_2, a_3, a_4, ...

$$
\begin{array}{cccccccccc}
1 & 2 & 3 & 4 & 5 & . & . & . & n & . & . & . \\
| & | & | & | & | & & & & | \\
a_1 & a_2 & a_3 & a_4 & a_5 & . & . & . & a_n & . & . & .
\end{array}
\qquad
\begin{array}{l}
\text{Natürliche Zahlen} \\[2ex]
\text{Reelle Zahlen}
\end{array}
$$

Durch die Zuordnung $n \rightarrow a_n$ ist eine Funktion definiert.

Definition:

> Eine Funktion, durch die jeder Natürlichen Zahl eine Reelle Zahl zugeordnet wird, heißt **Zahlenfolge**. Man schreibt
> a_1, a_2, a_3, ..., a_n, ... oder (a_n).
>
> Die a_n heißen **Glieder** der Folge.
> a_1 bzw. a_0 heißt Anfangsglied der Folge.

Beispiel:

$$
\begin{aligned}
&3, 3, 3, 3, 3, \ldots && a_n = 3 \\
&1, 2, 3, 4, 5, \ldots && a_n = n \\
&1, \tfrac{1}{2}, \tfrac{1}{3}, \tfrac{1}{4}, \tfrac{1}{5}, \ldots && a_n = \tfrac{1}{n} \\
&\tfrac{2}{3}, \tfrac{4}{5}, \tfrac{6}{7}, \tfrac{8}{9}, \tfrac{10}{11}, \ldots && a_n = \tfrac{2n}{2n+1}
\end{aligned}
$$

Im folgenden sollen arithmetische und geometrische Folgen behandelt werden, auf denen die Finanzmathematik basiert.

Arithmetische Folgen

Bei einer arithmetischen Folge ist der Abstand zwischen zwei aufeinanderfolgenden Folgengliedern immer gleich groß, das heißt die Differenz $a_{n+1} - a_n$ zweier aufeinanderfolgender Glieder ist konstant.

Definition:

Eine Folge (a_n), bei der für alle aufeinanderfolgenden Folgenglieder gilt

$$a_{n+1} - a_n = d = const$$

heißt **arithmetische Folge.**

Beispiel:

arithm. Folge	Differenz $d = a_{n+1} - a_n$	Bildungsgesetz $a_{n+1} = a_n + d$
2, 2, 2, 2, 2,...	0	$a_{n+1} = a_n$
1, 2, 3, 4, 5,...	1	$a_{n+1} = a_n + 1$
$\frac{3}{2}, \frac{5}{2}, \frac{7}{2}, \frac{9}{2}, \dots$	1	$a_{n+1} = a_n + 1$
200, 175, 150, 125,	-25	$a_{n+1} = a_n + (-25)$
$\frac{2}{7}, \frac{1}{7}, 0, -\frac{1}{7}, -\frac{2}{7}, \dots$	$-\frac{1}{7}$	$a_{n+1} = a_n + (-\frac{1}{7})$

Eine arithmetische Folge ist eindeutig durch das Anfangsglied a_1 und die konstante Differenz d bestimmt.
Beispiel 2 und 3 zeigen Folgen mit gleichem d aber unterschiedlichem Anfangsglied.

Bildungsgesetz der arithmetischen Folge

Für die Glieder einer arithmetischen Folge gilt:

$$a_1 = a_1$$
$$a_2 = a_1 + d$$
$$a_3 = a_2 + d = a_1 + d + d = a_1 + 2d$$
$$\cdot$$
$$\cdot$$
$$\cdot$$
$$a_n = a_1 + (n - 1) \cdot d$$

Das Bildungsgesetz einer arithmetischen Folge mit dem Anfangsglied a_1 und der konstanten Differenz d lautet demnach:

$$a_n = a_1 + (n - 1) \cdot d$$

Beispiel:

Wie lautet das 150. Glied einer arithmetischen Folge mit dem Anfangsglied 7 und dem konstanten Summanden 3,5 ?

$$
\begin{aligned}
a_1 &= 7 \\
d &= 3,5 \\
n &= 150
\end{aligned}
$$

$$
\begin{aligned}
a_{150} &= 7 + (150 - 1) \cdot 3,5 \\
&= 528,5
\end{aligned}
$$

Anhand des Bildungsgesetzes lassen sich auch andere Fragestellungen lösen:

Beispiel:

Welchen Wert hat das Anfangsglied a_1 bei einer arithmetischen Folge mit $d = -5$ und $a_{11} = -8$?

$$
\begin{aligned}
a_1 &= a_n - (n-1)\,d \\
a_1 &= -8 - (11 - 1)\,(-5) \\
&= 42
\end{aligned}
$$

Beispiel:

In einer Versuchsreihe soll die Schutzwirkung eines Bleches in Abhängigkeit von seiner Dicke geprüft werden.
Die Versuchsreihe beginnt bei einer Blechstärke von 0,3 cm und soll mit einer Verringerung von 0,000125 m pro Versuch fortgeführt werden.
Im wievielten Versuch wird die Blechstärke von 0,15 cm getestet? Wieviele Experimente umfaßt die Versuchsreihe?

$$
\begin{aligned}
\text{gegeben:} \quad a_n &= 0,0015 \text{ m} \\
a_1 &= 0,003 \text{ m} \\
d &= -0,000125 \text{ m}
\end{aligned}
$$

gesuct: n

$$a_n = a_1 + (n-1) \cdot d$$

$$0{,}0015 = 0{,}003 + (n-1) \cdot (-0{,}000125)$$

$$\frac{-0{,}0015}{-0{,}000125} + 1 = n$$

$$n = 13$$

Mit dem 13. Experiment ist die ursprüngliche Blechdicke halbiert. Der 13. Versuch ist damit gleichzeitig der erste in der zweiten Hälfte der Versuchsreihe. Die gesamte Versuchsreihe umfaßt also 24 Experimente. Beim 25. wäre eine Dicke von Null erreicht.

Geometrische Folgen

Bei einer geometrischen Folge ist der Quotient $q = \dfrac{a_{n+1}}{a_n}$ zwischen zwei aufeinanderfolgenden Folgengliedern immer gleich groß, das heißt q ist konstant.

Jedes Glied der Folge außer a_1 ergibt sich dadurch, daß man das vorausgehende Glied mit einem konstanten Faktor q multipliziert.

Definition:

Eine Folge (a_n), bei der für alle aufeinanderfolgenden Folgenglieder gilt:

$$\frac{a_{n+1}}{a_n} = q = const$$

heißt **geometrische Folge.**

Beispiel:

geometr. Folge	Differenz $q = \dfrac{a_{n+1}}{a_n}$	Bildungsgesetz $a_{n+1} = a_n \cdot q$
2, 2, 2, 2, 2,...	1	$a_{n+1} = a_n$
1, 2, 4, 8, 16,...	2	$a_{n+1} = a_n \cdot 2$
3, 6, 12, 24, ...	2	$a_{n+1} = a_n \cdot 2$
4; 2; 1; 0,5; 0,25 ...	$\dfrac{1}{2}$	$a_{n+1} = a_n \cdot \dfrac{1}{2}$
$1, -\dfrac{1}{5}, \dfrac{1}{25}, -\dfrac{1}{125}, \ldots$	$-\dfrac{1}{5}$	$a_{n+1} = a_n \cdot (-\dfrac{1}{5})$

Eine geometrische Folge ist eindeutig durch das Anfangsglied a_1 und den konstanten Faktor q bestimmt.

Die Beispiele 2 und 3 zeigen Folgen mit gleichen Quotienten q. Zur eindeutigen Festlegung der Folgen muß zusätzlich das Anfangsglied angegeben sein.

Bildungsgesetz der geometrischen Folge

Für die Glieder einer geometrischen Folge gilt:

$$a_1 = a_1$$
$$a_2 = a_1 \cdot q$$
$$a_3 = a_2 \cdot q = a_1 \cdot q \cdot q = a_1 \cdot q^2$$
$$\cdot$$
$$\cdot$$
$$\cdot$$
$$a_n = a_1 \cdot q^{n-1}$$

Das Bildungsgesetz einer geometrischen Folge mit dem Anfangsglied a_1 und dem konstanten Faktor q lautet:

$$a_n = a_1 \cdot q^{n-1}$$

Beispiel:

Wie lautet das 93. Glied einer geometrischen Folge mit $a_1 = \frac{3}{7}$ und $q = 1,06$?

$$a_{93} = \frac{3}{7} \cdot 1,06^{92} = 91,2353$$

In diesem Beispiel wurde a_n berechnet; es sind aber auch andere Fragestellungen möglich, wie folgende Beispiele zeigen:

Beispiel:

Bei einer geometrischen Folge ist das erste (1) und das letzte Glied (128) sowie $q = 2$ bekannt. Wieviele Glieder hat die Folge?

In diesem Fall ist n die Unbekannte. Durch Logarithmieren läßt sich die Gleichung nach n auflösen.

$$a_n = a_1 \cdot q^{n-1}$$

$$q^{n-1} = \frac{a_n}{a_1}$$

$$(n-1)\log q = \log \frac{a_n}{a_1}$$

$$n \log q = \log \frac{a_n}{a_1} + \log q$$

$$n = \frac{\log \frac{a_n}{a_1}}{\log q} + 1$$

$$n = \frac{\log \frac{128}{1}}{\log 2} + 1$$

$$n = \frac{2{,}1072}{0{,}301} + 1$$

$$= 7 + 1$$
$$= 8$$

Beispiel:

In einem Betrieb soll die Geschwindigkeit eines Fließbandes täglich um 1% erhöht werden. Wie hoch ist die Produktion am 30.April, wenn sie am 1.April 100 Stk/Tag beträgt?

gegeben: a_1 = 100

q = 1,01

n = 30

gesucht: a_{30}

$$a_{30} = 100 \cdot 1{,}01^{29} = 133{,}4504$$

Die Produktion beträgt am 30.April 133 Stück.

Eines der wichtigsten Einsatzgebiete der geometrischen Folge ist die Zinseszinsrechnung (s. Kapitel 10.2.2.3.).

Aufgabe:

10.1.1. Eine Zeitung soll dreißigmal gefaltet werden. Dabei wird unterstellt, daß sie am Anfang 1 mm dick ist.

– Welche Dicke hat die dreißigmal gefaltete Zeitung?

– Welche Dicke hat die einhundertmal gefaltete Zeitung?

10.1.2 Reihen

Summiert man die Glieder einer Zahlenfolge, so erhält man eine Reihe.

Definition:

Gegeben sei eine Folge (a_n)

1. (a_n) ist endlich: $\displaystyle\sum_{i=1}^{n} a_i = a_1 + a_2 + a_3 + \ldots + a_n$ heißt **endliche Reihe.**

2. (a_n) ist unendlich: $\displaystyle\sum_{i=1}^{\infty} a_i = a_1 + a_2 + a_3 + \ldots + a_n + \ldots$ heißt **unendliche Reihe.**

Die Summe $S_n = \displaystyle\sum_{i=1}^{n} a_i = a_1 + a_2 + a_3 + \ldots + a_n$

heißt **n-te Partialsumme** (n-te Teilsumme) der Folge.

Im folgenden sollen Reihen arithmetischer und geometrischer Folgen behandelt werden.

Arithmetische Reihe

Definition:

Eine Reihe, die aus den ersten n Gliedern einer arithmetischen Folge gebildet wird, heißt eine (endliche) **arithmetische Reihe.**

Die unendliche arithmetische Reihe ist von keinerlei Bedeutung, da ihre Summe über alle Grenzen wächst.

Summenformel der arithmetischen Reihe

Für eine arithmetische Reihe gilt:

$$\sum_{i=1}^{n} a_i = a_1 \ + \ a_2 \ + \ a_3 \ + \ .... \ + \ a_{n-1} \ + \ a_n$$

$$= a_1 \ + \ a_1 + d \ + \ a_1 + 2d \ + \ .... \ + \ a_1 + (n-2)d \ + \ a_1 + (n-1)d$$

Nun wird folgender "Trick" angewendet: man schreibt alle Summanden noch einmal in umgekehrter Reihenfolge unter die Summanden der Reihe und addiert dann beide Reihen.

$$\sum_{i=1}^{n} a_i = a_1 \ + \ a_1 + d \ + \ .... \ + \ a_1 + (n-2)d \ + \ a_1 + (n-1)d$$

$$\sum_{i=1}^{n} a_i = a_1 + (n-1)d \ + \ a_1 + (n-2)d \ + \ .... \ + \ a_1 + d \ + \ a_1$$

$$2\sum_{i=1}^{n} a_i = 2a_1 + (n-1)d \ + \ 2a_1 + (n-1)d \ + \ .... \ + \ 2a_1 + (n-1)d \ + \ 2a_1 + (n-1)d$$

Der rechte Teil der Gleichung hat n gleiche Summanden: $2 \cdot a_1 + (n-1) \cdot d$

Damit ergibt sich folgende abkürzende Schreibweise:

$$2\sum_{i=1}^{n} a_i = n \cdot (2a_1 + (n-1) \cdot d)$$

$$\sum_{i=1}^{n} a_i = \frac{n}{2} \cdot (2a_1 + (n-1)d)$$

$$= \frac{n}{2} \cdot (a_1 + a_1 + (n-1)d)$$

$$= \frac{n}{2} \cdot (a_1 + a_n)$$

Man erhält die beiden Formeln:

$$\sum_{i=1}^{n} a_i = \frac{n}{2} \cdot (2a_1 + (n-1)d)$$

$$\sum_{i=1}^{n} a_i = \frac{n}{2} \cdot (a_1 + a_n)$$

Beispiel:

Anekdote: Als der berühmte Mathematiker Carl Friedrich Gauß (1777–1855) noch eine der unteren Schulklassen besuchte, wollte sein Lehrer die Schüler für längere Zeit beschäftigen und stellte folgende Aufgabe:
"Addiere die Ganzen Zahlen von 1 bis 100."
Nach kurzer Zeit beendete Gauß diese Aufgabe. Wie war er vorgegangen?

Er hatte den gleichen "Trick" angewendet, mit dem oben die Summenformel der arithmetischen Reihe ermittelt wurde.

$$
\begin{aligned}
S &= 1 + 2 + 3 + \ldots 98 + 99 + 100 \\
\underline{S} &= \underline{100 + 99 + 98 + \ldots 3 + 2 + 1} \\
2 \cdot S &= 101 + 101 + 101 + \ldots 101 + 101 + 101 \\
2 \cdot S &= 100 \cdot 101 \\
S &= 50 \cdot 101 \\
&= 5.050
\end{aligned}
$$

Beispiel:

Bestimme die Summe einer arithmetischen Reihe mit 100 Gliedern, $a_1 = -15$ und $d = 3$ mit Hilfe beider Summenformeln

$$1. \quad \sum_{i=1}^{n} a_i = \frac{n}{2} \cdot (2a_1 + (n-1)d)$$

$$\sum_{i=1}^{100} a_i = 50(-30 + 99 \cdot 3) = 13.350$$

2. $\displaystyle\sum_{i=1}^{n} a_i \;=\; \frac{n}{2}\cdot(a_1 + a_n)$

$$a_n \;=\; a_1 + (n-1)d$$

$$a_{100} \;=\; -15 + 99\cdot 3 = 282$$

$$\sum_{i=1}^{100} a_i \;=\; 50\cdot(-15 + 282) = 13.350$$

Beispiel:

(s. Bsp. Arithmetische Folge):
Welche Höhe erreichen die übereinandergelegten Bleche ?

$$\sum_{i=1}^{24} a_i \;=\; 12\cdot(0,003 + 0,000125) = 0,0375 \; m$$

Geometrische Reihe

Definition:

Eine Reihe, deren Glieder eine geometrische Folge (endlich oder unendlich) bilden, nennt man **geometrische Reihe**.

Im Gegensatz zur unendlichen arithmetischen Reihe ist die Betrachtung der unendlichen geometrischen Reihe durchaus sinnvoll, da sie einen Grenzwert und damit einen endlichen Wert besitzen kann (s. Kap. 10.1.3 und 10.1.4).

Summenformel der geometrischen Reihe

Für eine geometrische Reihe gilt:

$$\sum_{i=1}^{n} a_i = a_1 + a_2 + a_3 + \ldots + a_{n-1} + a_n$$

$$= a_1 + a_1\cdot q + a_1\cdot q^2 + \ldots + a_1\cdot q^{n-2} + a_1\cdot q^{n-1}$$

Auch hier läßt sich die Summenformel mit Hilfe eines kleinen "Tricks" ableiten: man multipliziert beide Seiten der Gleichung mit q und subtrahiert dann die Summe

$$q \cdot \sum_{i=1}^{n} a_i \quad \text{von} \quad \sum_{i=1}^{n} a_i \; .$$

Die einzelnen Glieder der Reihen werden dazu um einen Summanden versetzt untereinander geschrieben.

$$\sum_{i=1}^{n} a_i \;=\; a_1 \;+\; a_1 q \;+\; a_1 q^2 \;+\; a_1 q^3 \;+ \dots +\; a_1 q^{n-2} \;+\; a_1 q^{n-1}$$

$$-q \cdot \sum_{i=1}^{n} a_i \;=\; \qquad a_1 q \;+\; a_1 q^2 \;+\; a_1 q^3 \;+ \dots +\; a_1 q^{n-2} \;+\; a_1 q^{n-1} \;+ a_1 q^n$$

$$\sum_{i=1}^{n} a_i \;-\; q \cdot \sum_{i=1}^{n} a_i \;=\; a_1 - a_1 q^n$$

$$\sum_{i=1}^{n} a_i \cdot (1-q) \;=\; a_1 \cdot (1-q^n)$$

$$\sum_{i=1}^{n} a_i \;=\; a_1 \cdot \frac{1-q^n}{1-q} \;=\; a_1 \cdot \frac{q^n-1}{q-1} \quad \text{für } q \neq 1$$

Für q = 1 gilt: $\displaystyle\sum_{i=1}^{n} a_i = a_1 + a_1 + \dots + a_1 = n \cdot a_1$

Beispiel:

Bestimme die Summe einer geometrischen Reihe mit 100 Gliedern, $a_1 = \frac{2}{3}$ und q = 1,2!

$$\sum_{i=1}^{100} a_i \;=\; \frac{2}{3} \cdot \frac{1-1{,}2^{100}}{1-1{,}2}$$

$$= \; 276.059.911{,}733$$

Aufgaben:

10.1.2.1. Ein Betrieb erhält den Auftrag, 14.000 Nähmaschinen herzustellen. In der ersten Arbeitswoche (5 Arbeitstage) können täglich 45 Stück produziert werden.
Diese Stückzahl soll in den folgenden Wochen um 50 Einheiten je Woche erhöht werden.
Nach wievielen Wochen ist der Auftrag erfüllt?
Wieviel Stück werden in der letzten Woche hergestellt?

10.1.2.2. In einer Legende wird erzählt, daß der Erfinder des Schachspiels sich folgendes "bescheidene" Ehrengeschenk ausbat: Für das erste der 64 Schachfelder ein Reiskorn, für das zweite zwei, für das dritte vier, für das vierte acht Körner, usw. bis zum 64. Spielfeld.

– Wieviele Reiskörner hat sich der Erfinder ausgebeten?

– Wieviel Tonnen Reis hätte er bekommen müssen, wenn man annimmt, daß 50 Reiskörner ein Gramm wiegen?

– Im Jahre 1986 wurden weltweit 473,9 Mio. Tonnen Reis produziert. Wieviele Jahre müßten sämtliche Ernten (bei gleichbleibender Erntemenge) an den Erfinder abgetreten werden?

10.1.3 Grenzwerte von Folgen

Bei unendlichen Zahlenfolgen (a_n) interessiert man sich besonders für ihr Verhalten, wenn n sehr groß wird.

Bei manchen unendlichen Folgen nähern sich die Glieder einer bestimmten Zahl.

Beispielsweise nähern sich die Glieder der Folge $\left[\dfrac{1}{n}\right] = 1, \dfrac{1}{2}, \dfrac{1}{3}, \dfrac{1}{4}, \dots$ der Null.

Betrachtet man irgendeine Umgebung von Null, so liegen immer unendlich viele Glieder in dieser Umgebung, aber höchstens endlich viele außerhalb. Das bedeutet fast alle Glieder liegen in jeder beliebigen Umgebung von Null.

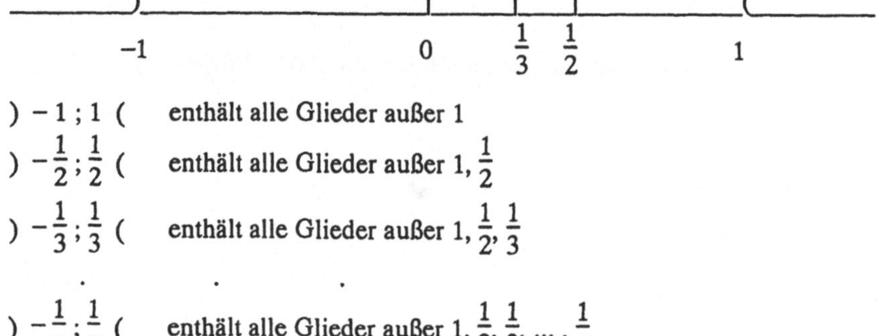

$) -1 ; 1 ($ enthält alle Glieder außer 1

$) -\dfrac{1}{2} ; \dfrac{1}{2} ($ enthält alle Glieder außer $1, \dfrac{1}{2}$

$) -\dfrac{1}{3} ; \dfrac{1}{3} ($ enthält alle Glieder außer $1, \dfrac{1}{2}, \dfrac{1}{3}$

$) -\dfrac{1}{n} ; \dfrac{1}{n} ($ enthält alle Glieder außer $1, \dfrac{1}{2}, \dfrac{1}{3}, \dots , \dfrac{1}{n}$

Definition:

Eine Zahl g heißt **Grenzwert** einer unendlichen Zahlenfolge (a_n), wenn fast alle Glieder der Folge in jeder (noch so kleinen) Umgebung von g liegen und außerhalb nur endlich viele.
Eine Folge, die einen Grenzwert besitzt, heißt **konvergent**.
Man schreibt: $\lim\limits_{n \to \infty} a_n = g$.

Lies: limes von a_n für n gegen unendlich ist gleich g.

Beispiel:

1. $a_n = 3 + \dfrac{2}{n}$

   $$\lim\limits_{n \to \infty} \left(3 + \frac{2}{n}\right) = 3$$

2. $a_n = \dfrac{3 + n + n^2}{n^2}$

   $$\lim\limits_{n \to \infty} \frac{3 + n + n^2}{n^2} = \lim\limits_{n \to \infty} \left(\frac{3}{n^2} + \frac{n}{n^2} + \frac{n^2}{n^2}\right) =$$

   $$\lim\limits_{n \to \infty} \frac{3}{n^2} + \lim\limits_{n \to \infty} \frac{n}{n^2} + \lim\limits_{n \to \infty} \frac{n^2}{n^2} = 0 + 0 + 1 = 1$$

3. $a_n = \dfrac{n^2}{n+1}$

   $$\lim\limits_{n \to \infty} \frac{n^2}{n+1} = \lim\limits_{n \to \infty} \frac{n}{1 + \frac{1}{n}} = \lim\limits_{n \to \infty} \frac{n}{1} = \lim\limits_{n \to \infty} n = \infty$$

   Das heißt es existiert kein Grenzwert.

4. $a_n = (-1)^n$

   $(a_n) = -1, 1, -1, 1, -1, 1, \ldots$

   Es existiert kein Grenzwert.
   Zwar liegen unendlich viele Glieder der Folge in jeder noch so kleinen Umgebung von 1 bzw. -1, aber auch unendlich viele außerhalb. Solche Punkte 1 und -1 nennt man Häufungspunkte.

Definition:

Eine Zahl h heißt **Häufungspunkt** einer unendlichen Zahlenfolge (a_n), wenn unendlich viele Glieder der Folge in jeder (noch so kleinen) Umgebung von h liegen.

Es wird in dieser Definition keine Bedingung an die Anzahl der Glieder außerhalb der betrachteten Umgebung gestellt; es können sowohl endlich viele, als auch unendlich viele sein.

Wenn nur endlich viele Glieder außerhalb der betreffenden Umgebung liegen, handelt es sich um einen Grenzwert.

Ein Grenzwert ist somit auch gleichzeitig ein Häufungspunkt.

Ein Häufungspunkt ist aber selten ein Grenzwert wie Beispiel 3 und das folgende zeigen.

Beispiel:

$$(a_n) \text{ mit: } \quad a_{2n} = 3$$
$$a_{2n+1} = 2n + 1$$

Es handelt sich um eine Folge, bei der allen geraden Gliedern die drei und allen ungeraden Gliedern 2n + 1 zugeordnet wird.

3 ist ein Häufungspunkt der Folge, aber kein Grenzwert, da unendlich viele Glieder außerhalb jeder Umgebung von 3 liegen.

10.1.4 Grenzwerte von Reihen

Bei der Grenzwertbetrachtung von Reihen geht es um die Frage, ob eine Reihe einen endlichen Wert besitzt. Der Begriff der Konvergenz von Zahlenfolgen wird auf folgende Weise übertragen: Es wird untersucht, ob die **Folge der Partialsummen**

$$S_n = \sum_{i=1}^{n} a_i$$

für n $\rightarrow \infty$ gegen einen Grenzwert konvergiert.

Definition:

Konvergiert die Folge (S_n) der Partialsummen einer unendlichen Reihe gegen einen Grenzwert S, so heißt S die **Summe der unendlichen Reihe**. Die Reihe ist dann **konvergent**. Man schreibt:

$$\lim_{n\to\infty} S_n = \lim_{n\to\infty} \sum_{i=1}^{n} a_i = S = \sum_{i=1}^{\infty} a_i$$

Arithmetische Reihe (unendlich)

Eine unendliche arithmetische Reihe ist nur konvergent, wenn $a_1 = d = 0$. Ansonsten ist sie divergent, da ihre Summe unendlich groß (bzw. klein) wird.

Geometrische Reihe (unendlich)

Geometrische Reihen können sowohl divergent als auch konvergent sein. Ob die Reihe einen endlichen Wert hat oder gegen Unendlich strebt, hängt allein vom Quotienten q ab.

$$S_n = \sum_{i=1}^{n} a_i = a_1 \cdot \frac{1-q^n}{1-q} \qquad q \neq 1$$

$$\lim_{n\to\infty} S_n = \lim_{n\to\infty} a_1 \cdot \frac{1-q^n}{1-q} = \frac{a_1}{1-q} + \lim_{n\to\infty} a_1 \cdot \frac{-q^n}{1-q} = \frac{a_1}{1-q} - \frac{a_1}{1-q} \lim_{n\to\infty} \cdot q^n$$

Es genügt zu untersuchen, ob die Folge (q^n) einen Grenzwert besitzt:

$$|q| > 1 : \lim_{n\to\infty} q^n = \pm\infty \qquad \text{divergent}$$

$$|q| < 1 : \lim_{n\to\infty} q^n = 0 \qquad \text{konvergent}$$

$$\lim_{n\to\infty} S_n = \frac{a_1}{1-q}$$

$$|q| = 1 : S_n = \sum_{i=1}^{n} a_i = n \cdot a_i \qquad \text{divergent für } a_1 \neq 0$$

Unendliche geometrische Reihen sind nur dann konvergent, wenn $-1 < q < +1$ oder $a_1 = 0$ ist.

Mit Hilfe der Grenzwerte von Reihen kann die Eulersche Zahl e definiert werden (zum Fakultätsbegriff n! vgl. Kap. 11.1):

$$e \;=\; \sum_{i=0}^{\infty} \frac{1}{i!} \;=\; \lim_{n \to \infty} \sum_{i=0}^{n} \frac{1}{i!} \qquad \text{mit } S_n = 1 + \frac{1}{1!} + \frac{1}{2!} + \frac{1}{3!} + \dots + \frac{1}{n!}$$

Eine weitere Definition von e mittels Grenzwerten lautet:

$$e \;=\; \lim_{n \to \infty} \left(1 + \frac{1}{n} \right)^{n}$$

$$e^{x} = \sum_{n=0}^{\infty} \frac{x}{n!} \;=\; \lim_{n \to \infty} \left(1 + \frac{x}{n} \right)^{n}$$

10.2 Finanzmathematische Verfahren

10.2.1 Abschreibungen

Die Abschreibung ist eine Methode, die Wertminderung längerlebiger Güter des Anlagevermögens (meist Maschinen und Gebäude) im Rechnungswesen zu berücksichtigen. In diesem Kapitel sollen ausschließlich die gebräuchlichen Verfahren der Zeitabschreibung (Anschaffungskosten verteilt auf die wirtschaftliche Nutzungsdauer) behandelt werden:

– lineare Abschreibung

– arithmetisch-degressive Abschreibung

– digitale Abschreibung

– geometrisch-degressive Abschreibung

Auf die Darstellung der betriebswirtschaftlich zu begründenden Vor- bzw. Nachteile der Verfahren wird verzichtet.

Folgende **Symbole** werden verwendet:

A   = Anschaffungswert
R   = Restwert (Wert am Ende der Nutzungsdauer)
n   = Nutzungsdauer
a_i = Abschreibungsbetrag im Zeitraum i

A–R = Gesamtabschreibungsbetrag

Lineare Abschreibung

Die jährlichen Abschreibungsbeträge a sind konstant, das heißt a ergibt sich aus dem Gesamtabschreibungsbetrag A–R geteilt durch die Nutzungsdauer:

$$a = \frac{A - R}{n}$$

Beispiel:

Eine Maschine, die für 70.000 DM angeschafft wurde, hat nach fünf Jahren Nutzungsdauer einen Wert von 9.000 DM.
Wie hoch sind die jährlichen Abschreibungsbeträge, wenn die lineare Abschreibung vorausgesetzt wird?

$$a = \frac{70.000 - 9.000}{5} = 12.200$$

Der gesamte Abschreibungsverlauf wird in einer Tabelle dargestellt:

Jahr	Abschreibung	Restbuchwert
1	12.200	57.800
2	12.200	45.600
3	12.200	33.400
4	12.200	21.200
5	12.200	9.000

Arithmetisch-degressive Abschreibung

Die jährlichen Abschreibungsbeträge a_i nehmen von Jahr zu Jahr um denselben Betrag d ab, die Abschreibungsbeträge bilden also eine arithmetische Folge:

$$a_1 = a_1$$

$$a_2 = a_1 - d$$

$$a_3 = a_1 - 2d$$

$$\cdot$$
$$\cdot$$
$$\cdot$$

$$a_n = a_1 - (n-1)d$$

Bestimmung von d

Die Gesamtabschreibung A–R beträgt:

$$A - R = a_1 + a_2 + ... + a_n$$

$$= \frac{n}{2}(2a_1 + (n-1)d) \quad \text{(arithmetische Summenformel)}$$

Daraus läßt sich die Formel für d ableiten:

$$d = \frac{2(na_1 - (A-R))}{n(n-1)}$$

Bedingungen für den ersten Abschreibungsbetrag a_1

An die Wahl des ersten Abschreibungsbetrages müssen folgende Bedingungen gestellt werden:

einerseits: d muß positiv sein, das ist nur dann der Fall, wenn:

$$na_1 - (A-R) \geq 0$$

$$a_1 \geq \frac{A-R}{n} \qquad \text{wobei } \frac{A-R}{n} \text{ der lineare Abschreibungsbetrag ist}$$

andererseits: auch der letzte Abschreibungsbetrag a_n muß größer als Null sein, d.h.:

$$a_n \geq 0: \quad a_n = a_1 - (n-1)d \geq 0$$

$$a_1 \geq (n-1)d$$

$$a_1 \geq \frac{(n-1)\, 2(na_1 - (A-R))}{n(n-1)}$$

$$\geq \frac{2(na_1 - (A-R))}{n} = 2a_1 - \frac{2(A-R)}{n}$$

$$a_1 \leq \frac{2(A-R)}{n} \qquad \text{doppelter Abschreibungsbetrag}$$

Der erste Abschreibungsbetrag muß zwischen einfachem und doppeltem linearen Abschreibungsbetrag liegen.

Beispiel:

Eine Maschine, die für 70.000 DM angeschafft wurde, hat nach fünf Jahren einen Restwert von 9.000 DM. Der erste Abschreibungsbetrag soll 15.000 DM betragen. Stellen Sie den Abschreibungsplan für die arithmetisch-degressive Abschreibung auf!

Der lineare Abschreibungsbetrag beträgt a = 12.200 DM (s. Bsp. lineare Abschreibung). Damit erfüllt der erste Abschreibungsbetrag obige Bedingungen:

$$a = 12.200 \leq a_1 \leq 24.400 = 2a$$

$$d = \frac{2\,(\,5 \cdot 15.000 \; - \; (70.000 - 9.000))}{5 \cdot 4} = 1.400$$

Jahr	Abschreibung	Restbuchwert
1	15.000	55.000
2	13.600	41.400
3	12.200	29.200
4	10.800	18.400
5	9.400	9.000

Digitale Abschreibung

Die digitale Abschreibung ist eine arithmetisch-degressive Abschreibung, bei der der letzte Abschreibungsbetrag a_n mit der Differenz d zwischen den jährlichen Abschreibungsbeträgen übereinstimmt: $d = a_n$

Die Abschreibungsbeträge in den Jahren 1, ..., n ergeben sich somit als:

Jahr	Abschreibung
n	$a_n = a$
n - 1	$a + d = 2a$
n - 2	$2a + d = 3a$
.	.
.	.
.	.
2	$(\,n - 1\,)\,a$
1	na

Damit ergibt sich für den Gesamtabschreibungsbetrag:

$$A - R = a + 2a + 3a + \dots + (n - 1)\,a + na$$

$$= \frac{n}{2}\,(na + a) \quad \text{Summenformel der arithmetischen Reihe}$$

$$= \frac{a}{2}\,n\,(n + 1)$$

aufgelöst nach a: $\quad a = \dfrac{2 \cdot (A - R)}{n\,(n + 1)}$

Beispiel:

Eine Maschine, die für 70.000 DM angeschafft wurde, hat nach fünf Jahren Nutzungsdauer einen Wert von 9.000 DM. Stellen Sie den Abschreibungsplan für die digitale Abschreibung auf!

$$a = \frac{2\,(70.000 - 9.000)}{5 \cdot 6} = 4.066,\overline{6}$$

Jahr	Abschreibung	Restbuchwert
1	20.333,$\overline{3}$	49.666,$\overline{6}$
2	16.266,$\overline{6}$	33.400
3	12.200	21.200
4	8.133,$\overline{3}$	13.066,$\overline{6}$
5	4.066,$\overline{6}$	9.000

Geometrisch-degressive Abschreibung

Die jährlichen Abschreibungsbeträge errechnen sich nach einem konstanten Prozentsatz aus dem Restbuchwert.

Beispiel:

Es ist A = 50.000 DM, n = 3 und der konstante Prozentsatz 20%.

Jahr	Abschreibung	Restbuchwert
1	$0,2 \cdot 50.000 = 10.000$	40.000
2	$0,2 \cdot 40.000 = 8.000$	32.000
3	$0,2 \cdot 32.000 = 6.400$	25.600

Sowohl die Restbuchwerte als auch die Abschreibungsbeträge bilden eine geometrische Folge mit q = 0,8.

Im allgemeinen sind A, R und n vorgegeben, und p muß bestimmt werden.

Bestimmung von p

Betrachtet man die geometrische Folge der Restbuchwerte, so läßt sich folgende Tabelle aufstellen:

Jahr	Restbuchwerte
0	$R = A$
1	$R_1 = A - A \frac{p}{100} = A \left(1 - \frac{p}{100}\right)$
2	$R_2 = R_1 - R_1 \frac{p}{100} = R_1 \left(1 - \frac{p}{100}\right) = A \left(1 - \frac{p}{100}\right)^2$
3	$R_3 = A \left(1 - \frac{p}{100}\right)^3$
.	
.	
.	
n	$R_n = A \left(1 - \frac{p}{100}\right)^n$

Am Ende der Nutzungsdauer n verbleibt der Restwert

$$R_n = R = A \left(1 - \frac{p}{100}\right)^n$$

Sind A, R und n gegeben, ergibt sich für p:

$$R = A \left(1 - \frac{p}{100}\right)^n$$

$$\sqrt[n]{R} = \sqrt[n]{A} \left(1 - \frac{p}{100}\right)$$

$$p = \left(1 - \sqrt[n]{\frac{R}{A}}\right) \cdot 100$$

Beispiel:

Eine Maschine, die für 70.000 DM angeschafft wurde, hat nach fünf Jahren Nutzungsdauer einen Wert von 9.000 DM. Stellen Sie den Abschreibungsplan für die geometrisch-degressive Abschreibung auf!

$$p = \left(1 - \sqrt[5]{\frac{9.000}{70.000}}\right) \cdot 100 = 33{,}6518\%$$

Jahr	Abschreibung	Restbuchwert
1	23.556,2867	46.443,7131
2	15.629,1633	30.814,5498
3	10.369,6625	20.444,8873
4	6.880,0800	13.564,8069
5	4.564,8069	9.000,0000

Aufgabe:

10.2.1. Ein Betrieb möchte eine Anlage mit Anschaffungskosten von 500.000 DM auf einen Restwert von 10.000 DM abschreiben.

a) Bei der geometrisch-degressiven Abschreibung wird ein Prozentsatz von 25 % vorgegeben.
Wie lange muß das Unternehmen abschreiben?

b) Während der Abschreibungsdauer soll nach dem fünften Jahr auf die lineare Abschreibung gewechselt werden.
Stellen Sie einen Abschreibungsplan unter der Voraussetzung auf, daß die Abschreibungszeit insgesamt zehn Jahre beträgt.

10.2.2 Zinsrechnung

10.2.2.1 Begriffe der Zinsrechnung

Zinsen sind das Entgelt für ein leihweise überlassenes Kapital.
Nachschüssige (vorschüssige) Zinsen sind Zinsen, die am Ende (Anfang) einer Periode fällig werden. Im folgenden sollen unter dem Begriff Zinsen stets nachschüssige Zinsen verstanden werden, da vorschüssige Zinsen nur eine geringe praktische Bedeutung haben.

Folgende Symbole werden verwandt:

p   Zinssatz

q   Zinsfaktor, d.h. $q = 1 + \dfrac{p}{100}$

K_0 Anfangskapital: Kapital zu Beginn der Laufzeit

K_n Endkapital: Kapital nach der n-ten Periode bzw. am Ende der Laufzeit

10.2.2.2 Einfache Verzinsung

Bei der einfachen Verzinsung werden in den einzelnen Perioden nur die Zinsen für das
Anfangskapital gezahlt, die bisher gezahlten Zinsen werden also nicht mitverzinst.
Die Zinsen nach n Perioden berechnen sich wie folgt:

Zinsen nach 1 Jahr: $\quad z_1 \; = \; K_0 \cdot \dfrac{p}{100}$

Zinsen nach 2 Jahren: $z_2 \; = \; K_0 \cdot \dfrac{p}{100} + K_0 \cdot \dfrac{p}{100} \; = \; 2 \cdot K_0 \cdot \dfrac{p}{100}$

$$\text{Zinsen der 1. und 2. Periode}$$

Zinsen nach 3 Jahren: $z_3 \; = \; 3 \cdot K_0 \cdot \dfrac{p}{100}$

Zinsen nach n Jahren: $z_n \; = \; n \cdot K_0 \cdot \dfrac{p}{100}$

Für das Endkapital K_n gilt:

$$K_n = K_0 + z_n \; = \; K_0 + n \cdot K_0 \cdot \frac{p}{100}$$

$$= \; K_0 \cdot (1 + n \cdot \frac{p}{100})$$

Beispiel:

Eine Privatperson hat einem Freund für fünf Jahre 100.000 DM zu einem Zinssatz von
6% geliehen.
Wie hoch ist das Endkapital?

$$K_n = 100.000 \cdot (1 + 5 \cdot \frac{6}{100}) = 130.000 \text{ DM}$$

Durch Umformung der Formel $K_n = K_0 \cdot (1 + n \cdot \frac{p}{100})$ lassen sich K_0, n und p berechnen.

$$K_0 \; = \; \frac{K_n}{1 + n \cdot \dfrac{p}{100}}$$

$$n \; = \; \left[\frac{K_n}{K_0} - 1\right] \cdot \frac{100}{p}$$

$$p = \left[\frac{K_n}{K_0} - 1\right] \cdot \frac{100}{n}$$

Aufgaben:

10.2.2.2.1. Ein Kapital soll in zehn Jahren bei 5% Zinsen 54.000 DM betragen. Wie hoch muß das Anfangskapital bei einfacher Verzinsung sein?

2. Wann verdoppelt sich ein Kapital bei 6% Zinsen und einfacher Verzinsung?

3. Wie hoch muß der Zinssatz sein, wenn in zehn Jahren aus 20.000 DM 50.000 DM bei einfacher Verzinsung werden sollen?

10.2.2.3 Zinseszinsrechnung

Bei der Zinseszinsrechnung werden sowohl das Anfangskapital als auch die Zinsen in den Perioden verzinst, das heißt die Zinsen werden dem Kapital jeweils zugeschlagen und von da an mitverzinst. Das Anfangskapital entwickelt sich folgendermaßen:

Anfangskapital: K_0

Kapital nach dem 1. Jahr:
$$K_1 = K_0 + K_0 \cdot \frac{p}{100}$$
$$= K_0 \cdot \left(1 + \frac{p}{100}\right)$$
$$= K_0 \cdot q \qquad \Big| \; q = 1 + \frac{p}{100} \quad \text{Zinsfaktor}$$

Kapital nach dem 2. Jahr:
$$K_2 = K_1 + K_1 \cdot \frac{p}{100}$$
$$= K_1 \cdot \left(1 + \frac{p}{100}\right)$$
$$= K_0 \cdot q \cdot q$$
$$= K_0 \cdot q^2$$

Kapital nach dem 3. Jahr:
$$K_3 = K_0 \cdot q^3$$

Kapital nach dem n. Jahr:
$$K_n = K_0 \cdot q^n$$

Für das Endkapital K_n gilt also: $K_n = K_0 \cdot q^n$

Beispiel:

Jemand hat 100.000 DM für fünf Jahre zu einem Zinssatz von 6% bei einer Bank angelegt. Wie hoch ist das Endkapital?

$$K_n = 100.000 \cdot \left(1 + \frac{6}{100}\right)^5 = 133.822,56 \text{ DM}$$

In diesem Beispiel wurde K_n berechnet.

Die Bestimmung von K_0 bei gegebenem K_n, q und n bezeichnet man als Bestimmung des **Barwertes** oder Diskontierung (Abzinsung) eines Kapitals.

$$K_0 = \frac{1}{q^n} \cdot K_n$$

$\frac{1}{q^n}$ wird **Abzinsungsfaktor** genannt.

Die Diskontierung läßt in den Wirtschaftswissenschaften Vergleiche zwischen zu verschiedenen Zeiten fälligen Kapitalen zu, wie folgende Beispiele zeigen.

Beispiel:

Herr H. will seiner Tochter Mareike in zehn Jahren ein Studium mit 50.000 DM finanzieren. Er kann einen Sparvertrag mit 7% Zinsen abschließen.
Welche Summe muß er jetzt einzahlen?

$$K_0 = K_n \cdot \frac{1}{q^n}$$

$$K_0 = 50.000 \cdot \frac{1}{1,07^{10}} = 25.417,46 \text{ DM}$$

Beispiel:

P. kann in fünf Jahren für einen Oldtimer (Kaufpreis 7.500 DM) 10.000 DM und in zehn Jahren 15.000 DM erhalten. Er könnte sein Geld alternativ für 11% Zinsen anlegen.
Vergleichen Sie die Barwerte.

$$K_0 = 7.500 \text{ DM}$$

$$K_0 = 10.000 \cdot \frac{1}{1,11^5} = 5.934,51 \text{ DM}$$

$$K_0 \;=\; 15.000 \cdot \frac{1}{1{,}11^{10}} \;=\; 5.282{,}77 \text{ DM}$$

Es ist also sinnvoller, das Geld zu 11% Zinsen anzulegen.

Durch Umformung der Formel

$$K_n = K_0 \cdot q^n$$

ergeben sich für K_0, p und n:

$$K_0 \;=\; \frac{1}{q^n} \cdot K_n$$

$$p \;=\; \left[\sqrt[n]{\frac{K_n}{K_0}} - 1 \right] \cdot 100$$

$$n \;=\; \frac{\log \dfrac{K_n}{K_0}}{\log q}$$

Aufgaben:

10.2.2.3.1. Wann verdoppelt sich ein Kapital bei 6% Zinseszinsen?

2. Frau S. will 150.000 DM für fünf Jahre anlegen.
   Sie erhält zwei Angebote:
   Bank A bietet ihr 6,5% Zinseszinsen
   Bank B zahlt ihr nach 5 Jahren 200.000 DM aus.

   Welches Angebot ist günstiger?
   Begründen Sie über
   a) Vergleich der Endkapitale.
   b) Vergleich der Barwerte.
   c) Vergleich der Zinssätze.

10.2.2.4 Unterjährige Verzinsung

Bei der unterjährigen Verzinsung handelt es sich um eine Zinseszinsrechnung, bei der die Intervalle der Verzinsung kleiner als ein Jahr sind.

Beispiel:

Legt ein Sparer 10.000 DM zu 2% halbjährlichen Zinsen an, erhält er nach sechs Monaten 200 DM Zinsen, die dem Anfangskapital zugerechnet (10.200 DM) und bereits im zweiten Halbjahr mitverzinst werden. Die Zinsen im zweiten Halbjahr betragen 204 DM.
Das Endkapital beträgt nach einem Jahr 10.404 DM.
Demgegenüber wächst das Endkapital nach einem Jahr bei einem Jahreszins von 4% auf 10.400 DM.

Handelt es sich allgemein um eine unterjährige Verzinsung mit m Zinsperioden pro Jahr und dem Jahreszinssatz p, so beträgt der Zinssatz pro Periode p/m. Damit ändert sich die Formel der Zinseszinsrechnung für K_n folgendermaßen:

<u>Zinseszinsrechnung</u>

n Zinsperioden

p Zinssatz

$$K_n = K_0 \cdot \left[1 + \frac{p}{100} \right]^n$$

<u>unterjährige Verzinsung</u>

$n \cdot m$ Zinsperioden

$\frac{p}{m}$ Zinssatz

$$K_n = K_0 \cdot \left[1 + \frac{\frac{p}{m}}{100} \right]^{n \cdot m}$$

$$= K_0 \cdot \left[1 + \frac{p}{m \cdot 100} \right]^{n \cdot m}$$

Beispiel:

Bei jährlicher Verzinsung erhält man aus einem Kapital von 100.000 DM nach fünf Jahren bei einem Zinssatz von 6% 133.822,56 DM (s. Bsp. Zinseszins).
Wie hoch wäre das Endkapital bei monatlicher Verzinsung?

$$K_n = 100.000 \cdot \left[1 + \frac{6}{12 \cdot 100} \right]^{12 \cdot 5}$$

$$= 134.885,02 \text{ DM}$$

Bei der unterjährigen Verzinsung wächst also ein Kapital schneller als bei der jährlichen Verzinsung, obwohl der Jahreszinssatz p derselbe ist.

Beim vorangegangenen Beispiel wird der 6%-ige Jahreszins in einen 0,5%-igen Monatszins umgerechnet, da $0,5 \cdot 12 = 6$ ist.

Es stellt sich die Frage: Wie hoch müßte der Jahreszins der jährlichen Verzinsung sein, um dasselbe Wachstum eines Kapitals zu erreichen wie bei der unterjährigen Verzinsung? Damit ist die Frage nach dem **effektiven Jahreszins** p^* gestellt.

Das Endkapital von beiden Verzinsungen soll gleich sein, es muß also gelten:

$$K_n = K_n$$

$$K_0 \cdot \left[1 + \frac{p^*}{100}\right]^n = K_0 \cdot \left[1 + \frac{p}{m \cdot 100}\right]^{n \cdot m}$$

$$1 + \frac{p^*}{100} = \left[1 + \frac{p}{m \cdot 100}\right]^m$$

$$p^* = \left[\left(1 + \frac{p}{m \cdot 100}\right)^m - 1\right] \cdot 100$$

Der effektive Jahreszins ist ein Maßstab zum Vergleich verschiedener unterjähriger Anlageformen.

Beispiel:

Wie hoch ist der effektive Jahreszins bei einem Jahreszins von 6%

– bei jährlicher Verzinsung (m = 1)

$$p^* = \left[\left(1 + \frac{6}{1 \cdot 100}\right)^1 - 1\right] \cdot 100 = 6\%$$

– bei halbjähriger Verzinsung (m = 2)

$$p^* = \left[\left(1 + \frac{6}{2 \cdot 100}\right)^2 - 1\right] \cdot 100 = 6,09\%$$

– bei vierteljährlicher Verzinsung (m = 4)

$$p^* = \left[\left(1 + \frac{6}{4 \cdot 100}\right)^4 - 1\right] \cdot 100 = 6,1364\%$$

– bei monatlicher Verzinsung (m = 12)

$$p^* = \left[\left(1 + \frac{6}{12 \cdot 100} \right)^{12} - 1 \right] \cdot 100 = 6{,}1678\%$$

– bei täglicher Verzinsung (m = 360)

$$p^* = \left[\left(1 + \frac{6}{360 \cdot 100} \right)^{360} - 1 \right] \cdot 100 = 6{,}1831\%$$

Aufgaben:

10.2.2.4.1. Wann verdoppelt sich ein Kapital bei 6% Jahreszinsen und monatlicher
Verzinsung?

2. Herr P. erhält von seiner Bank zur Anlage eines Kapitals von 100.000 DM
folgende zwei Vorschläge:
a) einen effektiven Jahreszins von 8,5%
b) einen Zinssatz von 8% bei monatlicher Verzinsung
Welche Anlageform ist für Herrn P. am günstigsten?
Wie groß ist der effektive Jahreszins und sein Kapital nach 10 Jahren?

10.2.2.5 Stetige Verzinsung

Bei der stetigen Verzinsung handelt es sich um eine Zinseszinsrechnung, bei der die
Intervalle der Verzinsung als unendlich klein angenommen werden. Die Zinsen werden in
jedem Augenblick dem Kapital zugerechnet und mitverzinst.

Das bedeutet für die Formel zur unterjährigen Verzinsung, daß m gegen Unendlich geht.

$$K_n = K_0 \cdot \left[1 + \frac{p}{m \cdot 100} \right]^{n \cdot m}$$

mit:

n   Anzahl der Jahre

m   Anzahl der Intervalle im Jahr

$\frac{p}{m}$ Zinssatz in einem Intervall

Da m unendlich groß wird, gilt für K_n bei der stetigen Verzinsung:

$$K_n = \lim_{m \to \infty} K_0 \cdot \left[1 + \frac{p}{m \cdot 100}\right]^{n \cdot m}$$

$$= K_0 \cdot \lim_{m \to \infty} \left[1 + \frac{p}{m \cdot 100}\right]^{n \cdot m}$$

Nach den Potenzregeln ist folgende Umformung möglich:

$$K_n = K_0 \cdot \lim_{m \to \infty} \left[\left(1 + \frac{p}{m \cdot 100}\right)^{m}\right]^{n}$$

$$= K_0 \cdot \lim_{m \to \infty} \left[\left(1 + \frac{\frac{p}{100}}{m}\right)^{m}\right]^{n}$$

Nach Kap. 10.1.4 gilt nun:

$$\lim_{m \to \infty} \left[1 + \frac{\frac{p}{100}}{m}\right]^{m} = e^{\frac{p}{100}}$$

Damit ergibt sich für K_n:

$$K_n = K_0 \cdot \left[e^{\frac{p}{100}}\right]^{n}$$

$$= K_0 \cdot e^{\frac{p \cdot n}{100}}$$

Diese Gleichung wird als **Wachstumsfunktion** bezeichnet.

Die stetige Verzinsung besitzt in der eigentlichen Zinsrechnung keine Bedeutung, jedoch für viele Wachstumsvorgänge, beispielsweise bei der Analyse demographischer und ökologischer Entwicklungen sowie in den Naturwissenschaften.
Dabei wird unterstellt, daß in unendlich kleinen Abständen etwas hinzukommt oder abnimmt, wie es beispielsweise beim radioaktiven Zerfall, beim Wachstum eines Holzbestandes, beim Bevölkerungswachstum oder beim Wachstum von Viren, Bakterien oder Algen der Fall ist.

Der effektive Jahreszins einer stetigen Verzinsung berechnet sich folgendermaßen (s. unterjährige Verzinsung):

$$p^* = \lim_{m \to \infty} \left[\left(1 + \frac{\frac{p}{100}}{m} \right)^m - 1 \right] \cdot 100$$

$$= \left(e^{\frac{p}{100}} - 1 \right) \cdot 100$$

Beispiel:

Welche Summe ergibt sich für ein Anfangskapital von 2.500 DM bei einem Zinssatz von 9,3% nach fünf Jahren
a) bei jährlicher Verzinsung
b) bei stetiger Verzinsung?
Wie hoch sind die effektiven Jahreszinsen bei a) und b)?

a) $K_n = 2.500 \cdot 1,093^5$

$\quad\quad\; = 3.899,79 \text{ DM}$

$p^* = 9,3\%$

b) $K_n = K_0 \cdot e^{\frac{p \cdot n}{100}}$

$\quad\quad\; = 2.500 \cdot e^{\frac{46,5}{100}} \quad , \text{da } n \cdot p = 5 \cdot 9,3 = 46,5$

$\quad\quad\; = 2.500 \cdot e^{0,465}$

$\quad\quad\; = 3.980,04$

$p^* = 9,7462\%$

Aufgaben:

10.2.2.5.1. Wann verdoppelt sich ein Kapital bei 6% Zinsen und stetiger Verzinsung?

2. Welche der folgenden Alternativen ist für die Anlage von 5.000 DM für zehn Jahre optimal?
a) 9% Zinseszins
b) 8,9% halbjährige Verzinsung
c) 8,7% stetige Verzinsung

3. Bei einem Bohnenanbau wird bei 13% der Pflanzen ein Pilzbefall festgestellt. Eine Verarbeitung der befallenen Pflanzen ist nicht möglich.
Am fünften Tag nach der Feststellung des Pilzbefalls wird ein Ernteausfall von 18% der Pflanzen registriert.

a) Welche tägliche Wachstumsrate hat der Pilzbefall?
b) Nach wievielen Tagen ist die halbe Ernte vernichtet?
c) Die Bohnen benötigen ab dem Zeitpunkt der Pilzbefallfeststellung noch
   30 Tage zur Reife.
Wieviel Prozent der Ernte sind dann vernichtet, wenn keine Gegenmaß-
nahmen getroffen werden?

10.2.3 Rentenrechnung

Unter einer Rente versteht man in der Finanzmathematik gleichbleibende Zahlungen, die in regelmäßigen Abständen geleistet werden.
Zur Vereinfachung wird hier vorausgesetzt, daß die Zahlungsbeträge gleich hoch sind und die Verzinsung nachschüssig erfolgt. Bei diesen Zahlungen kann es sich sowohl um Auszahlungen als auch auch um Einzahlungen handeln. Diese Definition entspricht nicht einer Rente im allgemeinen Sprachgebrauch.

Rente   – regelmäßige Zahlungen (Ein- und Auszahlungen)

r – Rate (die einzelne Zahlung); alle Zahlungsbeträge sind gleich hoch

R_n – Rentenendwert; Gesamtwert einer Rente am Ende der Zahlungen, d.h. nach n Jahren

R_0 – Rentenbarwert; Gesamtwert einer Rente am Anfang der Zahlungen

q – Zinsfaktor, mit dem die Raten in jedem Jahr verzinst werden $\quad q = 1 + \dfrac{p}{100}$

vorschüssige Rente   – Rentenraten werden zu Beginn eines Jahres fällig

nachschüssige Rente   – Rentenraten werden am Ende eines Jahres fällig

Ableitung der Formel zur Berechnung des Rentenendwertes:

a) **Nachschüssige** Rente

Bei der nachschüssigen Rente wird die 1. Rate r am Ende des 1. Jahres gezahlt. Nach Ablauf von n Jahren ist diese 1. Rate r $(n-1)$-mal verzinst worden. Der Wert dieser 1. Rate r am Ende der Laufzeit beträgt also $r \cdot q^{n-1}$.

Die 2. Rate würde nach n Jahren nur $(n-2)$-mal verzinst, da sie erst am Ende des 2. Jahres gezahlt wurde.
Es ergibt sich folgende Aufstellung für die einzelnen Zahlungen:

Jahre	Rate	Anzahl der Verzinsungen von r	Endwert der Rate
1	r	n-1	$r \cdot q^{n-1}$
2	r	n-2	$r \cdot q^{n-2}$
3	r	n-3	$r \cdot q^{n-3}$
.	.	.	.
.	.	.	.
n-2	r	2	$r \cdot q^2$
n-1	r	1	$r \cdot q$
n	r	0	r

Der **Rentenendwert** setzt sich aus den Endwerten der einzelnen Raten zusammen:

$$R_n = r \cdot q^{n-1} + r \cdot q^{n-2} + \ldots + r \cdot q^2 + r \cdot q + r = r \cdot \sum_{i=1}^{n} q^{i-1}$$

Der Rentenendwert entspricht also der n-ten Partialsumme einer geometrischen Reihe. Nach der Summenformel für geometrische Reihen ergibt sich für den Rentenendwert bei nachschüssiger Rente:

$$R_n = r \, \frac{q^n - 1}{q-1}$$

b) **Vorschüssige** Rente

Bei der vorschüssigen Rente wird jede Rate zu Beginn eines Jahres gezahlt. Damit wird jede Rate gegenüber der nachschüssigen Rente ein Jahr länger verzinst. Der Rentenendwert R_n^* einer vorschüssigen Rente beträgt:

$$R_n^* = r \cdot q \cdot q^{n-1} + r \cdot q \cdot q^{n-2} + \ldots + r \cdot q \cdot q^2 + r \cdot q \cdot q + r \cdot q$$

$$= r \cdot q \cdot \sum_{i=1}^{n} q^{i-1}$$

$$= r \cdot q \, \frac{q^n - 1}{q-1}$$

Beispiel:

S. legt jährlich 5.000 DM zu 6% Zinsen an.
a) Welcher Betrag steht nach 12 Jahren bei nachschüssiger Verzinsung zur Verfügung?
b) Welcher bei vorschüssiger Verzinsung?

$$\text{a) } R_n = r\ \frac{q^n - 1}{q-1} = 5.000\ \frac{1,06^{12} - 1}{0,06} = 84.349,71\ \text{DM}$$

$$\text{b) } R_n^* = r \cdot q\ \frac{q^n - 1}{q-1} = 5.000 \cdot 1,06\ \frac{1,06^{12} - 1}{0,06} = 84.349,71 \cdot 1,06 = 89.410,69\ \text{DM}$$

Neben der Frage nach dem Rentenendwert treten noch zwei weitere charakteristische Fragestellungen in der Rentenrechnung auf:

- die Frage nach dem Gesamtwert der Rente zu einem bestimmten Zeitpunkt (Diskontierung), beispielweise die Frage nach dem Barwert einer Rente

- die Bestimmung der Raten aus vorgegebenem Bar- oder Endwert

Beispiel:

Herr L. möchte ab dem 66. Geburtstag zusätzlich zu seiner Rente zehn Jahre lang über einen jährlichen Betrag von 6.000 DM verfügen (nachschüssig).
a) Wie hoch muß das Kapital am 66. Geburtstag sein, wenn Herr L. einen Zinssatz von 6% unterstellt?
b) Wie hoch ist der Endwert der Rente?
c) Welche regelmäßigen jährlichen Einzahlungen muß Herr L. leisten, wenn er das Kapital in 15 Jahren vorschüssig zu 7% ansparen will?

a) Es muß der Barwert der zusätzlichen Rente von Herrn L. zu seinem 66. Geburtstag bestimmt werden.

$$\text{Dabei ist} \quad R_0 = \frac{R_n}{q^n}$$

$$\text{und} \quad R_n = r\ \frac{q^n - 1}{q-1} \quad \text{(nachschüssig)}$$

$$R_0 = r\ \frac{q^n - 1}{q^n\,(q-1)}$$

$$= 6.000 \cdot \frac{1,06^{10} - 1}{1,06^{10} \cdot 0,06}$$

$$= 44.160,52\ \text{DM}$$

b)
$$R_n = R_0 \cdot q^n$$
$$= 44.160,52 \cdot 1,06^{10} = 79.084,77 \text{ DM}$$

c) Die Rate r erhält man aus der Formel für den Rentenendwert (vorschüssig):

$$R_n^{\;*} = r \cdot q \; \frac{q^n - 1}{q - 1}$$

$$r = \frac{R_n^{\;*} \cdot (q-1)}{q \cdot (q^n - 1)}$$

wobei $R_n^{\;*} = 44.160,52$ DM der Barwert der zusätzlichen Rente von Herrn L. an seinem 66. Geburtstag ist.

$$r = \frac{44.160,52 \cdot (0,07)}{1,07 \cdot (1,07^{15} - 1)} = 1.642,38 \text{ DM}$$

Aufgaben:

10.2.3.1. In einem Bausparvertrag sollen jedes Jahr 3.600 DM bei 3% Zinsen angespart werden (nachschüssig).
a) Wie hoch ist das Bausparguthaben nach zehn Jahren?
b) Nach zehn Jahren wird die doppelte Bausparsumme ausgezahlt, die Schuld wird zu 5% verzinst.
Nach weiteren zehn Jahren soll die Schuld abgetragen sein. Wie hoch sind die Raten?

2. Herr B. besitzt einen Wohnwagen, den er heute für 20.000 DM verkaufen oder zehn Jahre lang für jährlich 2.100 DM nachschüssig vermieten kann (danach ist der Wohnwagen Schrott). Die Mieteinnahmen sowie den Verkaufspreis könnte Herr B. zu 7% verzinsen.
Welche Alternative ist für Herrn B. günstiger?

10.2.4 Tilgungsrechnung

Die Tilgungsrechnung ist eine Weiterentwicklung der Zinseszins- und Rentenrechnung. Sie behandelt die Rückzahlung von Schulden, die zumeist in Teilbeträgen in einem vorher vereinbarten Zeitrahmen erfolgt.
Die jährlichen Zahlungen (**Annuitäten**) schließen die zwischenzeitlich fälligen Zinsen und einen Tilgungsbetrag ein. Nur die Tilgungsbeträge senken die Schulden. Die Restschuld

nach m Jahren ist also gleich der Anfangsschuld minus der Tilgungsbeträge:

$$K_m = K_0 - T_1 - T_2 - T_3 - \ldots - T_m$$

Um einen Tilgungsvorgang übersichtlich darstellen zu können, ist ein **Tilgungsplan** unerläßlich. In ihm werden tabellarisch für jedes Jahr die Restschuld, die fälligen Zinsen, die Tilgungsrate und die zu zahlende Annuität aufgelistet.

In diesem Kapitel sollen zwei Hauptarten der Tilgungsrechnung vorgestellt werden, die Ratentilgung und die Annuitätentilgung.

Während der gesamten Dauer einer **Ratentilgung** ist die jährliche Tilgungsrate gleich hoch. Soll eine Schuld K_0 in n Jahren getilgt werden, so läßt sich die Tilgungsrate T folgendermaßen berechnen:

$$T = \frac{K_0}{n}$$

Die jährlich zu zahlende Annuität ist am Anfang relativ hoch, da die fälligen Zinsen bei hoher Restschuld hoch sind. Sie nehmen im Laufe der Tilgung ab, da die fälligen Zinsen mit Verringerung der Restschuld immer niedriger werden.

Beispiel:

Ein Immobilienkäufer nimmt einen Kredit von 200.000 DM bei 7% jährlichen Zinsen auf. Dieser Kredit soll innerhalb von vier Jahren nachschüssig getilgt werden.

Die Tilgungsrate beträgt $T = \dfrac{200.000}{4} = 50.000$ DM

Tilgungsplan:

Jahr	Restschuld (Jahresanfang)	Zinsen (Jahresende)	Tilgungsrate	Annuität
1	200.000	14.000	50.000	64.000
2	150.000	10.500	50.000	60.500
3	100.000	7.000	50.000	57.000
4	50.000	3.500	50.000	53.500
		35.000	200.000	235.000

Addiert man die Spalten Zinsen, Tilgungsrate und Annuität auf, so erhält man eine Kontrollmöglichkeit für den Tilgungsplan, denn die Summe der gezahlten Zinsen und der gezahlten Tilgungsraten muß die Gesamtannuität (bis auf Rundungsfehler) ergeben.

Anhand des Beispiels erkennt man deutlich, daß die Belastungen des Schuldners während der Tilgung sehr unterschiedlich sind.

Bei der zweiten hier besprochenen Tilgungsart, der **Annuitätentilgung**, ist die Belastung des Schuldners während der gesamten Tilgungsdauer gleich, das heißt die jährlichen Annuitäten sind konstant. Diese Art der Tilgung ist bei Hypothekendarlehen üblich.

Die vom Schuldner jährlich gezahlten Annuitäten können als eine Rente aufgefaßt werden, da die Annuitäten gleich hoch sind und in regelmäßigen Abständen gezahlt werden (jährlich).
Der Barwert dieser Rente muß der Anfangsschuld K_0 entsprechen.

$$K_0 = R_0 = \frac{R_n}{q^n}$$

$$R_n = K_0 \cdot q^n$$

Aus der Rentenrechnung ist folgende Formel für die Berechnung einer Rentenrate bekannt:

$$A = r = R_n \frac{q-1}{q^n - 1}$$

$$= K_0 \frac{q^n \cdot (q-1)}{q^n - 1}$$

Für das obige Beispiel erhält man:

$$A = 200.000 \frac{1,07^4 \cdot (1,07 - 1)}{1,07^4 - 1}$$

$$= 59.045,62 \text{ DM}$$

Tilgungsplan:

Jahr	Restschuld (Jahresanfang)	Zinsen (Jahresende)	Tilgungsrate	Annuität
1	200.000	14.000	45.045,62	59.045,62
2	154.954,38	10.846,81	48.198,82	59.045,62
3	106.755,56	7.472,89	51.572,73	59.045,62
4	55.182,83	3.862,80	55.182,83	59.045,62
		36.182,50	200.000	236.182,48

Auch hier besteht eine Kontrollmöglichkeit, da die Summe der gezahlten Zinsen und der gezahlten Tilgungsraten die Gesamtannuitäten ergeben müssen.
Eine weitere Kontrolle ist die Addition der Tilgungsraten, da ihre Summe gleich der Anfangsschuld K_0 sein muß.

Bei der Annuitätentilgung ist die Belastung des Schuldners konstant. Die Tilgungsraten steigen im Laufe der Tilgung an, da die Zinsen mit Sinken der Restschuld einen immer kleineren Anteil an den Annuitäten bilden.

Bei Hypotheken sind 1%-ige Anfangstilgungsraten durchaus üblich, wobei die Schuld durch den beschriebenen Effekt nicht erst nach 100 Jahren sondern ungefähr nach 30 Jahren zurückgezahlt ist.

Aufgabe:

10.2.4. Ein Kredit von 400.000 DM soll nach einer tilgungsfreien Zeit von fünf Jahren in den folgenden fünf Jahren bei einem Zinssatz von 8% nachschüssig zurückgezahlt werden.
Erstellen Sie die Tilgungspläne
a) für die Ratentilgung
b) für die Annuitätentilgung.

10.2.5 Investitionsrechnung

Die Wirtschaftlichkeit oder Vorteilhaftigkeit einer Investition läßt sich mit Hilfe der Finanzmathematik berechnen.
Die hier behandelten dynamischen Verfahren der Investitionsrechnung diskontieren alle durch eine Investition getätigten Zahlungen auf einen Bezugszeitpunkt (Zeitpunkt 0).

Kapitalwertmethode

Die Kapitalwertmethode untersucht die Wirtschaftlichkeit oder Vorteilhaftigkeit einer Investition im Vergleich zu anderen Investitionen anhand der Bestimmung des Kapitalwertes.

Symbole:

A_0 – Anschaffungsausgaben

n – Nutzungsdauer der Investition (in Jahren)

P_i – Periodenüberschuß (Einnahmen minus Ausgaben) in derPeriode i (im i-ten Jahr)

K_0 – Kapitalwert

p – Kalkulationszinsfuß; er gibt einen Vergleichszinssatz für das eingesetzte
Kapital an, $(q = 1 + \frac{p}{100})$

Beispiel:

Eine Bäckerei erwägt die Eröffnung einer Filiale mit einem auf fünf Jahre befristeten Mietvertrag.
Sie kalkuliert für die Ausstattung 80.000 DM. Die jährlichen Ausgaben schätzt sie für diese fünf Jahre jeweils auf 150.000 DM, die Einnahmen im ersten Jahr auf 100.000 DM, im zweiten Jahr auf 150.000 DM, im dritten Jahr auf 200.000 DM, im vierten

und fünften Jahr auf 250.000 DM.
Den Restwert der Ausstattung nach fünf Jahren bewertet sie mit 20.000 DM.

Ist es für die Bäckerei vorteilhafter, die 80.000 DM in eine Filiale zu investieren oder
das Geld zu 8% Zinsen bei einem Geldinstitut anzulegen?

Jahr	0	1	2	3	4	5
Anschaffungs-ausgaben	80.000					
Ausgaben		150.000	150.000	150.000	150.000	150.000
Einnahmen		100.000	150.000	200.000	250.000	250.000 +20.000
Perioden-überschüsse		-50.000	0	50.000	100.000	120.000

Zur Vereinfachung wird angenommen, daß die gesamten Anschaffungskosten zu Beginn
und die Einnahmen und Ausgaben eines Jahres jeweils am Ende dieses Jahres anfallen.

Kann ein Investitionsobjekt am Ende der Nutzungsdauer noch verkauft werden, ist dieser
Restwert im letzten Periodenüberschuß zu berücksichtigen.

Der Kapitalwert einer Investition berechnet sich aus der Summe der Periodenüberschüsse
minus der Anschaffungsausgaben, wobei alle Zahlungen auf den Zeitpunkt Null bezogen
bzw. abgezinst werden müssen.

$$K_0 = \frac{P_1}{q^1} + \frac{P_2}{q^2} + \frac{P_3}{q^3} + \dots + \frac{P_n}{q^n} - A_0$$

$$= \sum_{i=1}^{n} \frac{P_i}{q^i} - A_0$$

Jahr	0	1	2	3	4	5
A_0	80.000					
P_i		-50.000	0	50.000	100.000	120.000
$\frac{P_i}{q^i}$		-46.296,30	0	39.691,61	73.502,99	81.669,98

$$K_0 = -46.296,30 + 0 + 39.691,61 + 73.502,99 + 81.669,98 - 80.000$$

$$= 68.568,28 \text{ DM}$$

Um dasselbe Endkapital zu erhalten, müßte die Bäckerei entweder 148.568,28 DM zur Bank bei einem Zinssatz von 8% bringen oder 80.000 DM in eine Filiale investieren.

Bei der Abzinsung der Periodenüberschüsse wurde ein Kalkulationszinsfuß von 8% unterstellt, da das der Zinssatz ist, den der Unternehmer auch bei der Bank bekommen hätte (Vergleichszinssatz).

Eine Investition ist vorteilhaft, wenn ihr Kapitalwert positiv ist. Werden mehrere Investionen miteinander verglichen, ist die Investition mit dem größten Kapitalwert optimal.

Annuitätenmethode

Diese Methode ist eine Weiterführung der Kapitalwertmethode.
Es wird zunächst der Kapitalwert einer Investition bestimmt, der dann in eine jährliche konstante Annuität umgerechnet wird.

$$A = K_0 \cdot q^n \cdot \frac{q-1}{q^n - 1} \qquad \text{(s. Tilgungsrechnung: hier } K_0 = \text{Kapitalwert)}$$

Beispiel:

In welche jährliche konstante Annuität kann die Bäckerei aus obigem Beispiel ihren Kapitalwert umrechnen?

$$K_0 = 68.568,28 \text{ DM}$$

$$A = 68.568,28 \cdot 1,08^5 \cdot \frac{0,08}{1,08^5 - 1} = 17.173,37 \text{ DM}$$

Der konstante jährliche Überschuß der Einnahmen über die Ausgaben beträgt 17.173,37 DM.

Die Investition ist vorteihaft, da $A > 0$

Methode des Internen Zinsfußes

Bei der Methode des Internen Zinsfußes wird ein Vergleichszinsfuß p^* für jenen Grenzfall berechnet, bei dem die Investition weder vorteilhaft noch unvorteilhaft ist.

Wenn dieser errechnete Vergleichszinsfuß p^* größer ist als der Kalkulationszinsfuß p, ist die Investition vorteilhaft, da ihre Verzinsung größer ist als bei der Alternative mit dem Zinssatz p.
In diesem Grenzfall ist der Kapitalwert gleich Null.

$$K_0 = -A_0 + \sum_{i=1}^{n} \frac{P_i}{q^i} = -A_0 + \sum_{i=1}^{n} \frac{P_i}{(1+\frac{p^*}{100})^i} = 0$$

Beispiel:

Der Bäckerei aus obigen Beispielen wird nach drei Jahren das Angebot gemacht, die Filiale für 200.000 DM zu verkaufen. Sie würde das Geld für zwei Jahre bei einer Bank anlegen.
Welchen Zinssatz müßte sie mindestens bekommen, damit der Verkauf günstiger als der Weiterbetrieb der Filiale ist?

Bei der Anwendung der Formel ergibt sich für A_0 = −200.000 DM. Zwei Periodenüberschüsse müssen berücksichtigt werden:

− P_1=−100.000 (Periodenüberschuß im vierten Jahr) und

− P_2=−120.000 (Periodenüberschuß im fünften Jahr)

Die Vorzeichen kehren sich um, da es sich hier nicht um eine Investition sondern um eine Desinvestition (Verkauf) handelt.

$$K_0 = 200.000 - \frac{100.000}{1+\frac{p^*}{100}} - \frac{120.000}{(1+\frac{p^*}{100})^2} = 0$$

Man setzt zur Vereinfachung $\frac{p^*}{100}$ = x :

$$
\begin{aligned}
K_0 &= 200.000 - \frac{100.000}{1+x} - \frac{120.000}{(1+x)^2} = 0 \qquad |\cdot(1+x)^2\\
&= 200.000 \cdot (1+2x+x^2) - 100.000 \cdot (1+x) - 120.000\\
&= 200.000 + 400.000x + 200.000x^2 - 100.000 - 100.000x - 120.000\\
&= 200.000x^2 + 300.000x - 20.000\\
&= x^2 + 1,5 \cdot x - 0,1
\end{aligned}
$$

$$x_{1,2} = -0,75 \pm \sqrt{0,5625 + 0,1}$$

$$= -0,75 \pm 0,8139$$

$$x_1 = 0,0639$$

$$x_2 = -1,5639 \quad \text{ökonomisch nicht relevant}$$

$$p^* = 6,39$$

Die Bäckerei müßte mindestens einen Zinssatz von 6,39% erhalten, damit sich der Verkauf lohnt.

Die Methode des Internen Zinsfußes ist nur bis zu einer Nutzungsdauer von zwei Perioden unproblematisch anzuwenden, da dann nur eine Gleichung 2. Grades zu lösen ist. Im Falle von mehr als zwei Perioden müssen zur Lösung der entstehenden Gleichungen Näherungsverfahren verwandt werden (vgl. Newtonsches Näherungsverfahren, Kap. 5. 6).

Amortisationsmethode

Bei der Amortisationsmethode wird die Zeit bestimmt, in der die durch die Investition bedingten Ausgaben durch die Einnahmen ausgeglichen werden, das heißt es wird nach der Zeit n gesucht, ab der der Kapitalwert K_0 größer Null wird.

In der Praxis werden die einzelnen diskontierten Periodenüberschüsse so lange addiert, bis der Kapitalwert zum ersten Mal größer als Null wird.

Beispiel:

Ab wann lohnt sich die Investition der Bäckerei aus obigem Beispiel?

1.Jahr: $K_0 = -80.000 - 46.296,30 \quad = \quad -126.296,30\ \text{DM} \quad < 0$

2.Jahr: $K_0 = -126.296,30 + 0 \quad = \quad -126.296,30\ \text{DM} \quad < 0$

3.Jahr: $K_0 = -126.296,30 + 39.691,61 = \quad -86.604,69\ \text{DM} \quad < 0$

4.Jahr: $K_0 = -86.604,69 + 73.502,99 \quad = \quad -13.101,70\ \text{DM} \quad < 0$

5.Jahr: $K_0 = -13.101,70 + 81.669,98 \quad = \quad +68.568,28\ \text{DM} \quad > 0$

Erst nach dem fünften Jahr rentiert sich die Investition.

Aufgabe:

10.2.5. Die Disco-GmbH 2000 möchte in Mainz eine Diskothek eröffnen, die sich spätestens nach 5 Jahren amortisiert haben soll.
Die GmbH rechnet mit Ausstattungsausgaben in Höhe von 2 Mio. DM.
Die jährlichen Unterhaltskosten und Einnahmen werden folgendermaßen geschätzt:

	Ausgaben	Einnahmen
1. Jahr	3,0 Mio.	2,0 Mio.
2. Jahr	2,8 Mio.	3,0 Mio.
3. Jahr	2,6 Mio.	3,5 Mio.
4. Jahr	2,5 Mio.	4,0 Mio.
5. Jahr	2,5 Mio.	4,0 Mio.

Die GmbH kalkuliert mit einem Zinssatz von 8,5%

a) Hat sich die Investition nach 5 Jahren amortisiert?
b) In welche jährliche konstante Annuität läßt sich der Kapitalwert umrechnen?

11 Kombinatorik

11.1 Grundlagen

In der Kombinatorik werden Anzahlberechnungen von möglichen Kombinationen durchgeführt.

Ein typisches Beispiel für eine solche Anzahlberechnung ist das Lotto-Spiel. Die Frage nach der Chance, 6 Richtige im Lotto zu tippen, ist die Frage nach der Anzahl der Möglichkeiten, 6 Zahlen aus 49 auszuwählen.

Die Kombinatorik gibt Regeln an, nach denen sich eine solche Anzahl von möglichen Kombinationen berechnen läßt.

Sie untersucht: – wieviele Möglichkeiten existieren, k Elemente aus n Elementen auszuwählen (z.B. 6 aus 49)

                     – wieviele Möglichkeiten existieren, n Elemente anzuordnen (z.B. wieviele Möglichkeiten der Reihenfolge gibt es für einen Gastgeber, seine 20 Gäste zu begrüßen?)

Vorweg einige abkürzende Schreibweisen, die in der Kombinatorik benutzt werden.

n Fakultät oder n!

n Fakultät ist eine abkürzende Schreibweise für das Produkt der Natürlichen Zahlen von 1 bis n oder

$$n! = \prod_{i=1}^{n} i = 1 \cdot 2 \cdot 3 \cdot 4 \cdot \ldots \cdot (n-2) \cdot (n-1) \cdot n \qquad n \in \mathbb{N}$$

Dabei ist $\prod$ das Produktzeichen, das analog dem Summenzeichen verwendet wird (vgl. Kap. 1.6).

Beispiele:

$$0! = 1 \quad \text{Definition}$$
$$1! = 1$$
$$2! = 1 \cdot 2 = 2$$
$$3! = 1 \cdot 2 \cdot 3 = 6$$
$$4! = 1 \cdot 2 \cdot 3 \cdot 4 = 24$$
$$5! = 1 \cdot 2 \cdot 3 \cdot 4 \cdot 5 = 120$$
$$10! = 3.628.800$$
$$50! = 3{,}0414 \cdot 10^{64}$$

$69! = 1{,}7112 \cdot 10^{98}$ ist die größte Fakultät, die sich mit einem gängigen Taschenrechner ermitteln läßt

Der Binomialkoeffizient

Der Binomialkoeffizient $\begin{bmatrix} n \\ k \end{bmatrix}$ (lies: n über k) ist eine abkürzende Schreibweise für einen Quotienten, der in der Kombinatorik eine besondere Bedeutung hat:

$$\begin{bmatrix} n \\ k \end{bmatrix} = \frac{n!}{(n-k)!\,k!} \qquad n, k \in \mathbb{N} \qquad k \leq n$$

Beispiel:

$$\begin{bmatrix} 10 \\ 3 \end{bmatrix} = \frac{10!}{7! \cdot 3!} \frac{1 \cdot 2 \cdot 3 \cdot 4 \cdot 5 \cdot 6 \cdot 7 \cdot 8 \cdot 9 \cdot 10}{1 \cdot 2 \cdot 3 \cdot 4 \cdot 5 \cdot 6 \cdot 7 \cdot \ 1 \cdot 2 \cdot 3} = \frac{8 \cdot 9 \cdot 10}{2 \cdot 3} = 120$$

Der Name "Binomialkoeffizient" leitet sich aus dem Binomischen Lehrsatz ab.

$$(a+b)^n = \sum_{k=0}^{n} \begin{bmatrix} n \\ k \end{bmatrix} \cdot a^{n-k} \cdot b^k = \begin{bmatrix} n \\ 0 \end{bmatrix} \cdot a^n \cdot b^0 + \begin{bmatrix} n \\ 1 \end{bmatrix} \cdot a^{n-1} \cdot b^1 + \begin{bmatrix} n \\ 2 \end{bmatrix} \cdot a^{n-2} \cdot b^2$$

$$+ \ \ldots \ + \begin{bmatrix} n \\ n-1 \end{bmatrix} \cdot a^1 \cdot b^{n-1} + \begin{bmatrix} n \\ n \end{bmatrix} \cdot a^0 \cdot b^n$$

Beispiel:

$$(a+b)^3 = \sum_{k=0}^{3} \begin{bmatrix} 3 \\ k \end{bmatrix} a^{3-k} \cdot b^k$$

$$= \begin{bmatrix} 3 \\ 0 \end{bmatrix} \cdot a^3 \cdot b^0 + \begin{bmatrix} 3 \\ 1 \end{bmatrix} \cdot a^2 \cdot b^1 + \begin{bmatrix} 3 \\ 2 \end{bmatrix} \cdot a^1 \cdot b^2 + \begin{bmatrix} 3 \\ 3 \end{bmatrix} \cdot a^0 \cdot b^3$$

Nebenrechnung:

$$\begin{bmatrix} 3 \\ 0 \end{bmatrix} = \frac{3!}{3!\,0!} = 1 \qquad\qquad \begin{bmatrix} 3 \\ 1 \end{bmatrix} = \frac{3!}{2!\,1!} = 3$$

$$\begin{bmatrix} 3 \\ 2 \end{bmatrix} = \frac{3!}{1!\,2!} = 3 \qquad\qquad \begin{bmatrix} 3 \\ 3 \end{bmatrix} = \frac{3!}{0!\,3!} = 1$$

$$(a+b)^3 = a^3 + 3a^2 b + 3ab^2 + b^3$$

Aufgaben:

11.1.1. Berechnen Sie:

$$\binom{9}{4} \qquad\qquad \binom{79}{74}$$

2. Zeigen Sie:

$$\binom{n}{n} = \binom{n}{0}$$

3. Entwickeln Sie mittels des Binomischen Lehrsatzes:

$$(s + t)^5$$

11.2 Permutation

Unter Permutationen versteht man die **verschiedenen** Anordnungen von Elementen einer Grundmenge, wobei in jeder Anordnung **alle** Elemente der Grundmenge berücksichtigt werden müssen.
Sind alle Elemente der Grundmenge verschieden, werden die möglichen Anordnungen als **Permutationen ohne Wiederholung** bezeichnet.

Lassen sich mindestens zwei Elemente der Grundmenge nicht voneinander unterscheiden, handelt es sich um **Permutationen mit Wiederholung**.

Permutation ohne Wiederholung

Ein Beispiel für eine Permutation ohne Wiederholung ist die Frage nach der Anzahl der Anordnungsmöglichkeiten der fünf Zahlen: 1, 2, 3, 4, 5.
Für die Auswahl der ersten Zahl gibt es 5 Möglichkeiten.
Für die Auswahl der zweiten Zahl gibt es 4 Möglichkeiten, da eine Zahl schon den ersten Platz einnimmt.
Dementsprechend gibt es für die Auswahl der dritten Zahl 3 Möglichkeiten, für die vierte 2 und für die letzte eine.
Also ist die Anzahl P der Permutationen $P = 1 \cdot 2 \cdot 3 \cdot 4 \cdot 5 = 5!$

Allgemein gilt für die Permutation ohne Wiederholung bei einer Grundmenge mit n Elementen:

$$P = n!$$

Permutation mit Wiederholung

Wenn die Grundmenge aus obigem Beispiel so verändert wird, daß mindestens zwei Zahlen identisch sind, zum Beispiel 1, 1, 2, 3, 4, handelt es sich bei jeder Anordnung aller Zahlen um eine Permutation mit Wiederholung.
Ließen sich alle Elemente unterscheiden (Permutation ohne Wiederholung), wäre $P = 5!$.
Bei dieser Zählweise würden jeweils 2 identische Anordnungen berücksichtigt, z.B.:

$$1 \; 1^* \; 2 \; 3 \; 4$$
$$1^* \; 1 \; 2 \; 3 \; 4$$

Also ergibt sich für P:

$$P = \frac{5!}{2} = \frac{5!}{2!}$$

Umfaßt die Grundmenge die Zahlen 1, 1, 1, 2, 3, sind jeweils 6 (3!) Anordnungen identisch:

$$1 \; 1^* \; 1^+ \; 2 \; 3 \qquad 1^* \; 1 \; 1^+ \; 2 \; 3 \qquad 1^+ \; 1 \; 1^* \; 2 \; 3$$
$$1 \; 1^+ \; 1^* \; 2 \; 3 \qquad 1^* \; 1^+ \; 1 \; 2 \; 3 \qquad 1^+ \; 1^* \; 1 \; 2 \; 3$$

Dann ergibt sich für P:

$$P = \frac{5!}{6} = \frac{5!}{3!}$$

Umfaßt die Grundmenge die Zahlen 1, 1, 1, 2, 2, so gilt für P:

$$P = \frac{5!}{3! \, 2!}$$

Allgemein gilt:

Werden die identischen Elemente der Grundmenge in r Teilmengen zusammengefaßt und wird die Anzahl der Elemente aus der i-ten Teilmenge mit n_i bezeichnet, läßt sich die Anzahl der Permutationen folgendermaßen berechnen:

$$P = \frac{n!}{n_1! \, n_2! \, ... \, n_r!}$$

Aufgabe:

11.2.1. An einem Pferde-Springturnier nehmen 5 Pferde aus Monaco, 6 aus Andorra, 3 aus Liechtenstein und 5 aus San Marino teil.
a) Wieviele verschiedene Startmöglichkeiten gibt es für die Pferde?

b) Wieviele Startmöglichkeiten gibt es, wenn die Reiter eines Landes jeweils zusammen starten?

c) Wieviele Möglichkeiten des Turnierergebnisses gibt es, wenn die Pferde nur nach Ländern unterschieden werden?

11.3 Kombinationen

Unter einer Kombination k-ter Ordnung versteht man die Zusammenstellung von **k Elementen** aus einer Grundmenge von **n Elementen**.

Auch bei den Kombinationen wird wieder die Unterscheidung getroffen, ob alle Elemente der Grundmenge **verschieden** sind (Kombination ohne Wiederholung), oder ob mindestens zwei Elemente der Grundmenge **gleich** sind (Kombination mit Wiederholung).

Beispiel:

    a a b c   b b b c   a b c c   a c a c
sind Kombinationen 4. Ordnung mit Wiederholung.

Weiter kann bei Kombinationen unterschieden werden, ob die **Reihenfolge** der Elemente eine Rolle spielen soll (Kombination mit Berücksichtigung der Anordnung) oder nicht (Kombination ohne Berücksichtigung der Anordnung).

Beispiel:

Die Zahlen 1, 2, 3 sind als Kombinationen 2. Ordnung anzuordnen.
mit Berücksichtigung der Anordnung:
12   21   13   31   23   32

ohne Berücksichtigung der Anordnung:
12   13   23

Bei Permutationen ist diese Unterscheidung nicht relevant, da in einer Permutation alle Elemente auftreten. Wenn die Anordnung nicht zu berücksichtigen wäre - es also auf die Reihenfolge nicht ankäme -, wären alle Permutationen identisch.

Insgesamt lassen sich vier verschiedene Arten von Kombinationen k-ter Ordnung aus n Elementen unterscheiden, die im folgenden näher erläutert werden sollen.

Kombination k-ter Ordnung	mit Berücksichtigung der Anordnung	ohne Berücksichtigung der Anordnung
ohne Wiederholung	1.	2.
mit Wiederholung	3.	4.

1. Kombination ohne Wiederholung und mit Berücksichtigung der Anordnung

Bei dieser Art von Kombinationen tritt kein Element mehr als einmal auf, da alle Elemente der Grundmenge verschieden sind.
Bei der Auswahl der Elemente soll nach der Reihenfolge unterschieden werden also
A B $\neq$ B A.

Beispiel:

> (Vgl. Beispiel zur Permutation ohne Wiederholung)
> Es sollen aus fünf Büchern (1, 2, 3, 4, 5) zwei als Lektüre ausgewählt werden. Dabei ist von Bedeutung, welches von den beiden Büchern zuerst gelesen wird.
> Wieviele Möglichkeiten der Auswahl gibt es?

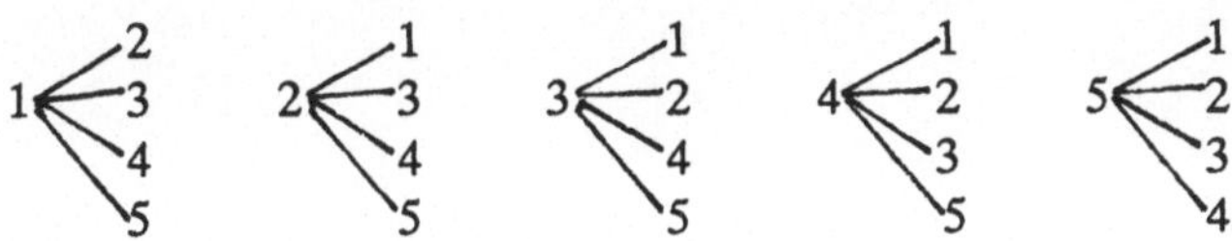

> Insgesamt sind 20 Kombinationen möglich.

Allgemein gilt:

Wenn aus n verschiedenen Elementen k Elemente ausgewählt werden sollen und dabei nach der Reihenfolge dieser Elemente unterschieden werden soll, dann gibt es analog zu den Permutationen für die Wahl des ersten Elementes n Möglichkeiten, für die Wahl des zweiten (n–1) Möglichkeiten, für die Wahl des dritten (n–2) Möglichkeiten usw..
Für die Anzahl der Kombinationen der ersten zwei Elemente gilt analog zu den Permutationen n · (n–1). Für die Anzahl der Kombinationen der ersten drei Elemente erhält man n · (n–1) · (n–2) usw..
Der Unterschied zu den Permutationen liegt darin, daß nicht alle n Elemente ausgewählt werden (Permutation), sondern nur k (Kombination k-ter Ordnung).

Für das k-te und gleichzeitig letzte Element verbleiben noch (n–k+1) Auswahlmöglichkeiten.

Damit ergibt sich für die Anzahl $K_{k(n)}$ der möglichen Kombinationen folgende Gleichung:

$$K_{k(n)} = n \cdot (n-1) \cdot (n-2) \cdot \ldots \cdot (n-k+1)$$

Um die Formel zu vereinfachen, wird erweitert mit:

$$\frac{(n-k)!}{(n-k)!} = \frac{(n-k) \cdot (n-k-1) \ldots 2 \cdot 1}{(n-k)!}$$

$$K_{k(n)} = \frac{n \cdot (n-1) \cdot (n-2) \cdot \ldots \cdot (n-k+1) \cdot (n-k) \cdot (n-k-1) \ldots 2 \cdot 1}{(n-k)!}$$

$$K_{k(n)} = \frac{n!}{(n-k)!}$$

Wird diese Gleichung auf das Beispiel angewandt, erhält man:

$$K_{2(5)} = \frac{5!}{(5-2)!} = \frac{5!}{3!} = 5 \cdot 4 = 20$$

Beispiel:

Bei einem Preisrätsel sollen unter 200 richtigen Einsendungen die ersten drei Preise durch Losverfahren ermittelt werden.
Wieviele Kombinationen gibt es?

Es handelt sich um eine Kombination 3. Ordnung ohne Wiederholung mit Berücksichtigung der Anordnung.

$$K_{3(200)} = \frac{200!}{(200-3)!} = \frac{1 \cdot 2 \cdot 3 \cdot \ldots \cdot 197 \cdot 198 \cdot 199 \cdot 200}{1 \cdot 2 \cdot 3 \cdot \ldots \cdot 194 \cdot 195 \cdot 196 \cdot 197}$$

$$= 198 \cdot 199 \cdot 200 = 7.880.400$$

2. Kombination ohne Wiederholung und ohne Berücksichtigung der Anordnung

Auch bei dieser Art von Kombinationen sollen alle Elemente der Grundmenge verschieden sein. Bei der Auswahl der k Elemente soll nur von Bedeutung sein, welche Elemente gewählt und nicht in welcher Reihenfolge sie gewählt wurden, das heißt A B = B A.

Beispiel:

(Vgl. Beispiel zur Kombination ohne Wiederholung mit Berücksichtigung der Anordnung)
Bei der Auswahl von zwei Büchern aus fünf verschiedenen Büchern (1, 2, 3, 4, 5) soll es keine Rolle spielen, in welcher Reihenfolge sie gelesen werden.

Das bedeutet, von den 20 Kombinationen ohne Wiederholung und mit Berücksichtigung der Anordnung fallen jeweils zwei zusammen:

```
1 2 = 2 1    2 3 = 3 2    3 4 = 4 3    4 5 = 5 4
1 3 = 3 1    2 4 = 4 2    3 5 = 5 3
1 4 = 4 1    2 5 = 5 2
1 5 = 5 1
```

Es gibt also nur noch zehn Möglichkeiten.

Allgemein gilt für Kombinationen **2. Ordnung**:

$$\frac{n \cdot (n-1)}{2} = \frac{n!}{(n-2)! \cdot 2!} = \binom{n}{2}$$

Sollen drei aus fünf Büchern gewählt werden, fallen sogar jeweils sechs Möglichkeiten zusammen, beispielsweise bei den gewählten Büchern 1, 2, 3:

```
1 2 3 = 1 3 2 = 2 1 3 = 2 3 1 = 3 1 2 = 3 2 1
```

Allgemein gilt für Kombinationen **3. Ordnung**:

$$\frac{n \cdot (n-1) \cdot (n-2)}{6} = \frac{n \cdot (n-1) \cdot (n-2)}{3!} = \frac{n!}{(n-3)! \cdot 3!} = \binom{n}{3}$$

Verallgemeinert läßt sich für Kombinationen **k-ter Ordnung** folgendes feststellen:

Werden aus n Elementen k Elemente gezogen, so sind k! Möglichkeiten einander gleich, wenn die Anordnung dieser k Elemente ohne Bedeutung ist.

$$K_{k(n)} = \frac{n!}{(n-k)! \cdot k!} = \binom{n}{k}$$

Beispiel:

Wieviele Möglichkeiten gibt es beim Zahlenlotto 6 aus 49?

Es handelt sich um eine Kombination ohne Wiederholung und ohne Berücksichtigung der Anordnung.

k = 6   n = 49

$$K_{6(49)} = \frac{49!}{(49-6)! \cdot 6!} = \frac{44 \cdot 45 \cdot 46 \cdot 47 \cdot 48 \cdot 49}{1 \cdot 2 \cdot 3 \cdot 4 \cdot 5 \cdot 6} = 13.983.816$$

3. Kombination mit Wiederholung und mit Berücksichtigung der Anordnung

Bei den Kombinationen mit Wiederholung (Punkt 3 und 4) wird die Grundmenge anders strukturiert als bei den Kombinationen ohne Wiederholung (Punkt 1 und 2).
Es wird hierbei nicht die Anzahl ihrer Elemente gezählt, sondern wieviele **verschiedene** Elemente existieren. Von allen Teilmengen, in denen die jeweils gleichen Elemente zusammengefaßt werden, wird vorausgesetzt, daß sie eine beliebig große Anzahl von Elementen enthalten.

Ein Beispiel hierfür ist das Würfeln mit einem sechsseitigen Würfel mit folgender Kennzeichnung der einzelnen Seiten: 1, 2, 3, 4, 5, 6.
Es wird nur danach unterschieden, welche Augenzahl gewürfelt wird, die Grundmenge besteht also aus den Teilmengen $\{1\}$, $\{2\}$, $\{3\}$, $\{4\}$, $\{5\}$, $\{6\}$.
Es ist ohne Bedeutung, wie oft gewürfelt werden soll (das bedeutet es kann auch $k \geq n$ sein), da vor jedem Würfeln **alle** verschiedenen Elemente wieder zu Verfügung stehen.

Wird beim Würfelspiel die Anordnung der Ergebnisse berücksichtigt, gilt folgendes:
Wird einmal gewürfelt ($k = 1$), gibt es sechs Auswahlmöglichkeiten.
Wird noch einmal gewürfelt ($k = 2$), gibt es wiederum sechs Ergebnismöglichkeiten für den zweiten Wurf, und die Kombination dieser beiden Elemente ergibt $6 \cdot 6 = 6^2$ Möglichkeiten.
Bei jedem weiteren Würfeln werden die Kombinationsmöglichkeiten mit 6 multipliziert:

$$K_{k(6)} = 6^k$$

Allgemein gilt für n verschiedene Elemente der Grundmenge und einer Kombination k-ter Ordnung die Gleichung

$$K_{k(n)} = n^k$$

Beispiel:

Wieviele Möglichkeiten gibt es, beim Toto zu tippen, wobei 0 Punkte für das Unentschieden eines Fußballspieles, 1 Punkt für einen Heimsieg und 2 Punkte für einen Gastspielsieg stehen und 11 Spiele berücksichtigt werden?

Es handelt sich um eine Kombination mit Wiederholung und mit Berücksichtigung der Anordnung mit $n = 3$ und $k = 11$.

$$K_{11(3)} = 3^{11} = 177.147$$

4. Kombination mit Wiederholung und ohne Berücksichtigung der Anordnung

Bei dieser Art von Kombinationen soll mit n wieder die Anzahl der verschiedenen Elemente der Grundmenge bezeichnet werden.
Außerdem soll die Reihenfolge der Elemente in einer Kombination nicht berücksichtigt werden, also A B = B A.

Die Formel zur Berechnung der Zahl der möglichen Kombinationen in Abhängigkeit von n und k lautet:

$$K_{k(n)} = \binom{n+k-1}{k}$$

Die Ableitung dieser Formel ist wesentlich komplizierter als derjenigen aus den Abschnitten 1 bis 3. Der Vollständigkeit halber soll sie an dieser Stelle ebenfalls aufgeführt werden.
Zunächst werden dazu zwei Rechenregeln benötigt, die hier nicht nachgewiesen werden sollen. Zum Nachweis der ersten Rechenregel siehe Kapitel 10.1.2 Reihen.

$$1) \quad n + (n-1) + (n-2) + \ldots + 2 + 1 \; = \; \frac{n \cdot (n+1)}{2} \; = \; \binom{n+1}{2}$$

$$2) \quad \sum_{i=1}^{n} \binom{k-1+i}{k} \; = \; \binom{n+k}{k+1}$$

In einer Grundmenge mit n verschiedenen Elementen sollen die Elemente durch die Zahlen 1, 2, 3, ..., n gekennzeichnet werden.

Damit ergeben sich für die Kombinationen **1. Ordnung**
1 2 3 4 5 ... n   also n Möglichkeiten:

$$n = K_{1(n)} = \binom{n+1-1}{1} = \binom{n+k-1}{k} \quad \text{für } k = 1$$

Für die Kombinationen **2. Ordnung** ergeben sich:

							Möglichkeiten
1 1	1 2	1 3	1 4	1 5	...	1 n	n
	2 2	2 3	2 4	2 5	...	2 n	n−1
		3 3	3 4	3 5	...	3 n	n−2
			·				·
	(n−1)	(n−1)	(n−1)	n			2
			n	n			1

$$n + (n-1) + (n-2) + \ldots + 2 + 1 \; = \; \binom{n+1}{2}$$

Nach Formel 1) ergeben sich $\begin{bmatrix} n+1 \\ 2 \end{bmatrix}$ Möglichkeiten.

$$K_{2(n)} = \begin{bmatrix} n+1 \\ 2 \end{bmatrix} = \begin{bmatrix} n+2-1 \\ 2 \end{bmatrix} = \begin{bmatrix} n+k-1 \\ k \end{bmatrix} \quad \text{für } k = 2$$

Für die Kombinationen **3. Ordnung** ergeben sich

							Möglichkeiten
1 1 1	1 1 2	1 1 3	1 1 4	1 1 5	...	1 1 n	n
	1 2 2	1 2 3	1 2 4	1 2 5	...	1 2 n	n−1
		1 3 3	1 3 4	1 3 5	...	1 3 n	n−2
		.					.
			.				.
			1 (n−1)(n−1)			1(n−1)n	2
						1 n n	1

$$\begin{bmatrix} n+1 \\ 2 \end{bmatrix}$$

2 2 2	2 2 3	2 2 4	2 2 5	...	2 2 n		n−1
	2 3 3	2 3 4	2 3 5	...	2 3 n		n−2
		.					.
			.				.
		2 (n−1)(n−1)			2(n−1)n		2
					2 n n		1

$$\begin{bmatrix} n \\ 2 \end{bmatrix}$$

3 3 3	3 3 4	3 3 5	...	3 3 n		n−2
	3 4 4	3 4 5	...	3 4 n		n−3
	.					.
		.				.
	3 (n−1)(n−1)			3(n−1)n		2
				3 n n		1

$$\begin{bmatrix} n-1 \\ 2 \end{bmatrix}$$

.
.
.

$$
\begin{array}{lll}
(n{-}1)(n{-}1)(n{-}1) & (n{-}1)(n{-}1)n & 2 \\
& (n{-}1)n\ \ n & 1 \\
\end{array}
$$

$$\overline{\quad\begin{bmatrix} 3 \\ 2 \end{bmatrix}\quad}$$

$$
\begin{array}{lll}
n\ \ n\ \ n & & 1
\end{array}
$$

$$\overline{\quad\begin{bmatrix} 2 \\ 2 \end{bmatrix}\quad}$$

Insgesamt ergibt sich damit folgende Anzahl von Möglichkeiten:

$$
\begin{bmatrix} 2 \\ 2 \end{bmatrix} + \begin{bmatrix} 3 \\ 2 \end{bmatrix} + \ldots + \begin{bmatrix} n{-}1 \\ 2 \end{bmatrix} + \begin{bmatrix} n \\ 2 \end{bmatrix} + \begin{bmatrix} n{+}1 \\ 2 \end{bmatrix}
$$

$$
= \sum_{i=1}^{n} \begin{bmatrix} 2{-}1{+}i \\ 2 \end{bmatrix} = \sum_{i=1}^{n} \begin{bmatrix} 1{+}i \\ 2 \end{bmatrix} = \begin{bmatrix} n{+}2 \\ 3 \end{bmatrix}
$$

$$
K_{3(n)} = \begin{bmatrix} n{+}2 \\ 3 \end{bmatrix} = \begin{bmatrix} n{+}3{-}1 \\ 3 \end{bmatrix} = \begin{bmatrix} n{+}k{-}1 \\ k \end{bmatrix} \qquad \text{für } k = 3
$$

Analog läßt sich die Formel für **höhere Ordnungen** von Kombinationen nachweisen.

Beispiel:

E. hat seiner Freundin versprochen, auf einer Party höchstens vier Gläser Wein zu trinken. Er hat die Wahl zwischen 5 Weißweinen, 4 Rosé und 3 Rotweinen.
Wieviele verschiedene Zusammenstellungen gibt es für E., wenn er tatsächlich vier Gläser trinkt?

Es handelt sich um eine Kombination mit Wiederholung und ohne Berücksichtigung der Anordnung.
E. hat die Wahl zwischen zwölf unterschiedlichen Weinsorten, $n = 12$ und $k = 4$.

$$
K_{4(12)} = \begin{bmatrix} 12{+}4{-}1 \\ 4 \end{bmatrix} = \begin{bmatrix} 15 \\ 4 \end{bmatrix} = \frac{15!}{11! \cdot 4!} = 1.365
$$

Zusammenfassung der Formeln zur Kombinatorik

Permutation

Permutation	
ohne Wiederholung (n = Anzahl der Elemente der Grundmenge)	$P = n!$
mit Wiederholung (r Teilmengen gleichartiger Elemente)	$P = \dfrac{n!}{n_1! \, n_2! \, \dots \, n_r!}$

Kombination

Kombination k-ter Ordnung	mit Berücksichtigung der Anordnung	ohne Berücksichtigung der Anordnung
ohne Wiederholung (n = Anzahl der Elemente der Grundmenge)	$K_{k(n)} = \dfrac{n!}{(n-k)!}$	$K_{k(n)} = \begin{pmatrix} n \\ k \end{pmatrix}$
mit Wiederholung (n = Anzahl d. verschiedenen Elemente i.d. Grundmenge)	$K_{k(n)} = n^k$	$K_{k(n)} = \begin{pmatrix} n+k-1 \\ k \end{pmatrix}$

Aufgaben:

11.3.1. Bei einem Safeschloß können drei Zahlen von 1 bis 50 eingestellt werden, wobei jede Zahl höchstens einmal vorkommen darf.
Wieviele Safekombinationen sind möglich?

2. Vor einem Wettkampf mit 32 Teilnehmern stehen zwei Wettkampfabläufe zur Wahl.
   a) Ausscheidungskämpfe, wobei jeder Teilnehmer gegen jeden anderen kämpft.
   Wieviele Kämpfe sind notwendig?
   b) In der ersten Runde finden 16 Zweikämpfe zwischen den 32 Teilnehmern statt. Die Sieger der ersten Runde erreichen die nächste Runde usw..
   Wieviele Wettkampfkombinationen gibt es in jeder Runde und wieviele Wettkämpfe finden insgesamt statt?

3. Wieviele Kombinationsmöglichkeiten gibt es bei Autokennzeichen, die neben der Kreiskennzeichnung aus zwei Buchstaben und drei Ziffern bestehen.
   Folgende Annahmen sollen gelten:

– alle Buchstabenkombinationen sind erlaubt

– die Ziffernkombination 000 ist nicht erlaubt

– 003 = 3

Zusatzfrage: Wieviele Kombinationen sind es, wenn auch Kombinationen mit einem Buchstaben erlaubt sind?

4. Im Schaufenster eines Spielzeuggeschäftes sollen 3 Puppen, 5 Teddybären und 4 Affen auf einem Sofa dekoriert werden.
   a) Wieviele Möglichkeiten gibt es, die Spielzeuge anzuordnen?
   b) Wieviele Möglichkeiten gibt es, wenn nur nach der Art des Spielzeuges unterschieden werden soll?

5. Eine Restaurantkette bietet als Sonderaktion eine Menüwahl zu folgenden Konditionen:
   Aus 20 Speisen können nacheinander 4 ausgewählt werden
   a) in der ersten Woche darf der Gast beliebig aber nicht mehrfach wählen
   b) in der zweiten Woche besteht freie Wahlmöglichkeit
   c) in der dritten Woche darf der Gast jeweils ein Gericht aus
      5 Aperitifs
      4 Vorspeisen
      7 Hauptspeisen
      4 Nachspeisen   wählen.
      Wieviele Wahlmöglichkeiten hat ein Gast für eine Mahlzeit in jeder der drei Wochen?

6. Eine Klasse mit 25 Schülern wählt ihren Klassensprecher und seine zwei Stellvertreter.
   Wieviele Möglichkeiten gibt es?

7. Eine Münze wird m-Mal geworfen. Die Ergebnisse werden fortlaufend notiert. Wieviele Kombinationen sind denkbar?

8. Ein Gärtner soll jeweils eine Reihe weiße, rote, gelbe und rosa Gladiolen in Dreiecksform pflanzen.
   Ein Blumenversender liefert ihm dazu die bestellten 7 weißen, 5 roten, 3 gelben und 1 rosa Gladiolenzwiebeln. Leider sind die äußerlich nicht unterscheidbaren Zwiebeln in **eine** Tüte verpackt worden.
   Der Gärtner vertraut auf sein Glück und pflanzt die Zwiebeln in Dreiecksform an.
   Wie groß ist die Wahrscheinlichkeit, vorschriftsmäßig zu pflanzen?

9. In einem Krankenhaus werden in einer Nacht 8 Kinder geboren. Am Morgen soll in einer Statistik die Anzahl der Mädchen und die Anzahl der Jungen notiert werden, die in der Nacht geboren wurden.
   Wieviele Notierungen sind möglich?

10. Eine Überraschungstüte enthält eins von 21 unterschiedlichen Automodellen. Ein Karton enthält die 21 unterschiedlichen Tüten. Die Automodelle "Porsche", "Ferrari" und "Ente" sind besonders beliebt.
Auf einem Kindergeburtstag darf sich jedes Kind 3 Tüten aus dem Karton wählen.
a) Wieviele Zusammenstellungen von Autos gibt es für die kleine Brigitta?
b) Wieviele Zusammenstellungen gibt es mit genau einem der drei besonders beliebten Automodelle?

11. Herr K. kann in seinem Angelclub für einen bestimmten Betrag bis zu 5 Fische fangen. In dem Teich sind 6 Sorten Fische ausgesetzt.
Wieviele verschiedene Fänge kann Herr K. mit nach Hause bringen, wenn er
a) genau 5 Fische fängt?
b) bis zu 5 Fische fängt?

12. Immer wieder hört man es beim Skatspiel, daß ein Mitspieler behauptet, er habe dasselbe Blatt auf der Hand wie vor wenigen Spielen.
Was halten Sie von dieser Aussage?

12 Fallstudie

UNTERNEHMENSSITUATION

Die **pfälzische vereinigte Pumpen- und Düsenfabrik GmbH** ist ein mittelständisches Unternehmen in der Pumpenbranche, das sich in **drei Produktionsbereiche** gliedert:

Produktionsbereich I   : Pumpen für Wohnwagen
Produktionsbereich II   : Pumpen für Springbrunnen
Produktionsbereich III   : Düsen

Wegen veränderter Marktbedingungen plant das Management Anpassungen innerhalb des Unternehmens.

Die **Produktionsbereiche I und II** sind technologisch nicht auf dem neuesten Stand. Die Pumpen lassen sich jedoch aufgrund der hohen Produktqualität, die sich insbesondere in der langen Lebensdauer und hohen Zuverlässigkeit zeigt, gut absetzen.

Im **Produktionsbereich III** treten dagegen mehr Probleme auf. In- und ausländische Konkurrenten konnten aufgrund besseren technologischen Know Hows sowie günstigeren Kostensituationen ihre Produkte zu niedrigeren Preisen anbieten.
Das Unternehmen ist gezwungen, sich dem Markt anzupassen, um Marktanteile zu halten.

Zusätzlich ist eine **Tochterfirma** in Frankreich geplant. Ziel dieses Projektes ist es, auch international tätig zu werden.
Bei der dabei angestrebten Übernahme einer Armaturenfabrik, deren Anlagen zum Teil nicht den Anforderungen der pfälzischen vereinigten Pumpen- und Düsenfabrik GmbH entsprechen, sind Rationalisierungsmaßnahmen unerläßlich.

Aufgabe der **Fallstudie** wird sein, die Kosten-, Umsatz- und Gewinnsituation der einzelnen Bereiche zu analysieren sowie die Vorteilhaftigkeit einzelner Investitionen zu überprüfen.

PRODUKTIONSBEREICH I

Folgende Probleme sind im Produktionsbereich I zu lösen.

1. Im Produktionsbereich I werden Pumpen für Wohnwagen hergestellt. Die Kapazitätsgrenze dieses Bereiches liegt bei 15.000 Mengeneinheiten (ME) im Jahr.
   Es ist bekannt, daß bei einer produzierten Menge von 10.000 Einheiten Kosten in Höhe von 1.102.500 DM entstehen. Bei einer Zunahme des Beschäftigungsgrades auf 80% steigen die Kosten auf 1.153.000 DM.

Bestimmen Sie die (lineare) **Kostenfunktion** mit der 2-Punkteform!

2. Die nachgefragte Menge ist sehr stark vom Preis dieses Produktes abhängig. Bei einem angebotenen Preis von 175 DM werden 12.500 ME nachgefragt. Untersuchungen zeigten, daß zu einem Preis von 250 DM und mehr keine Einheit mehr abgesetzt werden kann.

   Bestimmen Sie die lineare **Preisabsatzfunktion!**

3. Für die zukünftige Produktions- und Absatzplanung möchte das Management mit Hilfe der oben aufgestellten Funktionen folgende Fragen beantwortet haben:

   a) Zu welchem Preis ist das Produkt zu verkaufen unter dem Gesichtspunkt der

      – **Gewinnmaximierung**

      – **Umsatzmaximierung?**

   b) Welcher Preis sollte verlangt werden, wenn die **Gesamtkosten gedeckt** werden sollen, auf Gewinn jedoch vorübergehend verzichtet werden kann?

4. Welche **Konsumentenrente** ist zu erwarten, wenn der unter dem Gesichtspunkt der Gewinnmaximierung ermittelte Preis realisiert wird?

5. Bei einem Zinssatz von 10% und einer Lebensdauer von 5 Jahren könnte eine Erweiterungsinvestition getätigt werden, damit eine Kapazitätsgrenze von 20.000 ME erreicht wird.

   a) Wie hoch sind die **zusätzlichen Fixkosten** in der Kostenfunktion, die sich zusammensetzen aus dem jährlichen kalkulatorischen Abschreibungsbetrag bei einer linearen Abschreibung und den kalkulatorischen Zinsen bei einem Zinssatz von 10% ?

      Hilfestellung für die Lösung:
      Die unbekannten Anschaffungskosten werden mit A bezeichnet.

      Für den kalkulatorischen Abschreibungsbetrag gilt dann: $\dfrac{A}{n}$.

      Die kalkulatorischen Zinsen lauten: $\dfrac{A}{2} \cdot i$ da durchschnittlich die Hälfte des Anschaffungspreises gebunden ist.

   b) Wie hoch dürfen die **Anschaffungskosten** maximal sein, damit die Investition vorteilhaft ist?
      (zusätzliche Kosten $\leq$ zusätzlicher Gewinn)

   c) Stellen Sie eine neue **Kostenfunktion** auf, die die maximal möglichen zusätzlichen Kosten beinhaltet (s.Aufg.b).
      Welcher **Gewinn** ist dann beim Gewinnmaximum zu erwarten?

6. Durch die Erweiterungsinvestion würde folgende Produktionsfunktion entstehen:

$$f(x,y) = 2.100x + 5.280y - 240x^2 - 360y^2$$

Sie gibt die Ausbringungsmenge (auf das Jahr bezogen) in Abhängigkeit von den Mengen (in kg) zweier Eisenerzgemische x und y an.

Wie hoch ist die **maximale Ausbringungsmenge**, wenn die Bedingung $480x + 720y = 4.230$ eingehalten werden soll?

Inwieweit läßt sich das Ziel der Gewinnmaximierung unter dieser Einschränkung realisieren?

PRODUKTIONSBEREICH II

1. Im Produktionsbereich II werden Pumpen für Brunnen hergestellt. Zwei Versionen, die sich gegenseitig substituieren stehen den Interessenten zur Auswahl.

    a) Die abgesetzte Menge x der Pumpe A betrug innerhalb von sechs Monaten 500 ME, wenn Pumpe A 3.500 DM und Pumpe B 2.000 DM kosteten.
        Bei einer Preisreduzierung der Pumpe B auf 1.825 DM sank der Absatz der Pumpe A auf 400 ME.
        Wird der Preis der Pumpe A reduziert auf 3.465 DM, erhöht sich der Absatz der Pumpe A auf 510 ME.

        Ermitteln Sie die **Mengenfunktion der Pumpe** A in Abhängigkeit der Preise von Pumpe A und B!
        Hilfestellung: $x = a_1 + b_1 \cdot p_x + c_1 \cdot p_y$

    b) Die Absatzmenge y der Pumpe B betrug dagegen bei der ersten Preiskonstellation 1.000 ME.
        Bei der Preisreduzierung der Pumpe B konnte hier eine Erhöhung der Absatzmenge auf 1.400 ME erreicht werden.
        Die Preisreduzierung von A auf 3.465 DM bei gleichbleibendem Preis von Pumpe B von 2.000 DM führt zu einem Absatz von 995 ME.

        Ermitteln Sie die **Mengenfunktion der Pumpe** B in Abhängigkeit der Preise von Pumpe A und B!
        Hilfestellung: $y = a_2 + b_2 \cdot p_x + c_2 \cdot p_y$

    c) Bilden Sie die Umkehrfunktionen dieser Mengenfunktionen, um die jeweiligen **Preisabsatzfunktionen** zu erhalten!

2. Die oben aufgestellten Preisabsatzfunktionen sollen Grundlage für die Ermittlung der Gesamtumsatzfunktion sein.
Für die Bereichsleitung ist es wichtig, folgende Informationen zu erhalten:

a) Welcher Preis ist zu verlangen, wenn das **Umsatzmaximum** realisiert werden soll?

b) Die Kostenfunktion für den Produktionsbereich II lautet:

$$K(x,y) = 1.700x + 925y + \frac{3}{4}\,xy + 500.000$$

Welcher Preis ist zu verlangen, damit das **Gewinnmaximum** erreicht wird?

PRODUKTIONSBEREICH III

1. Im Produktionsbereich III werden in einem mehrstufigen Produktionsprozeß Düsen hergestellt.
Im ersten Produktionsprozeß werden aus Blech, das in drei verschiedenen Stärken benötigt wird (R1, R2, R3), drei unterschiedliche Rohre (H1, H2, H3) hergestellt. Diese Halbfabrikate werden zu zwei verschiedenartigen Düsen verarbeitet (D1 und D2).

Für eine Mengeneinheit Halbfabrikate werden folgende **Rohstoffmengen** verbraucht:

	R1	R2	R3
H1	3	2	4
H2	2	5	2
H3	6	3	4

Matrix **MR** (Mengen Rohstoffe)

Für die Herstellung der Fertigfabrikate werden folgende **Rohrlängen** benötigt:

	H1	H2	H3
F1	0,4871	0,3654	0,4871
F2	0,3883	0,7767	1,3592

Matrix **MH** (Mengen Halbfertigfabrikate)

Die **Materialkosten** einer Rohstoffeinheit lauten:

	Kosten
R1	0,5
R2	0,1
R3	0,3

Matrix **PR** (Preise Rohstoffe)

Für die Herstellung der Halbfertigfabrikate benötigt man folgende **Zeiten**:

	Zeit in Min.
H1	5
H2	4
H3	6

Matrix **ZH** (Zeit Halbfertigfabrikate)

Die Herstellung der Fertigfabrikate benötigt folgenden **Zeitaufwand**:

	Zeit in Min.
F1	2,4357
F2	5,0485

Matrix **ZF** (Zeit Fertigfabrikate)

Für eine Minute Arbeitszeit werden pauschal 0,50 DM **Lohnkosten** angesetzt.

Frage: Stellen Sie eine Matrixgleichung auf, die die gesamten **variablen Kosten** (Material- und Lohnkosten) eines Fertigerzeugnisses angibt.

2. Die im Produktionsbereich III produzierten Düsen werden größtenteils zusammen mit den in Produktionsbereich I und II hergestellten Pumpen verkauft.

   Aufgrund einer besseren Kostensituation der Konkurrenz sowie Billiganbieter aus dem Ausland müssen die Preise für diese Düsen gesenkt werden, um die Marktanteile zu halten.
   Der Preis der Düse D1 wird reduziert von 29 DM auf 21 DM.
   Der Preis der Düse D2 wird von 35 DM auf 28 DM gesenkt.

   Zur Fertigung der Düsen müssen 4 Maschinen eingesetzt werden. Die zur Herstellung je einer Einheit benötigten Maschinenzeiten (in Minuten) und die maximale Nutzungsdauer pro Tag der einzelnen Maschinen sind in folgender Tabelle zusammengestellt:

	D1	D2	Kapazität
M1	6	3	480
M2	2	4	280
M3	3	0	210
M4	0	5	300

   Die Kostenfunktion des Produktionsbereiches lautet:
   $$K(x_1,x_2) = 9x_1 + 18x_2 + 1.200$$

   a) Die Bereichsleitung möchte erfahren, wieviel **Mengen** von D1 (x_1) und D2 (x_2) hergestellt werden können.

   b) Bei welchen Produktionsmengen wird der **Tagesumsatz** aus beiden Produkten optimal?

   c) Welche x_1-x_2-Kombinationen stellen eine **Gewinnschwelle** dar? (In Skizze eintragen)

3. Der Produktionsbereich III macht Verluste, wie durch die vorherigen Rechnungen ermittelt wird. Die Unternehmung überlegt sich, welche Möglichkeiten bestehen, dies zu ändern.

Maschine 4 kann verkauft und durch eine Maschine ersetzt werden, die geringere Fixkosten verursacht sowie die beschäftigungsabhängigen Kosten verändert. Für den Produktionsbereich III gilt dann folgende Kostenfunktion:

$$K(x_1, x_2)_{neu1} = \frac{21}{2} x_1 + 16x_2 + 840$$

Die Kapazität würde sich in diesem Fall auf 140 Minuten verringern, wobei ein Stück jeweils 2 Minuten bearbeitet wird.

Durch eine lineare Optimierung wurde festgestellt, daß das Gewinnmaximum bei der gleichen Mengenkombination wie das Umsatzmaximum (Aufg. 2b) liegt.

Eine weitere Möglichkeit der Anpassung an die gegebene Marktsituation wäre, die Düsen einzukaufen.

Laut Angeboten entsprechender Unternehmen würde beim Ankauf der Düsen folgende Kostenfunktion entstehen:

$$K(x_1, x_2)_{neu2} = \frac{53}{3} x_1 + 22,4\, x_2$$

Die Unternehmensleitung steht somit vor einer **Make-or-Buy** Entscheidung, die eventuell die Eliminierung des Produktionsbereiches III zur Folge hätte.

Frage: Ermitteln Sie die **gewinnmaximale** Kostensituation!

Tochterfirma FRANKREICH

Die Unternehmensleitung möchte in Frankreich eine Firma für Armaturen (Ventile, Rückschlagklappen etc.) übernehmen. Die Verhandlungen für dieses Projekt sind so gut wie abgeschlossen, es sind nur noch verschiedene Entscheidungen für **Rationalisierungsmaßnahmen** zu treffen. Gerade im Bereich der Ventilherstellung stehen der französischen Firma veraltete Maschinen zur Verfügung, die ersetzt werden sollen.

Nach eingehender Prüfung der technologischen Anforderungen stehen drei Anlagen zur Auswahl, die auf ihre wirtschaftliche **Vorteilhaftigkeit** überprüft werden sollen.

Die Nutzungsdauer wird auf 10 Jahre festgelegt. Es soll von einem Kalkulationszinsfuß von 18% ausgegangen werden.

Die Anschaffungsausgaben und laufenden Kosten werden wie folgt geschätzt:

	Anschaffungskosten :		
Jahr	Anlage I	Anlage II	Anlage III
0	170.000	200.000	220.000

| | Lfd. Ausgaben : | | |
Jahr	Anlage I	Anlage II	Anlage III
1	70.000	82.000	80.000
2	70.000	82.000	80.000
3	70.000	82.000	80.000
4	70.000	82.000	80.000
5	73.000	85.000	82.000
6	73.000	85.000	82.000
7	73.000	85.000	82.000
8	73.000	85.000	82.000
9	73.000	85.000	84.000
10	73.000	85.000	84.000

Für die abgesetzte Menge und den Erlös pro Ventil werden folgende Werte prognostiziert:

Geschätzte absetzbare Menge:

Erlös pro Ventil:

1 – 3 Jahr :	300.000 Stück/Jahr	Anlage I :	0,30 DM
4 – 6 Jahr :	400.000 Stück/Jahr	Anlage II :	0,40 DM
7 – 10 Jahr:	450.000 Stück/Jahr	Anlage III :	0,38 DM

1. Welche Anlage hat den höchsten **Kapitalwert**?
2. Wann hat sich die vorteilhafteste Investition **amortisiert**?
3. Welchen jährlichen **konstanten Überschuß** hat die rentabelste Anlage?
4. Da die zukünftigen Absatzmengen geschätzt sind, möchte die Geschäftsleitung eine Investitionsrechnung für die vorteilhafteste Anlage durchführen, die auch **pessimistische** Werte berücksichtigt.
   Man geht davon aus, daß im ungünstigsten Fall die abgesetzte Menge 20% geringer sein wird als oben geschätzt.
   Die laufenden Ausgaben werden sich in diesem Fall vermutlich um 10% reduzieren.
   Für diese ungünstige Schätzung werden nur 15% Mindestverzinsung angenommen.

Lösungen der Übungsaufgaben

Zu Kapitel 2

2.2.1.

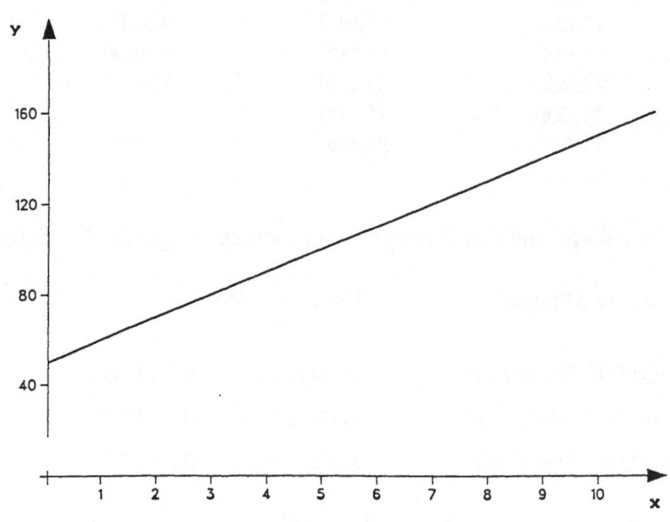

2.2.2.   2.2.3.

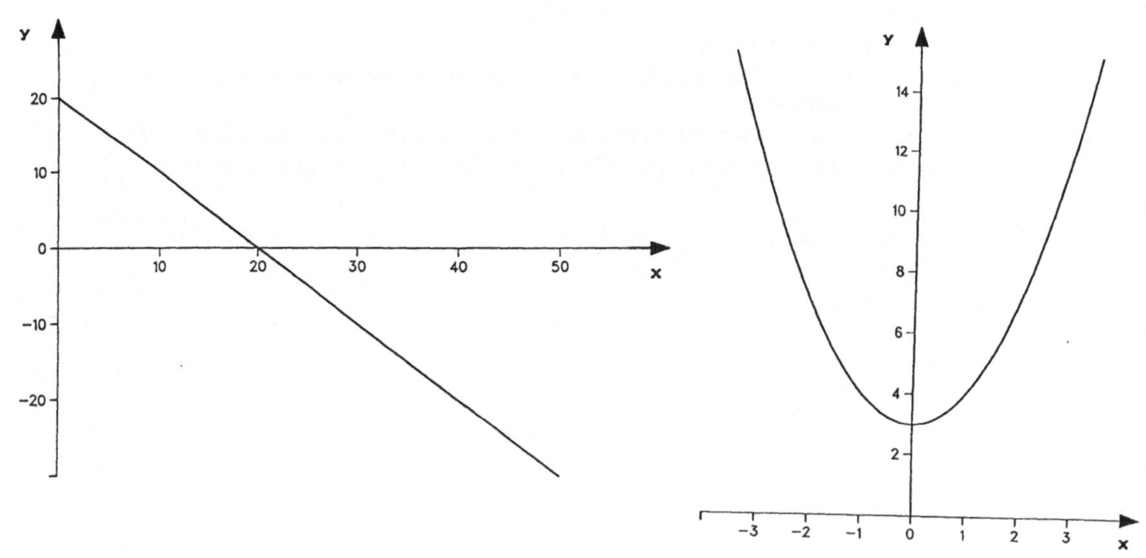

306

2.4.1.   m = 1, b = 4

  2.   m = 2, b = −1
  3.   m = 1, b = 0
  4.   m = 0, b = 4

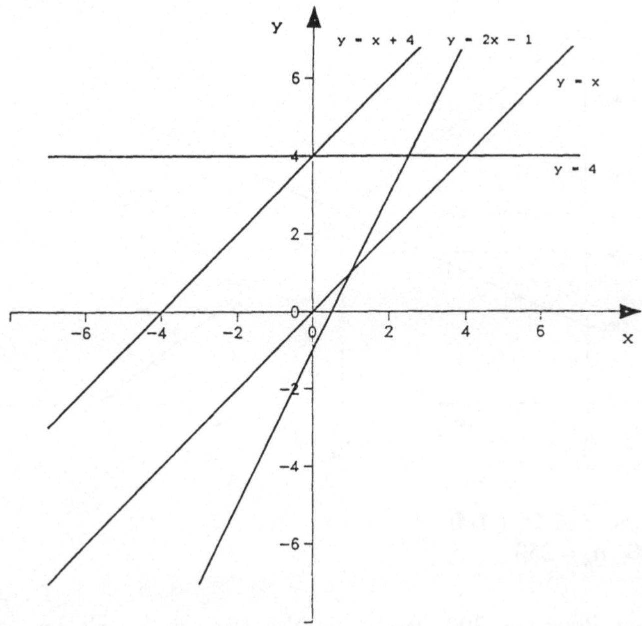

2.5.1.

a)   Nachfragefunktion
         bekannt: Punkt 1 (0; 500)
                   Punkt 2 (200; 0)

         2-Punkteform: $\dfrac{0-500}{200-0} = \dfrac{500-p}{0-x}$

         $p = 500 - 2{,}5x$

         Angebotsfunktion
         bekannt: Punkt (0; 100)
                   Steigung m = 1,5

         Punktsteigungsform: $1{,}5 = \dfrac{100-p}{0-x}$

         $p = 1{,}5x + 100$

b)

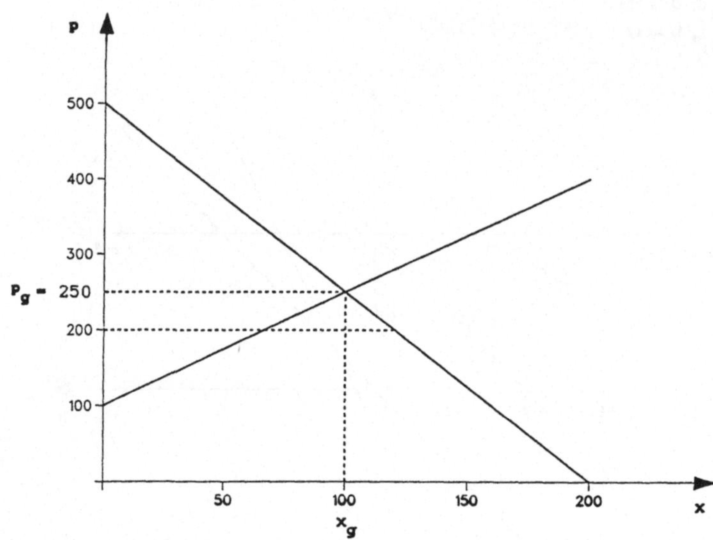

$$500 - 2{,}5x = 1{,}5x + 100$$
$$x_g = 100 \quad p_g = 250$$

c)   Bei einem Preis von 200 DM ist die Nachfrage größer als das Angebot, wie die Abbildung zeigt.

nachgefragte Menge x_n: $200 = 500 - 2{,}5x_n$

$$x_n = 120$$

angebotene Menge x_a: $200 = 1{,}5x_a + 100$

$$x_a = 66{,}67$$

Es besteht ein Nachfrageüberhang von ca. 53 Stück.

2.5.2.

a) $K(x) = 1.000 + 1{,}5x$
$U(x) = 2{,}5x$

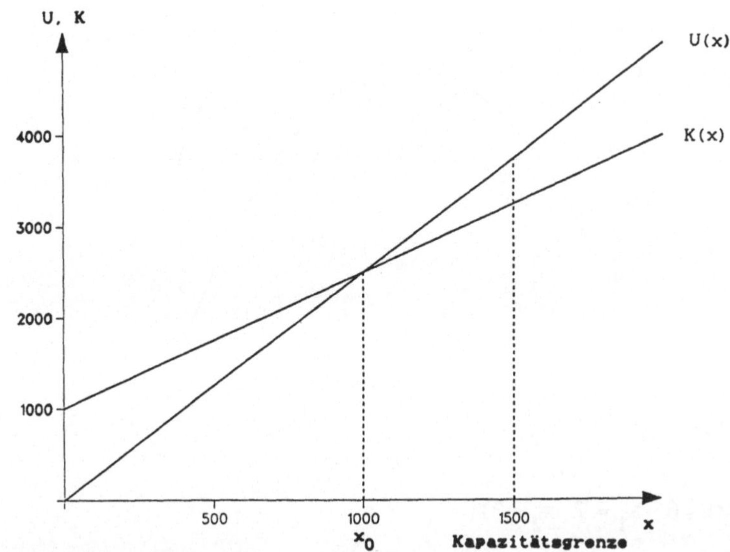

$$G(x) = U(x) - K(x) = 0$$
$$= 2{,}5x - 1.000 - 1{,}5x$$
$$x_0 = 1.000$$

b) Wenn der Preis auf 1,25 DM fällt, ist der Stückdeckungsbeitrag negativ, und es kann kein Gewinn erzielt werden.
Die Steigung der Kostenfunktion ist dann größer als die der Umsatzfunktion, so daß kein Schnittpunkt existiert.

2.6.2.

a) $U(x) = 590x - 14{,}75x^2$

$G(x) = -15x^2 + 570x - 3.255$

Die Nullstellen der Umsatzfunktion begrenzen den relevanten Bereich. Sie lauten
$x_1 = 0 \quad x_2 = 40$

x	0	10	20	30	40
U	0	4.425	5.900	4.425	0
K	3.255	3.480	3.755	4.080	4.455
G	-3.255	945	2.145	345	-4.455

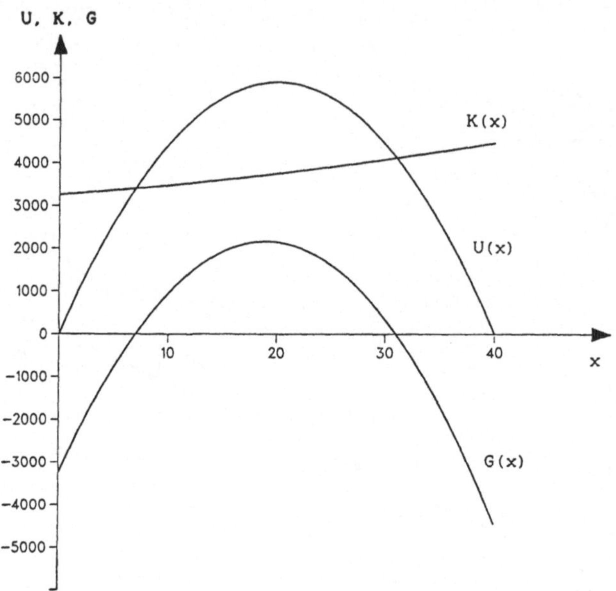

b) $G(x) = 0$ $x_1 = 7$ $x_2 = 31$

Bei 7 Einheiten des Produktes wird die Gewinnschwelle erreicht. Der Preis, der verlangt werden muß, ist aus der Preisabsatzfunktion ablesbar. $p(7) = 486{,}75$ DM

c)   Die Gewinnfunktion stellt eine nach unten geöffnete Parabel dar, die ihr Maximum wegen der Symmetrie in der Mitte zwischen den beiden Nullstellen annimmt.
Der maximale Gewinn wird bei der Absatzmenge von 19 Stück erreicht und hat einen Wert von 2.160 DM.

Zu Kapitel 3

3.4.3.

a)   Schnittpunkte mit den Koordinatenachsen
z-Achse: $x = 0$, $y = 0$, $z = 20$
x-Achse: $y = 0$, $z = 0$, $x = 5$
y-Achse: $x = 0$, $z = 0$, $y = 4$

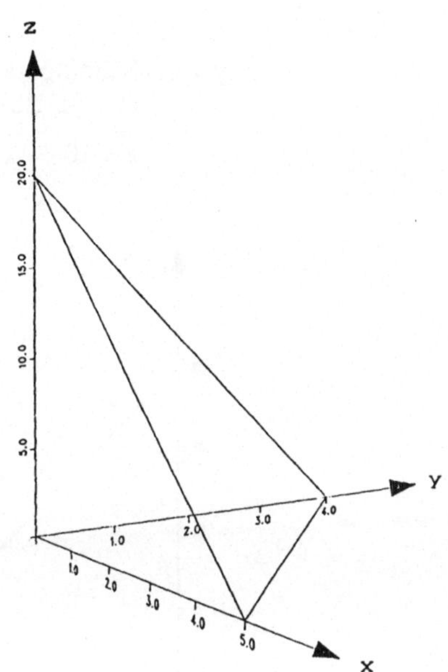

b)

$z = 0$: Schnittgerade
mit x-y-Ebene

$y = 4 - 0{,}8x$

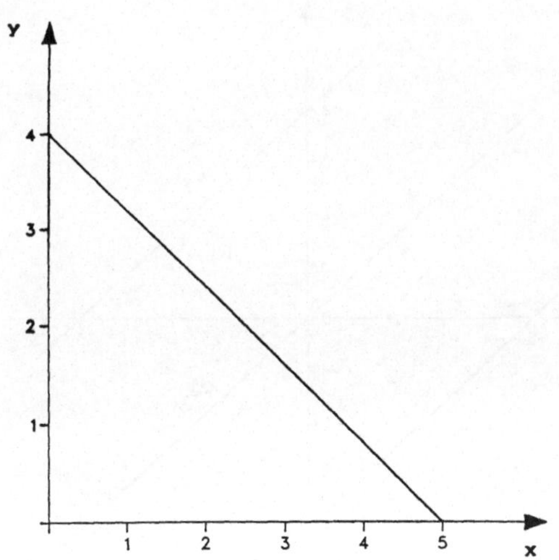

x = 0: Schnittgerade
        mit z-y-Ebene

        z = 20 − 5y

y = 0: Schnittgerade
        mit z-x-Ebene

        z = 20 − 4x

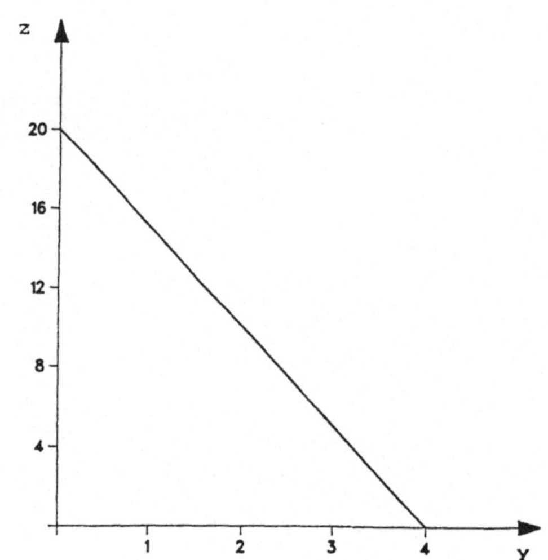
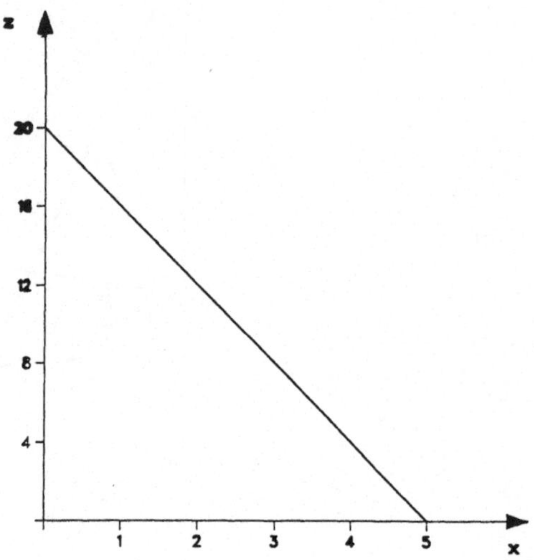

c)   z = 0,   y = 4 − 0,8x

        z = 20,   y = − 0,8x

        z = 40,   y = − 4 − 0,8x

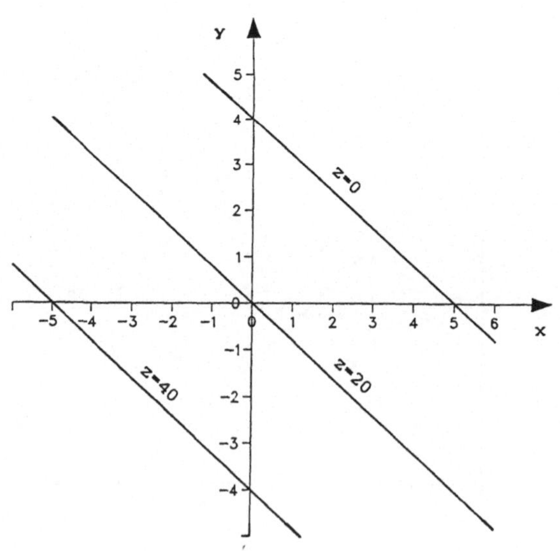

3.5.1. Graphische Ermittlung
Zeichnung des Ertragsgebirges, das durch die Produktionsfunktion aufgespannt wird. Parallel zur x_1-x_2-Ebene werden Schnittebenen durch das Ertragsgebirge gelegt, deren Höhe dem gesuchten y entspricht.
Diese sich ergebenden Schnittkurven (Isohöhenlinien) werden auf die x_1-x_2-Ebene projiziert. Auf diesen Isoquanten sind alle Kombinationen der beiden Produktionsfaktoren ablesbar, die zu einer bestimmten Produktionsmenge führen.

Analytische Ermittlung
Die gesuchte Produktionsmenge y = const wird in die Produktionsfunktion eingesetzt, die dann nach x_1 oder x_2 aufgelöst wird.

3.5.2.

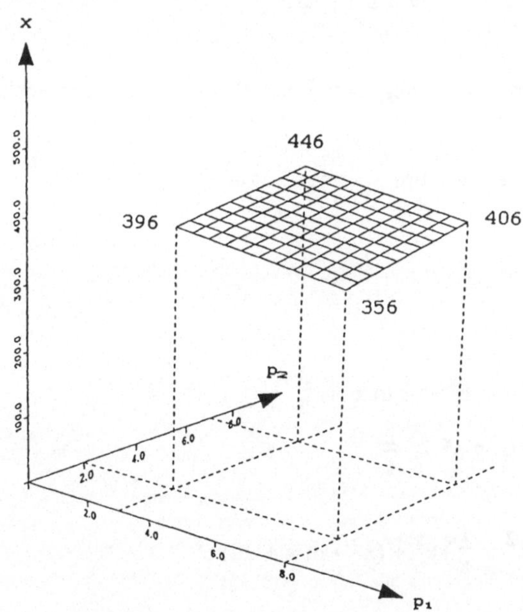

Zu Kapitel 4

4.3.1. f besitzt keine Sprungstelle, da ansonsten für verschiedene Definitionsintervalle unterschiedliche Funktionsgleichungen angegeben wären.
Andere Unstetigkeitsstellen können bei dieser Funktion nur in Definitionslücken auftreten.

Nullstellen des Nenners: $x_1 = 5$ $x_2 = -3$

An den Stellen x_1 und x_2 ist die Funktion nicht definiert, damit liegen Unstetigkeitsstellen vor.

$$f(x) = \frac{x-5}{(x-5)(x+3)} = \frac{1}{x+3} \qquad \mathbb{D} = \mathbb{R} \setminus \{5, -3\}$$

An der Stelle $x_1 = 5$ hat die Funktion eine behebbare Lücke.

$$\lim_{x \to 5^-} f(x) = \frac{1}{8} \qquad\qquad \lim_{x \to 5^+} f(x) = \frac{1}{8}$$

Die stetige Ergänzung lautet:

$$g = \frac{1}{x+3} \qquad\qquad \mathbb{D} = \mathbb{R} \setminus \{-3\}$$

An der Stelle $x_2 = -3$ liegt eine Polstelle mit Vorzeichenwechsel vor, da

$$\lim_{x \to -3^-} \frac{1}{x+3} = -\infty \qquad \lim_{x \to -3^+} \frac{1}{x+3} = +\infty$$

Zu Kapitel 5

5.3.1. $\quad f(x) = 4x^{\frac{1}{2}} + 3\,e^x - 2\ln x + \frac{3}{5}$

$\qquad\quad f'(x) = \frac{2}{\sqrt{x}} + 3\,e^x - \frac{2}{x}$

5.3.2. $\quad f'(x) = \left(3x^2 - \frac{1}{x}\right) e^x + (x^3 - \ln x + 10)\, e^x$

5.3.3. $\quad f'(x) = \dfrac{\left(2x + \frac{1}{\sqrt{x}}\right)(x^2 + 7) - (x^2 + 2\sqrt{x})\, 2x}{(x^2 + 7)^2}$

$\qquad\qquad\; = \dfrac{14x + \frac{7}{\sqrt{x}} - 3\sqrt{x^3}}{(x^2 + 7)^2}$

5.3.4a. $\quad f'(x) = 50\left(3x^2 + \frac{1}{x^2}\right)^{49}\left(6x - \frac{2}{x^3}\right)$

5.3.4b. $f'(x) = -50 \left(3x^2 + \dfrac{1}{x^2}\right)^{-51} \left(6x - \dfrac{2}{x^3}\right)$

5.3.4c. $f'(x) = \dfrac{1}{50} \left(3x^2 + \dfrac{1}{x^2}\right)^{-\frac{49}{50}} \left(6x - \dfrac{2}{x^3}\right)$

5.3.4d. $f'(x) = e^{\left(3x^2 + \frac{1}{x^2}\right)} \left(6x - \dfrac{2}{x^3}\right)$

5.3.4e. Potenzregel

$$f'(x) = (\ln 20)\, 20^{\left(3x^2 + \frac{1}{x^2}\right)} \left(6x - \dfrac{2}{x^3}\right)$$

5.3.4f. $f'(x) = \dfrac{6x - \dfrac{2}{x^3}}{3x^2 + \dfrac{1}{x^2}}$

5.3.5a. $f(x) = \left(x \cdot x^{\frac{1}{2}}\right)^{\frac{1}{2}} = \left(x^{\frac{3}{2}}\right)^{\frac{1}{2}} = x^{\frac{3}{4}}$

$$f'(x) = \dfrac{3}{4\sqrt[4]{x}}$$

5.3.5b. $f'(x) = 20 \cdot z^{19} \cdot \left(\sqrt{x+1} + 1\right)'$

$= 20 \cdot z^{19} \cdot \left((x+1)^{\frac{1}{2}} + 1\right)'$

$= 20 \cdot z^{19} \cdot \left(\dfrac{1}{2}\,(x+1)^{-\frac{1}{2}}\right) \cdot 1$

$= 20 \cdot \left(\sqrt{x+1} + 1\right)^{19} \cdot \dfrac{1}{2\sqrt{x+1}}$

5.4.1.1. Nullstellen von f'

$x_1 = 0,\ x_2 = -3,\ x_3 = -2$

$f''(0) \ \ = 36 \ \ > 0 \ \ \longrightarrow \ \text{Minimum}$

$f''(-3) = 18 \ \ > 0 \ \ \longrightarrow \ \text{Minimum}$

$f''(-2) = -12 < 0 \ \ \longrightarrow \ \text{Maximum}$

5.4.1.2. Nullstellen von f '

$$x_1 = 0, \quad x_2 = -\frac{5}{6}$$

$$f''''(0) \quad = 120 \qquad \rightarrow \quad \text{Sattelpunkt}$$

$$f''(-\frac{5}{6}) = 2,89 > 0 \quad \rightarrow \quad \text{Minimum}$$

5.5.1. $\quad f(x) = x \cdot e^x$

1. Definitionsbereich unbeschränkt
2. keine Definitionslücken
3. $x \rightarrow \infty \;\; : f(x) \rightarrow \infty$

$$x \rightarrow -\infty : f(x) \rightarrow 0 \quad \text{da} \quad \lim_{x \rightarrow -\infty} \frac{x}{e^{|x|}} = 0$$

4. eine Nullstelle in $x = 0$
5. $f'(x) = e^x + x \cdot e^x = 0$ für $x = -1$

$$f''(-1) = e^x \cdot (x + 2) = 0,3679 > 0 \rightarrow \text{Minimum}$$

6. f'' hat eine Nullstelle in $x = -2$

$$f'''(-2) = e^x \cdot (x + 3) = 0,1353 \quad \rightarrow \quad \text{Wendepunkt}$$

7. x von $-\infty$ bis -2 : fallend, rechtsgekrümmt

x von -2 bis -1 : fallend, linksgekrümmt

x von -1 bis ∞ : steigend, linksgekrümmt

8.

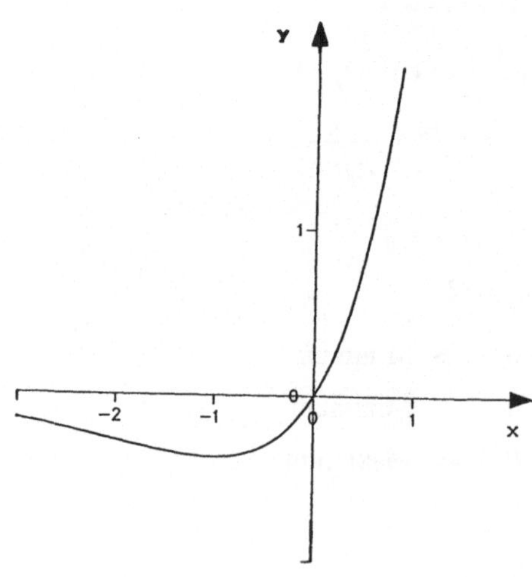

5.5.2. Standardnormalverteilung

1. Definitionsbereich unbeschränkt
2. keine Definitionslücken
3. $x \to \infty \quad : f(x) \to 0$

   $x \to -\infty : f(x) \to 0$
4. keine Nullstellen

5. $f'(x) = -\dfrac{x}{\sqrt{2\pi}} \cdot e^{-0,5x^2} = 0 \quad$ für $x = 0$

$$f''(x) = -\frac{1}{\sqrt{2\pi}} \cdot e^{-0,5x^2} + \frac{x^2}{\sqrt{2\pi}} \cdot e^{-0,5x^2}$$

$$ = \frac{1}{\sqrt{2\pi}} \cdot e^{-0,5x^2} (x^2 - 1)$$

$$f''(0) = -\frac{1}{\sqrt{2\pi}} \qquad \to \text{Maximum für } x = 0$$

6. f'' hat Nullstellen in $x = 1$ und $x = -1$

$$f'''(x) = \frac{x}{\sqrt{2\pi}} \cdot e^{-0,5x^2} (-x^2 + 3)$$

$f'''(-1) \neq 0, \; f'''(1) \neq 0 \quad \to$ Wendepunkte

7. x von $-\infty$ bis -1 : steigend, linksgekrümmt

   x von -1 bis 0 : steigend, rechtsgekrümmt
   x von 0 bis 1 : fallend, rechtsgekrümmt
   x von 1 bis ∞ : fallend, linksgekrümmt

8.

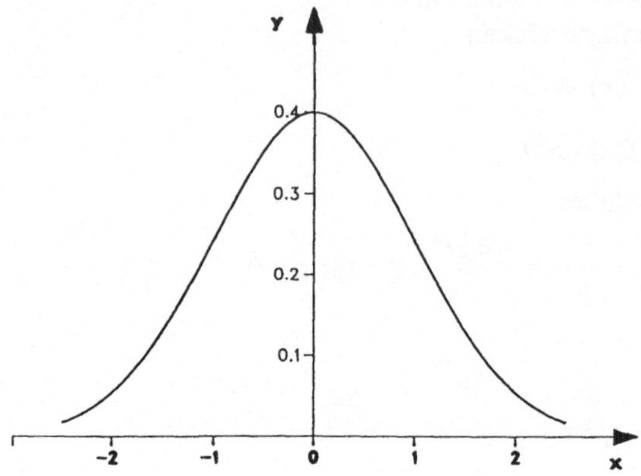

5.5.3.

$$f(x) = \frac{x}{x^3 - 9x}$$

1. Definitionsbereich: Reelle Zahlen außer 0, 3, –3
2. Definitionslücken

a) $x = 0$ $\qquad \lim\limits_{x \to 0^-} f(x) = -\dfrac{1}{9}$

$\qquad\qquad\quad \lim\limits_{x \to 0^+} f(x) = -\dfrac{1}{9}$

Rechts- und linksseitiger Grenzwert existieren und sind gleich, d.h. an der Stelle
$x = 0$ liegt eine behebbare Lücke vor; die stetige Ergänzung lautet

$$g(x) = \frac{1}{x^2 - 9}$$

b) $x = 3$ $\qquad \lim\limits_{x \to 3^-} f(x) = -\infty$

$\qquad\qquad\quad \lim\limits_{x \to 3^+} f(x) = \infty$

Polstelle mit Vorzeichenwechsel

c) $x = -3$ $\qquad \lim\limits_{x \to -3^-} f(x) = \infty$

$\qquad\qquad\quad \lim\limits_{x \to -3^+} f(x) = -\infty$

Polstelle mit Vorzeichenwechsel

3. $x \to \infty \quad : f(x) \to 0$

   $x \to -\infty \quad : f(x) \to 0$

4. keine Nullstellen

5. $g'(x) = \dfrac{-2x}{(x^2 - 9)^2} = 0$ für $x = 0$

   $g''(x) = \dfrac{6x^2 + 18}{(x^2 - 9)^3}$

   $g''(0) = -0{,}0247 < 0$
   Maximum an der Stelle $x = 0$ für die stetige Ergänzung; f hat keinen
   Extremwert, da 0 nicht im Definitionsbereich liegt.

6. g'' hat keine Nullstellen, damit haben f und g keine Wendepunkte.

7. x von $-\infty$ bis -3 : steigend, linksgekrümmt

   x von -3 bis 0 : steigend, rechtsgekrümmt
   x von 0 bis 3 : fallend, rechtsgekrümmt
   x von 3 bis ∞ : fallend, linksgekrümmt

8.

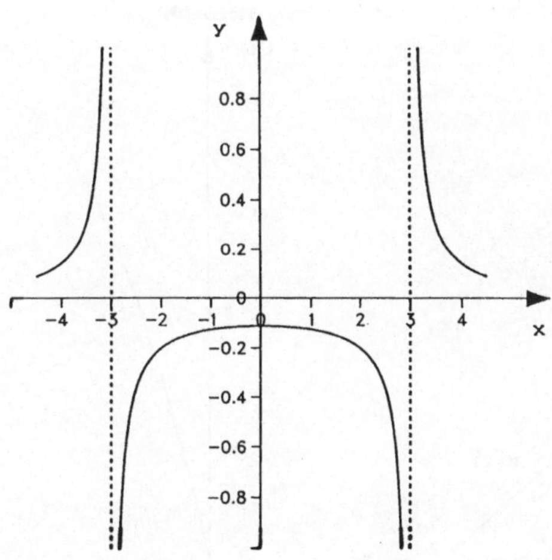

5.6.1.   Eine Nullstelle liegt (gerundet) bei 0,6926419. Die zweite Nullstelle liegt bei
         −1,7843598

5.7.2.1. $GK = K'(x) = 3x^2 - 50x + 250$
         $K'(2) = 162$
         $K'(8) = 42$
         $K'(18) = 322$

         $GK' = K''(x) = 6x - 50 = 0$ für $x = 8{,}3333$

         $GK'' = K'''(8{,}33) = 6 > 0$ −> Minimum
         $GK(8) = 42$ und $GK(9) = 43$
         Bei einer Produktion von 8 Einheiten sind die Grenzkosten minimal.
         Das Minimum der Grenzkostenfunktion ist gleichzeitig der Wendepunkt der
         Kostenfunktion.

5.7.2.2. a) $U(x) = 1.500x - 0{,}05x^2$

            $U'(x) = 1.500 - 0{,}1x$
         b) $U'(x) = 0$ für $x = 15.000$

            $U''(0) = -0{,}1$ −> Maximum
            $p(15.000) = 750$
         c)

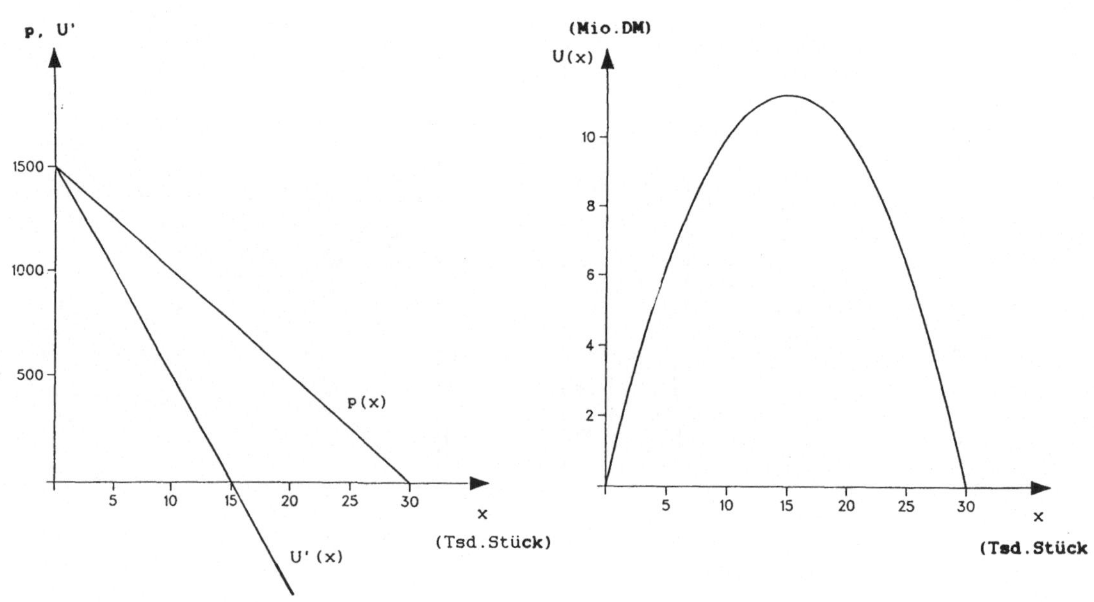

5.7.2.4. $U(x) = 12x - 0,8x^2$

$G(x) = -0,8x^2 + 10x - 32$

$G'(x) = -1,6x + 10 = 0 \quad$ für $x = 6,25$

$G''(6,25) < 0 \quad \rightarrow$ Maximum
$p(6,25) = 7$

$G(6,25) = -0,75$

Das Gewinnmaximum entspricht einem Verlustminimum.

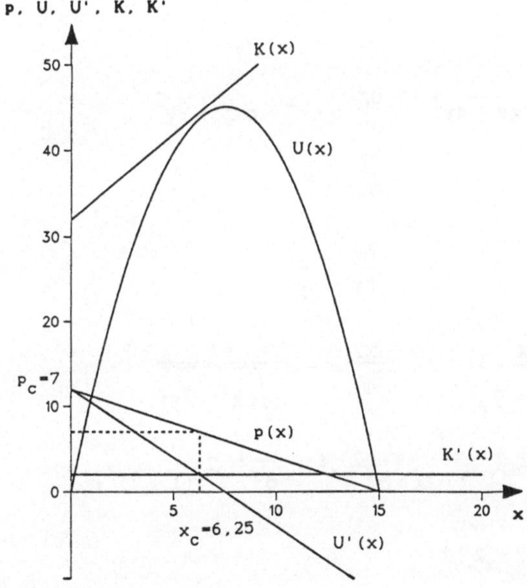

5.7.2.5.

$$x_{opt} = \sqrt{\frac{200 \cdot 2.000 \cdot 50}{8 \cdot 40}} = 250$$

Es müssen 8 Bestellungen aufgegeben werden.

5.7.2.6.1 Marktgleichgewicht in p = 70 und x = 20
Preiselastizität der Nachfrage

$$e_{x,p} = -2 \cdot \frac{70}{20} = -7$$

Preiselastizität des Angebots

$$e_{x,p} = 1 \cdot \frac{70}{20} = 3,5$$

5.7.2.6.2 a) $e_{x,p} = -\dfrac{1}{4} \cdot \dfrac{p}{1.250 - \frac{1}{4}p}$

b) $p = 3.000$: $e = -\dfrac{1}{4} \cdot \dfrac{3.000}{1.250 - 750} = -\dfrac{3}{2}$ elastisch

$p = 1.000$: $e = -\dfrac{1}{4}$ unelastisch

$p = 100$: $e = -0{,}0204$ unelastisch

Zu Kapitel 6

6.1.1. $\dfrac{\partial z}{\partial x} = 6x^2 - 2xy + 4y^2$ $\dfrac{\partial z}{\partial y} = -x^2 + 8xy + 9y^2$

2. $\dfrac{\partial z}{\partial x} = a$ $\dfrac{\partial z}{\partial y} = b$

3. $\dfrac{\partial z}{\partial x} = \ln y$ $\dfrac{\partial z}{\partial y} = \dfrac{x}{y}$

4. $\dfrac{\partial z}{\partial x} = \dfrac{6x}{\sqrt{6x^2 - 2y^2}}$ $\dfrac{\partial z}{\partial y} = -\dfrac{6x}{\sqrt{6x^2 - 2y^2}}$

5. $\dfrac{\partial z}{\partial x} = e^{x^2-y^2} + x \cdot 2x \cdot e^{x^2-y^2} = e^{x^2-y^2}(1 + 2x^2)$

$\dfrac{\partial z}{\partial y} = -2xy \cdot e^{x^2-y^2}$

6. $\dfrac{\partial z}{\partial x_1} = 10x_1 x_2^4 x_3^3 x_4$ $\dfrac{\partial z}{\partial x_2} = 20x_1^2 x_2^3 x_3^3 x_4$

$\dfrac{\partial z}{\partial x_3} = 15x_1^2 x_2^4 x_3^2 x_4$ $\dfrac{\partial z}{\partial x_4} = 5x_1^2 x_2^4 x_3^3$ $\dfrac{\partial z}{\partial x_5} = 1$

6.2.1. $\dfrac{\partial z}{\partial x} = 2x$ $\dfrac{\partial z}{\partial y} = 3y^2$ $\dfrac{\partial^2 z}{\partial x^2} = 2$ $\dfrac{\partial^2 z}{\partial y^2} = 6y$ $\dfrac{\partial^2 z}{\partial x \partial y} = 0$

2. $\dfrac{\partial z}{\partial x} = 18x^2 y^2$ $\dfrac{\partial z}{\partial y} = 12x^3 y$

$$\frac{\partial^2 z}{\partial x^2} = 36xy^2 \qquad \frac{\partial^2 z}{\partial y^2} = 12x^3 \qquad \frac{\partial^2 z}{\partial x \partial y} = 36x^2 y$$

6.3.
$$U(x_1) = 1.800x_1 - 8x_1^2$$

$$U(x_2) = 2.000x_2 - 10x_2^2$$

$$G(x_1, x_2) = 850x_1 - 8x_1^2 + 950x_2 - 10x_2^2 - 15x_1 x_2 - 3.000$$

$$\frac{\partial G}{\partial x_1} = 850 - 16x_1 - 15x_2 = 0$$

$$\frac{\partial G}{\partial x_2} = 950 - 20x_2 - 15x_1 = 0$$

$$x_1 = 28{,}9474 \qquad x_2 = 25{,}7895$$

$$\frac{\partial^2 G}{\partial x_1^2} = -16 \qquad \frac{\partial^2 G}{\partial x_2^2} = -20 \qquad \frac{\partial^2 G}{\partial x_1 \partial x_2} = -15$$

$$(-16) \cdot (-20) > (-15)^2 \quad \rightarrow \text{ Maximum}$$

Der Unternehmer sollte gerundet 29 Stück von Produkt 1 zu einem Preis von 1.568 DM und 26 Stück von Produkt 2 zu einem Preis von 1.740 DM anbieten ($G_{max} = 21.552$ DM).

6.4.3.1.
$$f^*(x,y,z,\lambda) = 5x + 10y + 20z - \frac{1}{2}x^2 - \frac{1}{4}y^2 - z^2 + \lambda\,(x + 2y + 4z - 17)$$

$$\frac{\partial f^*}{\partial x} = 5 - x + \lambda = 0$$

$$\frac{\partial f^*}{\partial y} = 10 - \frac{1}{2}y + 2\lambda = 0$$

$$\frac{\partial f^*}{\partial z} = 20 - 2z + 4\lambda = 0$$

$$\frac{\partial f^*}{\partial \lambda} = x + 2y + 4z - 17 = 0$$

Stationärpunkt: x = 1   y = 4   z = 2 $\lambda = -4$

$\qquad$ f(1,4,2) = 76,5

Zur Kontrolle Berechnung des Nutzens an benachbarten Stellen, die ebenfalls die Nebenbedingungen erfüllen:

f(3,5,1) = 73,25   f(3,3,2) = 74,25

Es handelt sich um das Maximum der Nutzenfunktion.

6.4.3.2.

$$f^{*}(x_1, x_2, x_3, \lambda) = 22 + \frac{1}{4} x_1^2 + \frac{1}{8} x_2^2 + \frac{1}{2} x_3^2 + \lambda (3x_1 + 2x_2 + 4x_3 - 25)$$

$$\frac{\partial f^{*}}{\partial x_1} = \frac{1}{2} x_1 + 3\lambda = 0$$

$$\frac{\partial f^{*}}{\partial x_2} = \frac{1}{4} x_2 + 2\lambda = 0$$

$$\frac{\partial f^{*}}{\partial x_3} = x_3 + 4\lambda = 0$$

$$\frac{\partial f^{*}}{\partial \lambda} = 3x_1 + 2x_2 + 4x_3 - 25 = 0$$

Stationärpunkt: $x_1 = 3$ $x_2 = 4$ $x_3 = 2$ $\lambda = -0,5$

f(3,4,2) = 28,25

Benachbarte Punkte: f(5,3,1) = 29,875
$\qquad\qquad\qquad\qquad$ f(3,2,3) = 29,25

Es handelt sich um das Minimum.

6.4.3.3.

Zielfunktion:

$$G = 0,15 \cdot \left[\frac{40x}{2 + 0,002x} + \frac{30y}{3 + 0,0015y} \right] - x - y$$

Nebenbedingung: x + y = 500

Erweiterte Zielfunktion:

$$G^* = 0,15 \cdot \left[\frac{40x}{2 + 0,002x} + \frac{30y}{3 + 0,0015y} \right] - x - y + \lambda\,(x + y - 500)$$

$$= \left[\frac{6x}{2 + 0,002x} + \frac{4,5y}{3 + 0,0015y} \right] - x - y + \lambda\,(x + y - 500)$$

partielle Ableitungen:

$$\frac{\delta G^*}{\delta x} = \frac{6\,(2 + 0,002x) - 6x \cdot 0,002}{(2 + 0,002x)^2} - 1 + \lambda = \frac{12}{(2 + 0,002x)^2} - 1 + \lambda = 0$$

$$\frac{\delta G^*}{\delta y} = \frac{4,5\,(3 + 0,0015y) - 4,5y \cdot 0,0015}{(3 + 0,0015y)^2} - 1 + \lambda = \frac{13,5}{(3 + 0,0015y)^2} - 1 + \lambda = 0$$

$$\frac{\delta G^*}{\delta \lambda} = x + y - 500 = 0$$

Auflösung des Gleichungssystems:

$$\frac{12}{(2 + 0,002x)^2} = \frac{13,5}{(3 + 0,0015y)^2}$$

$$x = 500 - y$$

$$\frac{12}{(2 + 1 - 0,002y)^2} = \frac{13,5}{(3 + 0,0015y)^2}$$

$$\frac{12}{9 - 0,012y + 0,000004y^2} = \frac{13,5}{9 + 0,009y + 0,00000225y^2}$$

$$0,000027y^2 - 0,27y + 13,5 = 0$$

$$y^2 - 10.000y + 500.000 = 0$$

$y_1 = 50,2525 \qquad x_1 = 449,7475$

$y_2 = 9.949,7475 \qquad x_2 = -9.449,7475$ ökonomisch nicht relevant

$\lambda = -0,4274$

Stationärpunkt: $x_1 = 449,7475 \quad y_1 = 50,2525$

Hinreichende Bedingung für Vorliegen eines Extremwertes

$$\frac{\partial^2 G^*}{\partial x^2} = -\frac{0,048}{(2 + 0,002x)^3}$$

$$\frac{\partial^2 G^*}{\partial y^2} = -\frac{0,0405}{(3 + 0,0015y)^3}$$

$$\frac{\partial^2 G^*}{\partial x \partial y} = 0$$

$$f_{xx}''(x_0,y_0) \cdot f_{yy}''(x_0,y_0) > (f_{xy}''(x_0,y_0))^2$$

$$(-0,00196913)\,(-0,00139238) > 0$$
$$0,00000274 > 0$$

$f_{xx}''(x_0,y_0)$ und $f_{yy}''(x_0,y_0)$ sind negativ;
daraus folgt, daß an der gefundenen Stelle ein Maximum vorliegt.

Zu Kapitel 7

7.1.1. $\quad F(x) = \frac{1}{2}x^2 + C$

2. $\quad F(x) = e^x + \frac{1}{7}x^7 + C$

3. $\quad F(x) = 3x^2 - 3x + C$

4. $\quad F(x) = \frac{2\sqrt{x^3}}{3} + C$

5. $\quad F(x) = \frac{7\sqrt[7]{x^8}}{8} + 7x + C$

6. $\quad F(x) = -\frac{1}{x} + C$

7. $\quad F(x) = 2\sqrt{x} + C$

8. $F(x) = x^5 + x^3 - \dfrac{1}{2}x^2 + \dfrac{4}{3}\sqrt{x^3} - 9x + C$

7.2.1.   71,6667

2.   102,4

3.   1,7183

4.   18

5.   a) Nullstelle $x_0 = -\dfrac{2}{3}$ außerhalb des Intervalls.

  $A = 32$

b) Nullstellen $x_1 = 0$ und $x_2 = 2$

  $F = |F_1| + |F_2| + |F_3| = |4| + |-4| + |4| = 12$

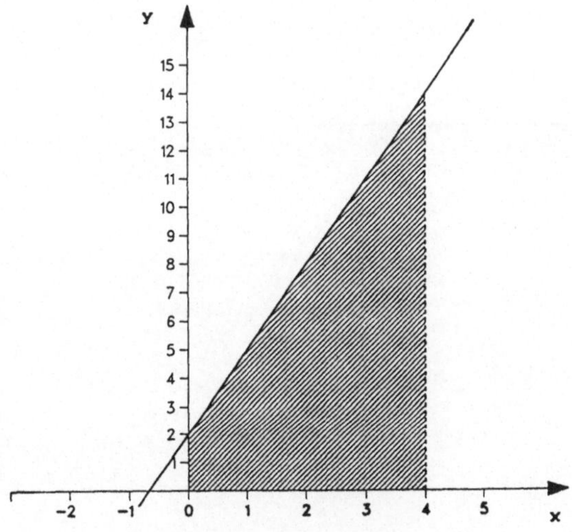

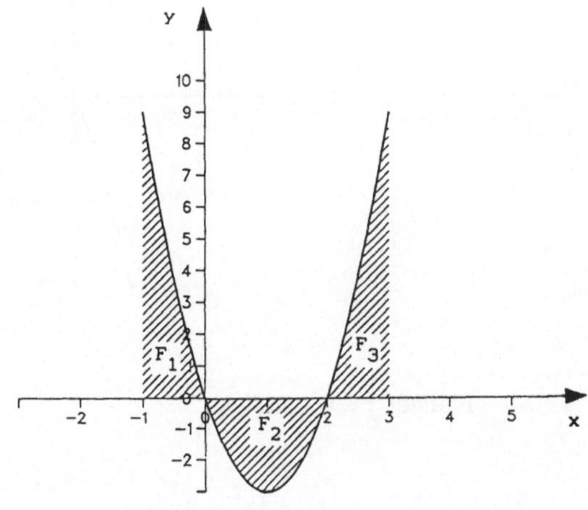

7.2.6. $f(x) = 2x^3 - 4x^2 + 2x$

1. Definitionsbereich unbeschränkt
2. keine Definitionslücken

3. $x \to \infty \quad : f(x) \to \infty$

  $x \to -\infty \quad : f(x) \to -\infty$

4. Nullstellen: $x_1 = 0, \ x_2 = 1$

5. Extrema: Minimum für x = 1

$$\text{Maximum für } x = \frac{1}{3}$$

6. Wendepunkt an der Stelle $x = \frac{2}{3}$

7. x von $-\infty$ bis $\frac{1}{3}$:   rechtsgekrümmt, steigend

   x von $\frac{1}{3}$ bis $\frac{2}{3}$:   rechtsgekrümmt, fallend

   x von $\frac{2}{3}$ bis 1 :   linksgekrümmt, fallend

   x von 1 bis ∞ :   linksgekrümmt, steigend

8. Skizze

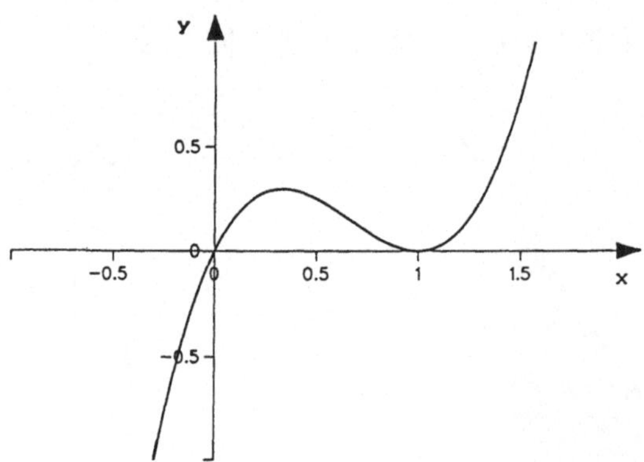

Fläche: $\frac{1}{6} = 0{,}1667$

7.3.1. $K(x) = x^3 - 3x^2 + 3x + 3$

$U(x) = 16x - 2x^2$

$G(x) = -x^3 + x^2 + 13x - 3$

$G'(x) = -3x^2 + 2x + 13 = 0$

$x_1 = 2{,}4415$

$x_2 = -1{,}7749$ ökonomisch nicht relevant

$G''(2{,}4415) = -6x + 2 < 0$ –> Maximum

$G(2{,}4415) = 20{,}1468$

$p(2{,}4415) = 11{,}1170$

7.3.2.   Bei p = 8 gilt x = 20.

Konsumentenrente = 186,6667 − 160 = 26,6667

Zu Kapitel 8

8.4.1.

a)   Nicht möglich, da Spaltenzahl von **A** nicht mit der Zeilenzahl von **B** übereinstimmt.

b)   (21 24 −9 30)

c) $\begin{bmatrix} 82 & -40 & -6 \\ 12 & -40 & 44 \\ 58 & -30 & -2 \end{bmatrix}$

d) $\begin{bmatrix} 0 & 4 & 4 \\ 0 & 0 & 4 \\ -1 & 0 & 9 \end{bmatrix}$

e) $\begin{bmatrix} 1 & 8 \\ -3 & -24 \\ 6 & 48 \end{bmatrix}$

f)   102

g) $\begin{bmatrix} -78 & -42 \\ -85 & -39 \end{bmatrix}$ $\begin{bmatrix} -27 & -51 \\ -58 & -90 \end{bmatrix}$

h)   Nicht möglich, Matrizen sind nicht vom gleichen Typ.

i) $\begin{bmatrix} 1 & -6 & 2 \\ -7 & 3 & 2 \\ 8 & 0 & -6 \end{bmatrix}$ Multiplikation mit Einheitsmatrix

8.4.2.

a) $(80 \ 100 \ 50) \cdot \begin{bmatrix} 2 & 8 & 6 \\ 5 & 8 & 5 \\ 4 & 6 & 6 \end{bmatrix} = (860 \ 1.740 \ 1.280)$

b) $(40 \ 60 \ 70) \cdot \begin{bmatrix} 80 & 100 \\ 100 & 90 \\ 50 & 40 \end{bmatrix} = (12.700 \ 12.200)$

c)   Betriebskosten pro Minute bestimmen und mit Ergebnis von a) multiplizieren.

$$(0{,}5 \ \ 0{,}9 \ \ 1{,}1) \cdot \begin{pmatrix} 860 \\ 1.740 \\ 1.280 \end{pmatrix} = 3.404 \ \text{DM}$$

d)   Kosten für Einzelteile

$$(80 \ \ 100 \ \ 50) \cdot \begin{pmatrix} 24 \\ 28 \\ 15 \end{pmatrix} = 5.470 \ \text{DM}$$

Gesamtkosten 3.404 + 5.470 = 8.874 DM

Gewinn = Umsatz − Kosten = 12.700 − 8.874 = 3.826 DM

8.4.3.

$$A = \begin{pmatrix} 2 & 4 & 2 \\ 5 & 8 & 8 \\ 5 & 3 & 2 \end{pmatrix} \quad B = \begin{pmatrix} 2 & 5 & 0 \\ 7 & 5 & 4 \\ 3 & 4 & 7 \end{pmatrix} \quad C = \begin{pmatrix} 9 & 8 \\ 6 & 4 \\ 1 & 8 \end{pmatrix}$$

$$A \cdot B = \begin{pmatrix} 38 & 38 & 30 \\ 90 & 97 & 88 \\ 37 & 48 & 26 \end{pmatrix}$$

$$G = A \cdot B \cdot C = \begin{pmatrix} 600 & 696 \\ 1.480 & 1.812 \\ 647 & 696 \end{pmatrix}$$

	P_1	P_2
R_1	600	696
R_2	1.480	1.812
R_3	647	696

8.5.6.1.

a) $x_1 = 10 \quad x_2 = 100 \quad x_3 = 2$

b) $x_1 = -2 \quad x_2 = 4 \quad x_3 = 50 \quad x_4 = 1$

8.5.6.2.
$$\begin{aligned}
0{,}5x_1 + x_2 \quad\;\; + 3x_3 \qquad\;\; &= 40 \\
x_1 + \qquad\;\; 3x_3 + x_4 &= 40 \\
2x_1 + \qquad\;\; 4x_3 \qquad\;\; &= 40 \\
x_2 \;\; + x_3 \;\; + x_4 &= 40
\end{aligned}$$

$$x_1 = 10 \qquad x_2 = 20 \qquad x_3 = 5 \qquad x_4 = 15$$

8.5.6.3. x_1 – Anzahl der Packungen 1

x_2 – Anzahl der Packungen 2

$$4x_1 + 3x_2 = 17$$
$$2x_1 + 3x_2 = 13$$

$$x_1 = 2 \qquad x_2 = 3$$

Zu Kapitel 9

9.2.1. x_1 – Produktionsmenge CD-Player

x_2 – Produktionsmenge Videorecorder

$$\frac{1}{6} x_1 + \frac{1}{4} x_2 \leq 120$$
$$\frac{1}{5} x_1 + \frac{1}{2} x_2 \leq 200$$
$$\frac{1}{20} x_1 + \frac{1}{12} x_2 \leq 37$$
$$x_1 \geq 0 \qquad x_2 \geq 0$$

$$G = 30x_1 + 60 x_2$$
Isogewinngerade: $G = 12.000$

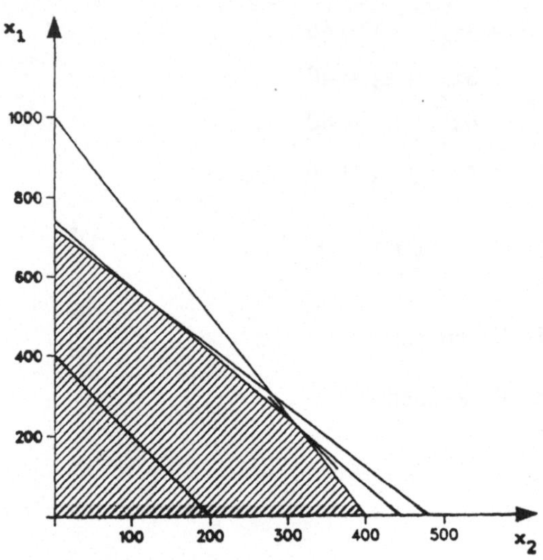

Parallelverschiebung zeigt: Gewinnmaximum liegt im Schnittpunkt der Kapazitätsgrenzen von Anlage II und Endkontrolle.
Schnittpunkt: $x_1 = 220$ $x_2 = 312$
Der Gewinn beträgt dann: G = 25.320 DM

9.2.2. x_1 – Bestellmenge von Typ A

x_2 – Bestellmenge von Typ B

Gewinnfunktion: $G = 5.100x_1 + 6.000x_2$
Nebenbedingungen:

– Mindestabnahme: $x_1 \geq 30$

$x_2 \geq 20$

– Lagermöglichkeit: $x_1 \leq 65$

$x_2 \leq 45$

– Einkaufsetat: $20.000x_1 + 25.000x_2 \leq 2.000.000$

– Abnahmeverpflichtung: $x_1 \leq 3x_2$

$x_1 - 3x_2 \leq 0$

– Nichtnegativitätsbedingungen: $x_1 \geq 0$ $x_2 \geq 0$

Isogewinngerade für G = 306.000

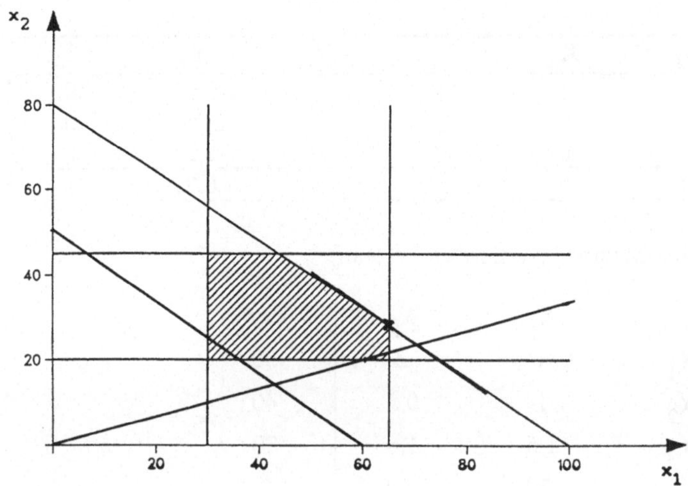

Parallelverschiebung zeigt: Gewinnmaximum liegt im Schnittpunkt von $x_1 \leq 65$ und der Begrenzung durch den Einkaufsetat.

Schnittpunkt: $x_1 = 65$ $x_2 = 28$

Der Gewinn beträgt dann: G = 499.500

9.3.1.

$$x_1 \;\; + \;\; 2x_2 \;\; \leq 80$$
$$x_1 \;\; + \;\; 0,5x_2 \leq 40$$
$$1,6x_1 + 1,6x_2 \leq 80$$
$$G = 30x_1 + 50x_2$$

Simplex-Methode:

X_1	X_2	Y_1	Y_2	Y_3	G	
1	2	1	0	0	0	80
1	0,5	0	1	0	0	40
1,6	1,6	0	0	1	0	80
-30	-50	0	0	0	1	0

Ergebnis:

X_1	X_2	Y_1	Y_2	Y_3	G	
0	1	1	0	-0,625	0	30
0	0	0,5	1	-0,9375	0	5
1	0	-1	0	1,25	0	20
0	0	20	0	6,25	1	2.100

Simplex-Methode (verkürztes Tableau):

	X_1	X_2	
Y_1	1	2	80
Y_2	1	0,5	40
Y_3	1,6	1,6	80
G	-30	-50	0

Ergebnis:

	Y_3	Y_1	
X_2	-0,625	1	30
Y_2	-0,9375	0,5	5
X_1	1,25	-1	20
G	6,25	20	2.100

Zu Kapitel 10

10.1.1.

gefaltet	Dicke
0	$0,001\ m = 0.001 \cdot 2^0$
1	$0.002\ m = 0,001 \cdot 2^1$
2	$0.004\ m = 0,001 \cdot 2^2$
.	.
.	.
30	$0,001 \cdot 2^{30} = 1.073,7418\ km$
.	.
.	.
100	$0.001 \cdot 2^{100} = 1,2677 \cdot 10^{24}\ km$

1 Lichtjahr entspricht $9,4605 \cdot 10^{12}$ km

$1,2677 \cdot 10^{24}$ km entspricht $1,3399 \cdot 10^{11}$ Lichtjahren

Der Radius des Weltalls wird auf $13 \cdot 10^9$ Lichtjahre geschätzt.
Die 100-mal gefaltete Zeitung paßt nicht in das Universum.

10.1.2.1.

$$\sum_{i=1}^{n} a_i = 14.000$$

$$a_1 = 225 \quad d = 50$$

$$14.000 = \frac{n}{2} \cdot (2 \cdot 225 + (n-1) \cdot 50)$$

$$n_1 = 20$$

$$n_2 = -28 \quad \text{ökonomisch nicht relevant}$$

Nach 20 Wochen ist der Auftrag erfüllt.
In der letzten Woche werden 1.175 Nähmaschinen hergestellt.

10.1.2.2.

$$\sum_{i=1}^{64} 2^{i-1} = 1 + 2 + 4 + 8 + 16 + \ldots + 2^{63}$$

$$= 1 \cdot \frac{2^{64} - 1}{2 - 1} = 2^{64} - 1 \sim 2^{64} = 1,84467441 \cdot 10^{19}$$

Annahme: 1 Tonne entspricht 50 Mio. Reiskörnern.

$$\frac{2^{64}}{50.000.000} = 3,68934882 \cdot 10^{11} \text{ Tonnen}$$

$$\frac{3,68934882 \cdot 10^{11}}{473,9 \cdot 10^6} = 778,507874 \text{ Welternten}$$

10.2.1.

a) $\quad 10.000 = 500.000 \cdot (1-0,25)^n$
$\log 0,02 = n \cdot \log 0,75$
$n = 13,5984$
Das Unternehmen muß 14 Jahre lang abschreiben.

b)

Jahr	Abschreibung	Restbuchwert
1	125.000	375.000
2	93.750	281.250
3	70.312,5	210.937,5
4	52.734,375	158.203,125
5	39.550,78125	118.652,3438
6	21.730,46876	96.921,87504
7	21.730,46876	75.191,40628
8	21.730,46876	53.460,93752
9	21.730,46876	31.730,46876
10	21.730,46876	10.000

10.2.2.2.1. $\quad K_0 = \dfrac{54.000}{1 + 10 \cdot \frac{5}{100}} = 36.000 \text{ DM}$

10.2.2.2.2. $\quad K_n = 2 \cdot K_0$

$$n = \left[\frac{2}{1} - 1 \right] \cdot \frac{100}{6} = 16{,}6667 \text{ Jahre}$$

10.2.2.2.3. $\quad p = \left[\dfrac{50.000}{20.000} - 1 \right] \cdot \dfrac{100}{10} = 15\%$

10.2.2.3.1. $\quad n = \dfrac{\log \frac{2}{1}}{\log 1{,}06} = 11{,}8957 \text{ Jahre}$

10.2.2.3.2. a) A: Kn = 205.512,9995 DM
B: Kn = 200.000 DM
b) A: K_0 = 150.000 DM

B: K_0 = 145.976,1673 DM

c) A: p = 6,5%
B: p = 5,9224%

10.2.2.4.1 $\quad 2 = 1 \cdot \left[1 + \dfrac{6}{12 \cdot 100} \right]^{n \cdot 12}$

$\log 2 = \log 1{,}005^{12 \cdot n} = 12n \cdot \log 1{,}005$
n = 11,5813 Jahre

10.2.2.4.2. a) K_n = 226.098,3442 DM

b) $K_n = 221.964,0235$ DM

$p^* = 8,30\%$

10.2.2.5.1. $\quad 2 = 1 \cdot e^{n \cdot 0,06}$

$$n = \frac{\ln 2}{0,06 \cdot \ln e} = 11,5525 \text{ Jahre}$$

10.2.2.5.2. a) $p^* = 9\%$
b) $p^* = 9,0980\%$
c) $p^* = 9,0897\%$

10.2.2.5.3. a) $18 = 13 \cdot e^{0,05 \cdot p}$
$p = 6,5084\%$ pro Tag

b) $50 = 13 \cdot e^{0,065084 \cdot n}$
$n = 20,6975$ Tage

c) $K_n = 13 \cdot e^{0,065084 \cdot 30} = 91,6035\%$

10.2.3.1. a) $R_n = 41.269,9655$ DM

b) $R_0 = 41.269,9655$ DM

$R_n = 67.224,4251$ DM

$r = 5.344,6493$ DM

10.2.3.2. $\quad K_n = 39.343,03$ DM

$R_n = 29.014,54$ DM

10.2.4.

a)

Jahr	Restschuld Jahresanfang	Zinsen Jahresende	Tilgungsrate	Annuität
1	400.000	32.000	0	32.000
2	400.000	32.000	0	32.000
3	400.000	32.000	0	32.000
4	400.000	32.000	0	32.000
5	400.000	32.000	0	32.000
6	400.000	32.000	80.000	112.000
7	320.000	25.600	80.000	105.600
8	240.000	19.200	80.000	99.200
9	160.000	12.800	80.000	92.800
10	80.000	6.400	80.000	86.400
		256.000	400.000	656.000

b)

Jahr	Restschuld Jahresanfang	Zinsen Jahresende	Tilgungsrate	Annuität
1	400.000	32.000	0	32.000
2	400.000	32.000	0	32.000
3	400.000	32.000	0	32.000
4	400.000	32.000	0	32.000
5	400.000	32.000	0	32.000
6	400.000	32.000	68.182,58	100.182,58
7	331.817,42	26.545,39	73.637,19	100.182,58
8	258.180,23	20.654,42	79.528,16	100.182,58
9	178.652,07	14.292,17	85.890,42	100.182,58
10	92.761,67	7.420,93	92.761,65	100.182,58
		260.912,91	400.000	660.912,90

10.2.5.

a) $\quad K_0 \;=\; -2.000.000 - 921.658,99 + 169.891,06 + + 704.617,29 + 1.082.361,43 +$

$\qquad\qquad 997.568,13$

$\qquad\quad =\; 32.778,92 \text{ DM}$

b) $\quad A \;=\; 8.318,17 \text{ DM}$

Zu Kapitel 11

11.1.1. 126 $\qquad$ 22.537.515

11.1.2.

$$\binom{n}{n} \;=\; \frac{n!}{0!\,n!} \;=\; 1 \;=\; \frac{n!}{n!\,0!} \;=\; \binom{n}{0}$$

11.1.3. $(s + t)^5 = s^5 + 5s^4 t + 10s^3 t^2 + 10s^2 t^3 + 5st^4 + t^5$

11.2.1.

a) $\quad P \;=\; 19! \;=\; 1,21645 \cdot 10^{17}$

b) $\quad P \;=\; 4! \;\;=\; 24$

c) $\quad P \;=\; \dfrac{19!}{5!\ 6!\ 3!\ 5!} \;=\; 1.955.457.504$

11.3.1. Komb. o. Wdh., mit Ber. d. Anord., $k = 3$, $n = 50$
$\qquad\qquad K = 117.600$

11.3.2. a) Komb. o. Wdh., o. Ber. d. Anord., k = 2, n = 32
K = 496

b) Komb. o. Wdh., o. Ber. d. Anord.
1. Runde: k = 2, n = 32, K = 496
2. Runde: k = 2, n = 16, K = 120
3. Runde: k = 2, n = 8, K = 28
4. Runde: k = 2, n = 4, K =   6
5. Runde: k = 2, n = 2, K =   1
Insgesamt 31 Wettkämpfe.

11.3.3. Komb. mit Wdh., mit Ber. d. Anord.
Buchstaben: k = 2, n = 26, K = 676

Zahlen: k = 3, n = 10, K = 1.000 − 1 = 999
              da 000 nicht erlaubt
Insgesamt: 676 · 999 = 675.324 Möglichkeiten
Zusatzfrage:
Buchstaben: K = 676 + 26 = 702
Insgesamt: 701.298 Möglichkeiten

11.3.4. a) Perm. o. Wdh.   P = 12! = 479.001.600
b) Perm. mit Wdh. P = 27.720

11.3.5. a) Komb. o. Wdh., mit Ber. d. Anord., k = 4, n = 20
K = 116.280

b) Komb. mit Wdh., mit Ber. d. Anord., k = 4, n = 20
K = 160.000

c) 1. Gang: 5
2. Gang: 4
3. Gang: 7
4. Gang: 4
Insgesamt: 560 Möglichkeiten

11.3.6. Klassensprecher: Komb. o. Wdh., mit Ber. d. Anord.
k = 1, n = 25, K = 25
Stellvertreter: Komb. o. Wdh., o. Ber. d. Anord.
k = 2, n = 24, K = 276
Insgesamt: 6.900 Möglichkeiten

11.3.7. Komb. mit Wdh., mit Ber. d. Anord., k = m, n = 2

$K = 2^m$

11.3.8. Perm. mit Wdh., P = 5.765.760
Wahrscheinlichkeit: 1:5.765.760

11.3.9. Komb. mit Wdh., o. Ber. d. Anord., k = 8, n = 2
K = 9

11.3.10. a) Komb. o. Wdh., o. Ber. d. Anord., k = 3, n = 21
K = 1.330
b) ein beliebtes: Komb. o. Wdh., o. Ber. d. Anord.,
k = 1, n = 3, K = 3
zwei unbeliebte: Komb. o. Wdh., o. Ber. d. Anord.,
k = 2, n = 18, K = 153
Insgesamt: 459 Möglichkeiten

11.3.11. a) Komb. mit Wdh., o. Ber. d. Anord., k = 5, n = 6
K = 252
b) Komb. mit Wdh., o. Ber. d. Anord.,
5 Fische: 252   4 Fische: 126
3 Fische: 56   2 Fische: 21
1 Fisch: 6   0 Fische: 1
Insgesamt: 462 Möglichkeiten

11.3.12. Komb. o. Wdh., o. Ber. d. Anord., k = 10, n = 32
K = 64.512.240

Lösungen zur Fallstudie

Produktionsbereich I

1. $K(x) = 25{,}25 \cdot x + 850.000$

2. $p(x) = 250 - 0{,}006 \cdot x$

3.

a) Umsatzfunktion: $U(x) = p \cdot x : \; U(x) = 250x - 0{,}006x^2$
    Bestimmung des gewinnmaximalen Preises

$G = U - K$

$G(x) \;\; = 224{,}75 \cdot x - 0{,}006 \cdot x^2 - 850.000$

$G'(x) \;\; = 224{,}75 - 0{,}012 \cdot x = 0$
$x = 18.729{,}1667 \sim 18.729$

$G''(x) = -0{,}012 \qquad \rightarrow \quad \text{Maximum}$
$G(18.729) = 1.254.690{,}10 \text{ DM}$

Da jedoch die Kapazitätsgrenze (15.000 ME) überschritten ist, ist der mögliche Gewinn geringer. Er beträgt bei einer produzierten Menge von 15.000 Einheiten 1.171.250 DM. Der Preis für eine Pumpe müßte folglich 160,- DM betragen, um diese Menge absetzen zu können.

Bestimmung des umsatzmaximalen Preises

$U'(x) \;\; = 250 - 0{,}012 \cdot x = 0$
$x = 20.833{,}33$

$U''(x) = -0{,}012 \rightarrow \; \text{Maximum}$
Auch hier liegt das Umsatzmaximum über der Kapazitätsgrenze. An der Kapazitätsgrenze (15.000 ME) könnten höchstens 2.400.000 DM Umsatz erreicht werden. Somit liegt der Preis auch hier bei 160 DM für eine Pumpe.

b) **Bestimmung von Gewinnschwelle und Gewinngrenze**

$G(x) = 224{,}75 \cdot x - 0{,}006 \cdot x^2 - 850.000 = 0$
$x_1 = 33.190 \quad x_2 = 4.268$

Bestimmung der jeweiligen Preise

$p(x) = 250 - 0{,}006 \cdot x$
$p_1(33.190) = \;\; 50{,}86 \text{ DM}$

$p_2(4.268) \;\; = 224{,}39 \text{ DM}$

p_1 ist nicht realisierbar, da die Menge aufgrund der Kapazitätsgrenze nicht produzierbar ist.

4. **Konsumentenrente**

$$p(x) = 250 - 0,006 \cdot x$$
$$x(G_{max}) = 15.000 \text{ ME}$$
$$p(G_{max}) = 160 \text{ DM}$$

$$\int_0^{15.000} (250 - 0,006 \cdot x) \; dx - 15.000 \cdot 160 =$$

$$\left[250x - 0,003 \cdot x^2 \right]_0^{15.000} - 15.000 \cdot 160$$

Konsumentenrente = 675.000 DM

5.

a) **Ermittlung der zusätzlichen Kosten**

$$K_f = \frac{A}{n} + \frac{A}{2} \cdot i$$
$$K_f = \frac{A}{5} + \frac{A}{2} \cdot 0,1$$
$$K_f = 0,2 \cdot A + 0,05 \cdot A$$
$$K_f = 0,25 \cdot A$$

b) **Höhe der Anschaffungskosten**

Zusätzlicher Gewinn: $G(18.729) - G(15.000) = 83.440,10$ DM
Zusätzliche Kosten: $0,25 \cdot A$
$\quad 0,25 \cdot A \leq 83.440,10$ DM
$\quad A = 333.760,40$ DM (Zusätzliche Kosten $K_f = 83.440,10$ DM)

c) **Aufstellen der neuen Kostenfunktion**

$$K(x) = 25,25 \cdot x + 850.000 + 83.440,10$$
$$K(x) = 25,25 \cdot x + 933.440,10$$

$$G(x) = 224,75 \cdot x - 0,006 \cdot x^2 - 933.440,10$$
$$G(18.729) = 1.171.250 \text{ DM}$$

6. **Ermittlung der maximalen Ausbringungsmenge**

$$f^*(x,y,\lambda) = 2.100x + 5.280y - 240x^2 - 360y^2 + \lambda \cdot (480x + 720y - 4.230)$$

$$\frac{\partial f^*}{\partial x} = 2.100 - 480x + 480\,\lambda = 0$$

$$\frac{\partial f^*}{\partial y} = 5.280 - 720y + 720\,\lambda = 0$$

$$\frac{\partial f^*}{\partial \lambda} = 480x + 720y - 4.230 = 0$$

$x = 1,75$
$y = 4,7083$
$\lambda = -2,625$

Hinreichende Bedingung

$$\frac{\partial^2 f^*}{\partial x^2} = -480 \qquad \frac{\partial^2 f^*}{\partial y^2} = -720 \qquad \frac{\partial^2 f^*}{\partial x \partial y} = 0$$

$(-480) \cdot (-720) > (0)^2$

$-480 < 0$ und $-720 < 0$ $\rightarrow$ Maximum

$f(1,75; 4,7083) = 19.819,312 \sim 19.819$ maximale Ausbringungsmenge

Die gewinnmaximale Menge $x = 18.729$ (s. Aufg. 3a) kann also realisiert werden.

PRODUKTIONSBEREICH II

1.
a) **Bestimmung der Mengenfunktion der Pumpe A**
   Aus den Daten läßt sich folgendes lineares Gleichungssystem aufstellen:
   I. $\quad 500 = a_1 + b_1 \cdot 3.500 + c_1 \cdot 2.000$

   II. $\quad 400 = a_1 + b_1 \cdot 3.500 + c_1 \cdot 1.825$

   III. $\quad 510 = a_1 + b_1 \cdot 3.465 + c_1 \cdot 2.000$

   $a_1 = 357,143$

   $b_1 = -\dfrac{2}{7}$

   $c_1 = \dfrac{4}{7}$

   $x = 357,143 - \dfrac{2}{7} P_x + \dfrac{4}{7} P_y$

b) **Bestimmung der Mengenfunktion der Pumpe B**

$\quad$ I. $\quad 1.000 = a_2 + b_2 \cdot 3.500 + c_2 \cdot 2.000$

$\quad$ II. $\quad 1.400 = a_2 + b_2 \cdot 3.500 + c_2 \cdot 1.825$

$\quad$ III. $\quad 995 = a_2 + b_2 \cdot 3.465 + c_2 \cdot 2.000$

$$a_2 = 5.071,43$$

$$b_2 = \frac{1}{7}$$

$$y = 5.071,43 + \frac{1}{7}\,p_x - \frac{16}{7}\,p_y$$

c) **Ermittlung der Umkehrfunktionen**

$\quad$ I. $\quad x = 357,143 - \frac{2}{7}\,p_x + \frac{4}{7}\,p_y$

$\quad$ II. $\quad y = 5.071,43 + \frac{1}{7}\,p_x - \frac{16}{7}\,p_y$

$$4x = 1.428,572 - \frac{8}{7}\,p_x + \frac{16}{7}\,p_y \qquad |(\mathrm{I} \cdot 4)$$

$$y = 5.071,43 + \frac{1}{7}\,p_x - \frac{16}{7}\,p_y \qquad |(\mathrm{II}) \qquad |(+)$$

$$4x + y = 6.500 - p_x$$

Umkehrfunktion p_x: $\quad p_x = 6.500 - 4x - y$

$$p_y = 2.218,75 - \frac{7}{16}\,y + \frac{1}{16}\,p_x \qquad |(\mathrm{II} \cdot \tfrac{7}{16})$$

$$p_y = 2.218,75 - \frac{7}{16}\,y + \frac{1}{16}\,(6.500 - 4x - y)$$

Umkehrfunktion p_y: $\quad p_y = 2.625 - \frac{1}{4}\,x - \frac{1}{2}\,y$

2.

a) **Bestimmung der umsatzmaximalen Preises**

$$U(x,y) = p_x \cdot x + p_y \cdot y$$

$$= -4x^2 - \frac{1}{2}\,y^2 - \frac{5}{4}\,xy + 6.500x + 2.625y$$

$$\frac{\delta U}{\delta x} = -8x - \frac{5}{4}\,y + 6.500 = 0$$

$$\frac{\delta U}{\delta y} = -y - \frac{5}{4}\,x + 2.625 = 0$$

Kritischer Punkt: $x = 500 \quad y = 2.000$

$$\frac{\partial^2 U}{\partial x^2} = -8 \qquad \frac{\partial^2 U}{\partial y^2} = -1 \qquad \frac{\partial^2 U}{\partial x \partial y} = -\frac{5}{4}$$

$$(-8) \cdot (-1) \;<\; (-\tfrac{5}{4})^2 = 1{,}5625$$

$$-8 < 0 \ \text{ und } -1 < 0 \ \ -> \ \text{Maximum}$$

Einsetzen in die Preisabsatzfunktionen:
$p_x(500;2.000) = 2.500$ DM

$p_y(500;2.000) = 1.500$ DM

b) **Bestimmung des gewinnmaximalen Preises**

$$G(x,y) = -4x^2 - \frac{1}{2}y^2 - 2xy + 4.800x + 1.700y - 500.000$$

$$\frac{\partial G}{\partial x} = -8x - 2y + 4.800 = 0$$

$$\frac{\partial G}{\partial y} = -y - 2x + 1.700 = 0$$

Kritischer Punkt: $x = 350$ $y = 1.000$

$$\frac{\partial^2 G}{\partial x^2} = -8 \qquad \frac{\partial^2 G}{\partial y^2} = -1 \qquad \frac{\partial^2 G}{\partial x \partial y} = -2$$

$$(-8) \cdot (-1) < (-2)^2$$

$$-8 < 0 \ \text{ und } -1 < 0 \ \ -> \ \text{Maximum}$$

Einsetzen in die Preisabsatzfunktion:
$p_x(350;1.000) = 4.100$ DM

$p_y(350;1.000) = 2.037{,}50$ DM

PRODUKTIONSBEREICH III

1.

Ermittlung der Kosten Rohstoffe

$$\text{MR} \qquad \cdot \qquad \text{PR} \qquad = \qquad \text{KR}$$

$$\begin{bmatrix} 3 & 2 & 4 \\ 2 & 5 & 2 \\ 6 & 3 & 4 \end{bmatrix} \cdot \begin{bmatrix} 0,5 \\ 0,1 \\ 0,3 \end{bmatrix} = \begin{bmatrix} 2,9 \\ 2,1 \\ 4,5 \end{bmatrix} \qquad \text{Kosten Rohstoffe}$$

Ermittlung des Lohnes Halbfertigfabrikate

$$\text{ZH} \quad \cdot \quad \text{Lohnkosten} = \quad \text{LH}$$

$$\begin{bmatrix} 5 \\ 4 \\ 6 \end{bmatrix} \cdot (0,5) = \begin{bmatrix} 2,5 \\ 2 \\ 3 \end{bmatrix} \qquad \begin{array}{c} \text{Lohn} \\ \text{Halbfertigfabrikate} \end{array}$$

Ermittlung der Kosten Halbfertigfabrikate

$$\text{KR} \quad + \quad \text{LH} \quad = \quad \text{KH}$$

$$\begin{bmatrix} 2,9 \\ 2,1 \\ 4,5 \end{bmatrix} + \begin{bmatrix} 2,5 \\ 2 \\ 3 \end{bmatrix} = \begin{bmatrix} 5,4 \\ 4,1 \\ 7,5 \end{bmatrix} \qquad \text{Kosten Halbfertigfabrikate}$$

Ermittlung Materialkosten Fertigfabrikate

$$\text{MH} \quad \cdot \quad \text{KH} \quad = \quad \text{MF}$$

$$\begin{bmatrix} 0,4871 & 0,3654 & 0,4871 \\ 0,3883 & 0,7767 & 1,3592 \end{bmatrix} \cdot \begin{bmatrix} 5,4 \\ 4,1 \\ 7,5 \end{bmatrix} = \begin{bmatrix} 7,78 \\ 15,48 \end{bmatrix} \qquad \begin{array}{c} \text{Materialk.} \\ \text{Fertigfabrikate} \end{array}$$

Ermittlung Lohn Fertigfabrikate

$$\text{ZF} \quad \cdot \quad \text{Lohnkosten} = \quad \text{LF}$$

$$\begin{bmatrix} 2,4357 \\ 5,0485 \end{bmatrix} \cdot (0,5) = \begin{bmatrix} 1,22 \\ 2,52 \end{bmatrix} \qquad \text{Lohn Fertigfabrikate}$$

Ermittlung der Kosten Fertigfabrikate

$$\text{LF} \quad + \quad \text{MF} \quad = \quad \text{KF}$$

$$\begin{bmatrix} 1,22 \\ 2,52 \end{bmatrix} + \begin{bmatrix} 7,78 \\ 15,48 \end{bmatrix} = \begin{bmatrix} 9 \\ 18 \end{bmatrix} \qquad \text{Kosten Fertigfabrikate}$$

Variable Kosten Düse D1: 9 DM
Variable Kosten Düse D2: 18 DM

2.

Bestimmung der zulässigen Herstellungsmengen
(Skizze)

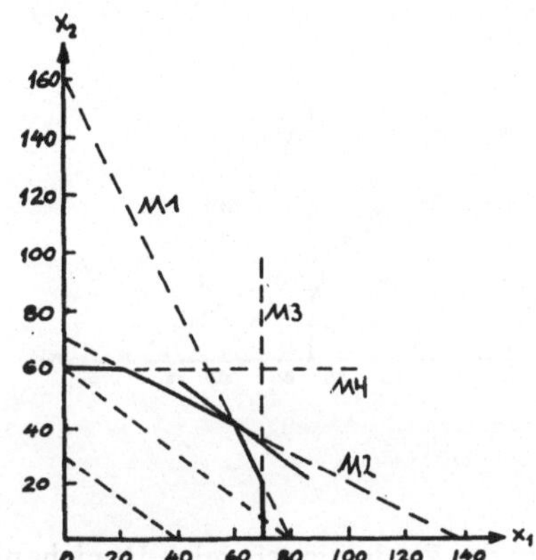

Zielfunktion: $U(x_1,x_2) = 21x_1 + 28x_2$ —> zu maximieren

Nebenbedingungen: M1: $6x_1 + 3x_2 \leq 480$

                         M2: $2x_1 + 4x_2 \leq 280$

                         M3: $3x_1 \quad\quad \leq 210$

                         M4: $\quad\quad 5x_2 \leq 300$

                                 $x_1, x_2 \geq 0$

b) Parallelverschiebung zeigt: Umsatzmaximum liegt im Schnittpunkt von M1 und M2
Schnittpunkt: $x_1 = 60$ $x_2 = 40$

$U(60,40) = 2.380$ DM/Tag

c) $G = U - K$

$G(x_1,x_2) = 12x_1 + 10x_2 - 1.200$

$x_1 = 100$ $x_2 = 120$

(Skizze)

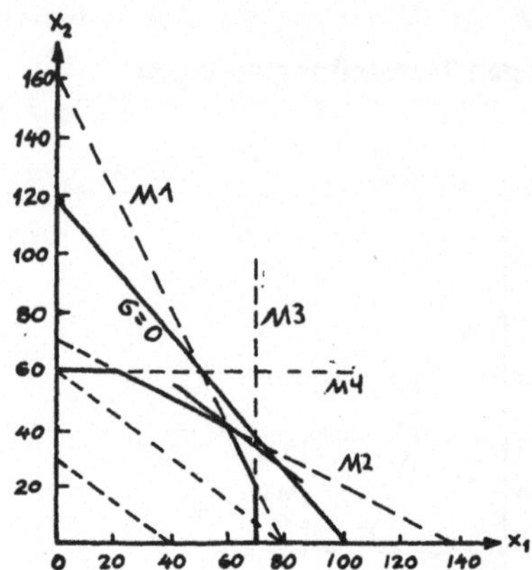

Wie ersichtlich ist, erreicht der Produktionsbereich III nicht die Gewinnzone.

3. **Make:**

$$G(x_1,x_2) = 10,5\, x_1 + 12x_2 - 840$$
$$G(60,40) = 270 \text{ DM/Tag}$$

Buy:

$$G(x_1,x_2) = \frac{10}{3}\, x_1 + 5,6\, x_2$$
$$G(60,40) = 424 \text{ DM/Tag}$$

Bei unveränderter Produktion ist der Gewinn um 154 DM höher. Bei Fremdbezugkönnten auch andere Mengenkombinationen realisiert werden, da die Kapazitätsgrenzen nicht mehr gelten. Ein weiterer Vorteil wären eventuell Liquidationserlöse bei der Desinvestition der Maschinen.

GESCHÄFTSSTELLE FRANKREICH

1. Ermittlung der Kapitalwerte

| | Anlage I: | | Anlage II: | | Anlahge III: | |
| | Über- | | Über- | | Über- | |
J.	schüsse	Barwert	schüsse	Barwert	schüsse	Barwert
0		-170.000,00		-200.000,00		-220.000,00
1	20.000	16.949,15	38.000	32.203,39	34.000	28.813,56
2	20.000	14.363,69	38.000	27.291,01	34.000	24.418,27
3	20.000	12.172,62	38.000	23.127,97	34.000	20.693,45
4	50.000	25.789,44	78.000	40.231,53	72.000	37.136,80
5	47.000	20.544,13	75.000	32.783,19	70.000	30.597,65
6	47.000	17.410,28	75.000	27.782,37	70.000	25.930,21
7	62.000	19.463,35	95.000	29.822,88	89.000	27.939,33
8	62.000	16.494,37	95.000	25.273,63	89.000	23.677,40
9	62.000	13.978,28	95.000	21.418,33	87.000	19.614,68
10	62.000	11.846,00	95.000	18.151,12	87.000	16.622,61
K_0		-988,69		78.085,42		35.443,96

Da Anlage II den höchsten Kapitalwert aufzeigt, gilt sie als die vorteilhafteste
Investition!

2. Bestimmung der Amortisationszeit

| Anlage II: | | | |
Jahr	Überschüsse	Barwert	kumulierte Barwerte
1	38.000	32.203,39	32.203,39
2	38.000	27.291,01	59.494,40
3	38.000	23.127,97	82.622,37
4	78.000	40.231,53	122.853,90
5	75.000	32.783,19	155.637,09
6	75.000	27.782,37	183.419,46
7	95.000	29.822,88	213.242,34
8	95.000	25.273,63	238.515,97
9	95.000	21.418,33	259.934,30
10	95.000	18.151,12	278.085,42

Die Amortisationszeit liegt bei 7 Jahren.

3. Bestimmung der jährlichen konstanten Annuität

$$A = K_0 \cdot q^n \cdot \frac{q-1}{q^n - 1}$$

$$A = 78.085,42 \cdot 1,18^{10} \cdot \frac{1,18 - 1}{1,18^{10} - 1} = 17.375,15$$

Die konstante jährliche Annuität beträgt 17.375,15 DM.
Auch hier läßt sich erkennen, daß die Investition vorteilhaft ist, da die Bedingung A > 0 erfüllt ist.

4. **Pessimistische Investitionsrechnung, Kapitalwertbestimmung**

Veränderte Absatzerwartungen:

1 – 3 Jahr : 240.000 Stück/Jahr

4 – 6 Jahr : 320.000 Stück/Jahr

7 – 10 Jahr: 360.000 Stück/Jahr

Anlage II:

Jahr	Ausgaben	Einnahmen	Überschüsse	Barwert
0	200.000			-200.000,00
1	73.800	96.000	22.200	19.304,35
2	73.800	96.000	22.200	16.786,39
3	73.800	96.000	22.200	14.596,86
4	73.800	128.000	54.200	30.989,03
5	76.500	128.000	51.500	25.604,60
6	76.500	128.000	51.500	22.264,87
7	76.500	144.000	67.500	25.375,75
8	76.500	144.000	67.500	22.065,87
9	76.500	144.000	67.500	19.187,71
10	76.500	144.000	67.500	16.684,97
K_0				12.860,40

Der Kapitalwert wird durch die pessimistische Schätzung zwar niedriger, ist jedoch noch positiv. Der ursprüngliche Zinssatz von 18% hätte einen negativen Kapitalwert bewirkt.

Stichwortverzeichnis

N

Nachfragefunktion 37 ff.,73
Näherungsverfahren, Newton-
   sches 117 ff.,282
Natürliche Zahlen 11
Nebenbedingung 149 ff.
Newtonsches Näherungsverfahren
   117 ff.,282
-, Schema 119
Nichtbasisvariable 234 f.
Nichtnegativitätsbedingung
   213
Nullstelle 35,75 f.,113,
   117 ff.
-, Bestimmungsgleichung 75
Nutzenfunktion 70 ff.

O

Optimale Bestellmenge 133 ff.
Ordinate 29
Ordinatenabschnitt 32,33

P

Parabel 47 ff.
-, dritten Grades 48
-, höherer Ordnung 49
-, zweiten Grades 47 f.
Partialsumme 247,254
-, Folge der 254
Partielle Ableitung 142 ff.
Periodenüberschuß 278
Permutation 286 f.
-, Formeln 296
-, mit Wiederholung 287
-, ohne Wiederholung 286
Pivot-Element 229
Pivot-Spalte 229
Pivot-Zeile 229
Polstelle 88 f.,113
Potenzen 12 ff.

Potenzregel 96
P-Q-Formel 16
Preisabsatzfunktion 37 ff.
Preiselastizität 137
Produktionsfunktion 72 f.
Produktionskoeffizien-
   tenmatrix 187
Produktregel 98
Produktzeichen 284
Produzentenrente 165 ff.
Punktelastizität 137
Punktsteigungsform 34

Q

Quadratische Gleichungen 15
Quotientenregel 99

R

Rang 199 ff.
Rate 272
Ratentilgung 276
Rationale Zahlen 11
Reelle Zahlen 12
Regressionsanalyse 58
Reihe 247 ff.
-, arithmetische 247 ff.,255
-, endliche 247
-, geometrische 250 f.,255,
   273
-, Partialsumme 247
-, Summe der unendlichen 254
-, unendliche 247,254
Relation 25
Rente 272
-, nachschüssig 272 f.
-, vorschüssig 272,273 f.
Rentenbarwert 272
Rentenendwert 272 ff.
Rentenrechnung 272 ff.,277
Restwert 256

GABLER-Fachliteratur
zu „Mathematik / Statistik / Ökonometrie"

Heiner Abels
**Wirtschafts- und
Bevölkerungsstatistik**
Grundlagen mit Beispielen
4., durchgesehene und aktualisierte
Auflage 1993, 274 Seiten,
Broschur, 49,80 DM
ISBN 3-409-63895-4

Heiner Abels / Horst Degen
**Übungsprogramm
Wirtschafts- und
Bevölkerungsstatistik**
3., vollständig überarbeitete und
erweiterte Auflage 1989,
228 Seiten, Broschur, 39,80 DM
ISBN 3-409-27063-9

Hans-Friedrich Eckey /
Reinhold Kosfeld / Christian Dreger
Ökonometrie
Grundlagen – Methoden – Beispiele
1995, XII, 343 Seiten,
Broschur, 68,– DM
ISBN 3-409-13732-7

Hans-Friedrich Eckey /
Reinhold Kosfeld / Christian Dreger
Statistik
Grundlagen – Methoden – Beispiele
1992, XIV, 619 Seiten,
Broschur, 68,– DM
ISBN 3-409-12701-1

Fritz P. Helms
Wirtschaftsmathematik
Anwendungen der elementaren
Differentialrechnung
1989, VHS-Video 60 min. und
Begleitheft mit 40 Seiten,
Kunststoffkassette, 118,– DM
ISBN 3-409-13922-2

Waldemar Hofmann
**Mathematik für Volks- und
Betriebswirte**
4., vollständig überarbeitete Auflage
1989, VIII, 223 Seiten,
Broschur, 49,80 DM
ISBN 3-409-30112-7

Heinrich Holland / Doris Holland
Mathematik im Betrieb
4., überarbeitete Auflage 1996,
357 Seiten, 62,– DM
ISBN 3-409-42008-8

Heinrich Holland / Kurt Scharnbacher
Grundlagen der Statistik
1991, 129 Seiten, Broschur, 36,80 DM
ISBN 3-409-12700-3

Bodo Runzheimer
Operations Research I
6., aktualisierte Auflage 1995,
253 Seiten, Broschur, 64,– DM
ISBN 3-409-30716-8

Bodo Runzheimer
Operations Research II
2., überarbeitete Auflage 1989,
252 Seiten, Broschur, 58,– DM
ISBN 3-409-30722-2

Kurt Scharnbacher
Statistik im Betrieb
10., überarbeitete Auflage 1994,
328 Seiten, 62,– DM
ISBN 3-409-27035-3

Zu beziehen über den Buchhandel
oder den Verlag.
Stand der Angaben und Preise:
1.4.1996
Änderungen vorbehalten.

GABLER

BETRIEBSWIRTSCHAFTLICHER VERLAG DR. TH. GABLER, TAUNUSSTRASSE 52-54, 65183 WIESBADEN

Wichtige Lehrbücher zur Wirtschaft